生态养羊实用新技术

魏刚才　吴胜耀　李春艳　主编

河南科学技术出版社
·郑州·

图书在版编目(CIP)数据

生态养羊实用新技术/魏刚才，吴胜耀，李春艳主编.—郑州：河南科学技术出版社，2020.1
ISBN 978-7-5349-9782-2

Ⅰ.①生… Ⅱ.①魏… ②吴… ③李… Ⅲ.①羊－饲养管理 Ⅳ.①S826.4

中国版本图书馆CIP数据核字（2019）第301932号

出版发行：河南科学技术出版社
　　　　　地址：郑州市郑东新区祥盛街27号　　邮编：450016
　　　　　电话：（0371）65788642　65788625
　　　　　网址：www.hnstp.cn
策划编辑：李义坤
责任编辑：司　芳
责任校对：金兰苹
封面设计：张　伟
责任印制：朱　飞
印　　刷：河南省环发印务有限公司
经　　销：全国新华书店
开　　本：850 mm×1168 mm　1/32　印张：13.25　　字数：375千字
版　　次：2020年1月第1版　　2020年1月第1次印刷
定　　价：39.80元

如发现印、装质量问题，影响阅读，请与出版社联系并调换。

《生态养羊实用新技术》编委名单

主　　编　魏刚才　吴胜耀　李春艳

副 主 编　王　超　程　征　冯会利　李先斌

编写人员　（按姓名笔画排序）

王　超（辉县市农业农村局）

兰培英（平顶山市动物疫病预防控制中心）

李先斌（新乡县小冀镇政府）

吴胜耀（河南省郑州种畜场）

程　征（河南农业职业学院）

魏刚才（河南科技学院）

魏里朋（河南科技学院）

前　言

近年来，我国畜牧业有了巨大发展，畜禽数量和产品产量已经跃居世界前列，但畜牧业发展过程中也存在产品质量和环境污染等问题，直接影响我国畜牧业的稳定发展和效益提高。所以，生产安全、绿色、优质的畜禽产品，避免养殖过程对周边环境的污染，维持生态平衡成为人们关注和必须解决的关键问题。生态养羊是将养羊业自身的发展和生态农业、生态经济有机结合起来，运用生态系统的原理、生态学的技术和方法，实现资源的高效转化、持续利用，保证羊的健康，保护养殖场及周围环境，从而解决养殖生产过程中的资源利用、环境保护、产品质量等问题。为此，我们组织多年从事羊生产的教学、科研和生产实践专家编写了本书，以期对读者有所帮助。

本书包括生态养羊概述、生态养羊的品种及选择利用、生态养羊羊场的建设和环境控制、生态养羊的饲料及其配制、生态养羊羊的管理、生态养羊的成本管理、生态养羊羊病防治等内容，并在附录中列出羊的饲养标准和兽药使用警示。本书中有关羊的数据在不特别指明的情况下，均为平均数据。

本书注重科学性、实用性、先进性和通俗易懂，适于羊养殖场（户）、养殖技术推广员、兽医工作者，以及大专院校和培训机构师生阅读。

由于编者水平所限，书中可能有不妥之处，恳请同行专家和读者不吝指正。

编者
2019 年 6 月

目　录

第一章　生态养羊概述

【提示】生态养羊是养羊业与农、林、草业的有机结合，可以提高生产效益，促进种植业发展，生产安全、绿色、优质的产品。

第一节　生态养殖的概念及内涵

一、生态养殖的概念

生态养殖是指根据不同养殖生物间的共生互补原理，利用自然界物质循环系统，在一定的养殖空间和区域内，通过相应的技术和管理措施，使不同生物在同一环境中共同生长，实现保持生态平衡、提高养殖效益的一种养殖方式。具体来说，生态养殖就是从维持农业生态系统平衡的角度出发，关注饲草和其他饲料资源的充分利用和安全卫生，保护生态环境，保证畜禽健康和产品安全优质的养殖过程。

二、生态养殖的内涵

（一）生态养殖要遵循生态系统循环、再生的原则，使养殖业与农、林、草业有机结合

生态养殖充分体现生态系统中资源的合理、循环利用，提高

资源的利用效率，并本着资源节约的目的组织生产，科学地利用能量和物资。利用生物的共生优势、生物相克以趋利避害，以及生物相生相养等原理，使资源循环利用、合理安排，将养殖业和农、林、草业有机地结合起来，形成有效的链接，形成新的价值产业链，实现生产的良性循环。

（二）生态养殖要因地制宜，合理组织

生态养殖有多种模式，要因地制宜，根据当地自然资源和社会条件，合理利用各种自然资源，合理安排养殖生产的过程、饲养方式，形成符合本地条件的生态养殖模式。

（三）生态养殖要保护好生态环境

保护生态环境是生态养殖的重要内容。根据羊的生物学特性选择适宜的养殖模式，合理利用养殖空间和饲料资源，做到养殖生产过程不污染周围环境，不破坏生态环境，维持生态平衡。

（四）生态养殖要生产出优质产品

生态养殖的最终目的是生产安全、优质、绿色的产品，并取得较好的经济效益。生产中必须创造适宜的环境条件，采用先进技术，科学规范地选择饲料、饲料添加剂和各种药物，注重隔离、卫生和消毒工作，提高羊体的抵抗力，以生产更多的优质羊产品。

第二节 生态养羊的意义

一、可以充分利用自然条件以减少对资源的消耗

生态养羊是利用自然环境条件中的场地、水源、青草，让羊群能够自由自在地活动、采食、饮水、洗浴。生态养羊能够为羊群提供一个大的活动场所、觅食场所，能够满足羊的许多生物学习性，最大限度地符合"动物福利"的相关要求。由于活动场所

宽阔，单位面积内羊的数量少，对环境的污染和破坏程度很低，甚至显示不出污染或破坏效应。可以充分利用各种野生饲料资源和阳光、空气、空间等资源，减少饲料、设备、药物等资源投入，降低生产成本。

二、可以充分利用羊生产过程中的粪水为植物生长提供有机肥

生态养羊，需要放养场地内的自然植被能够为羊群提供比较充足的天然饲料资源，羊群生活过程中产生的粪便和污水能够作为自然植被的有机肥被充分利用，并进而促进植被的生长，形成良性循环。在生态养羊模式中，由于羊群的活动空间大，单位面积的地面上粪便的排泄量少，容易被消纳和利用，解决了集约化养殖粪便和污水产生量大、易造成污染的问题。

三、可以充分利用自然资源获得优质、绿色的产品

生态养羊可以充分利用青草、秸秆、种植业和林果业的副产品，减少对精饲料的依赖性，也减少饲料中药物的添加；羊可以充分利用自然的光照、清新的空气及广阔的空间，有利于体格健壮，加之羊的抗病力强、传染病少，生产中很少使用药物，避免了羊体中的微生物污染和药物的残留。除维生素和微量元素外很少使用其他化学添加剂，避免了添加剂在肉中的残留，所以生态养羊可以获得优质、绿色的产品。

第三节　生态养羊的生产特点

一、生态养羊是养羊业与农、林、草业的有机结合

生态养羊可以更好地利用草场、荒山荒坡、河堤、滩涂、农

田等丰富的自然资源,是养羊业与农、林、草业的有机结合。

羊是反刍动物,其消化器官在构造上最突出的特点,是羊的胃由瘤胃、网胃、瓣胃和皱胃四部分组成。瘤胃俗称毛肚,分背囊、腹囊两部分,内部互通。胃壁做有节律的蠕动,以搅和内容物;胃黏膜上有许多叶状突起,有助于饲料的机械磨碎。其容积占整个胃容量的80%。瘤胃可以看作是一个高效率的发酵罐,在1克瘤胃内容物中有500亿~1000亿个细菌,1毫升瘤胃液中有20万~400万个纤毛虫,其中起主导作用的是细菌。这些瘤胃微生物能将58%~80%的粗纤维分解消化,可将含氮化合物合成为菌体蛋白,还可以在羊身体内合成维生素 B_1、维生素 B_2、维生素 B_{12}、维生素 K,以满足自身需要。网胃俗称蜂巢胃,形如小瓶状,黏膜上有许多形如蜂巢的小格子,其容积占胃容量的5%。瓣胃俗称重瓣胃或百叶肚,其容积占胃容量的7%~8%。皱胃又称真胃,呈长梨形,黏膜光滑柔软,有十余个皱褶,能分泌胃液,其容积占胃容量的7%~8%。小肠是羊消化吸收营养物质的主要器官,小肠长17~25米,多弯曲,食物在小肠多种消化酶的作用下被消化、分解、吸收,肠道越长,吸收能力越强。未被消化的食物,经肠蠕动进入大肠。大肠长4~13米,也有消化吸收功能,未被消化吸收的残渣形成粪便排出。这些消化特点,决定羊的消化道可以容纳和利用大量的饲草和种植业副产品。选择专门化的牧草品种,采用科学的栽培管理技术,使牧草能够充分利用光、热、水等自然资源的优势,在单位面积上生产数量更多、品质更好的饲料(如果种3亿亩地的紫苜蓿,按最低产量计算,其生物产量相当于6亿亩的粮田);可以充分利用现代处理技术对农作物副产品资源(如茎叶、秸秆等)进行处理,提高其营养价值和利用效果;利用羊生产过程中的副产品生产食用菌和沼气等,可以实现养羊业与农、林、草业的有机结合,减少对环境的污染和破坏。

二、生态养羊可以提高生产效益

生态养羊，一是可以充分利用种植业副产品和野生的饲料资源，并将羊生产过程中的副产品返回大地，既减少了环境污染，又可以提高生产效益；二是可以利用广阔的农田种草养羊。在同等土地和管理条件下，种草养羊的生产效益远远高于种植粮食作物。种草养羊的效益可以达到 2 万元/公顷以上，这是任何传统种植业都难以达到的。种草对土地条件、气候条件要求较低，不适宜种植粮食的沙化、退化、盐碱化土地，以及搁荒土地、贫瘠土地等均可以种植牧草。另外，种草养羊可以延长产业链，带动农村相关产业发展，充分利用农村剩余劳动力，有效增加农民收入。

三、生态养羊可以促进种植业发展

(一) 可以为种植业提供巨大的转化市场

养羊业可以将种植业生产的饲草等产品，转化成肉、皮等产品，有效转化和利用种植业产品，提高种植业产品的销售价格和销售量，促进种植业的稳定持续发展。

(二) 可以为种植业提供大量有机肥

生态养羊，羊的养殖数量增加，可以增加有机肥的产量。利用农田种草或利用种植业的副产品等养羊，可以生产大量的有机肥。建立"羊多—肥多—粮多"的良性循环，增加土壤有机质，提高土壤质量，以促进种植业发展。

(三) 可以有效地改良土壤

农田种草养羊，牧草根系庞大，具有比农作物更强的有机质合成能力。种植牧草可以明显提高地力，牧草收割后留在土壤中的根系能够较快分解为可利用的有机质，促进土壤团粒结构形成，改善土壤理化性质。特别是豆科牧草，不仅根系发达，而且具有固氮功能，每公顷苜蓿每年可以固氮 225 千克，每公顷草木樨每年可以固氮 110～135 千克，种植豆科牧草等于建设没有成本的天然"氮肥加工厂"。草木樨等牧草还具有吸收盐碱的功能。种植牧草可以大幅度提高后茬作物产量，种植豆科牧草 3～4 年的土地，玉米等后茬作物产量一般可以提高 10%～20%。在草场上放牧养羊，场地可以获得较多的有机肥，也有利于牧草的生长和利用。因此，大力发展种草养羊是确保农业良性循环、实现农业可持续发展的必然选择。

四、生态养羊可以提高动物产品的安全性

同集约化的养猪及禽的养殖相比，羊的抗病能力更强，饲养过程中的添加剂及药物的需求量和使用量大为减少，所生产的产品更安全。在生态养羊的生产过程中，羊可以利用大量的种植业副产品，有充分的活动，进行常规的免疫接种，保持体质健壮；和作物生产相比，牧草生产可不施用农药，同时羊的粪尿回田又被牧草生产充分利用，最大限度地减少了对环境的污染或实现零污染排放。羊产品的生产过程中使用自然饲料——牧草，不使用抗生素，生产的产品符合绿色食品的要求，产品更安全。

第四节　生态养羊的模式

一、"羊养殖+沼气能源+种植"模式

"羊养殖+沼气能源+种植"生态循环经济模式，是以产业链条延伸和构成闭合式链条为主线，综合利用农牧业的可利用资源，发展生态型农牧业。其过程包括养羊、沼气建设及种植业三个大的环节，且三大环节统一协调、互相连接。该模式的循环流

程是：以农户为中心，以养殖 50 只羊为基础，排出的粪便发酵产生沼气供农户做饭、烧水及照明使用，生成的沼液在小麦、玉米等农作物不同的生长时期用于叶面喷施，沼渣可以作为农作物生长的基肥，而农作物成熟后的秸秆、籽粒又可以作为羊的饲料。其循环流程如图 1-1 所示。

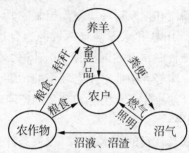

图 1-1　"羊养殖+沼气能源+种植"模式循环流程图

　　建设标准化半开放型暖棚圈舍可使冬春时节舍温提高，减轻寒冷对羊的不利影响，解决了高寒阴湿的寒冷地区羊冬乏春瘦、患病率高、饲料利用率低等问题，提高了羊的受配率、产仔成活率及繁活率。同时，增加了与圈舍配套的沼气池的产气量。

　　该模式中的沼气建设，使羊粪便变废为宝，既改善了农村卫生条件，提高了群众的生活质量，又开辟了新的能源，减少了农作物秸秆的燃烧，为羊饲料提供了保障。沼肥是可以代替化肥的优质有机肥，可减少化肥和农药的使用，提高农作物的产量，促进种植业和养殖业的良性发展。

　　种植业为养羊业提供了丰富的饲草料资源。但由于小规模的饲养，饲草料的加工技术相对滞后，将秸秆直接饲喂大大降低了消化率，对羊的生长带来了一定的影响。如能发展规模养殖或者小规模养羊户合力建造青贮氨化池，对秸秆做进一步处理后再进行饲喂，则能带来更好的经济效益。以"羊养殖+沼气能源+种植+青贮氨化"的循环模式，能更有效地推动生态养殖的发展。

二、农林牧结合生态模式

发展羊生态养殖，应采用动物生态营养学的理论和技术，充分利用资源优势。山区羊生态养殖的总体思路是：顺应现代人对动物产品的消费潮流和国家对环境质量控制的要求，综合利用山地、林地、荒田、山塘和水库等自然资源，合理放牧，粮草轮作，利用农作物秸秆制作青贮饲料和干草补饲，生产安全、优质和美味的羊产品，减轻养殖业对生态环境的污染，促进山区农业增效和农民增收，注重生产、生态和社会的整体效益。

（一）具备条件

1. 适宜的气候及优良的饮水条件　气候条件适宜，光照和热量充足，雨量充沛，夏长冬短，草地植物一年四季都能生长，利于发展养羊业。

2. 丰富的天然放牧资源　广袤的山区，成片或零星的（高山）草甸、稀树干草原和次生的灌草丛草地，杂草的生物量巨大，可自由放牧。

3. 潜力巨大的闲散地资源　大量的、分散的山地、坡地、荒地等，不仅可放牧，也可用来种植牧草并制作青贮饲料和干草供羊补饲。

4. 成熟的技术应用　形成一套完善的技术，为生态养羊提供技术保证。

（二）饲养方式

采用半生态饲养管理，即半散放饲养管理，是指在饲草丰盛时选择合适的生态放牧，并适度地改造环境（如建围栏，种植牧草，挖饮水池，设置路障以防羊吃庄稼等），在饲草短缺时使用青贮饲料、干草和精料补饲的饲养管理方式。

1. 放牧　放牧应选择在草质良好、饮水方便，不会损害农作物的地方。夏季宜选在较凉爽的林间草地，冬季和早春宜选在坐北朝南较暖和的草山。有计划地进行轮牧，即将其分为几块小牧区，轮换放牧。如果长期在一块草地上放牧，不仅草长不好，羊不喜欢吃，而且会因污染严重使羊易患寄生虫等疾病。不要在有露水或霜打雨淋的低湿草地上放牧，羊吃了露水草易生病。

早春天冷，放牧应晚出早归。夏季炎热多蝇虻，宜早出晚归，中午不放牧，让羊群在阴凉处休息并给予清洁的饮水；为减少蝇虻骚扰，放牧时可使羊群逆风而行。秋季草质好，有利于抓膘，宜多更换几个地方放牧，可遵循先放远后放近、先放差草地后放好草地的原则。冬季一般不宜放牧，饲喂储备的干草或作物秸秆，在有少量青草和常绿灌木或竹叶的地方，仍可利用中午较暖和的时间放牧，但归舍后必须补饲其他草料。

2. 舍饲

（1）利用山区闲散地种植牧草：对山区大量的闲散地或闲置的庄稼地，可根据当地自然气候和土壤肥力等条件，种植黑麦草（一年生和多年生）、青饲玉米（墨西哥玉米）和紫苜蓿等，供放牧或制作青贮饲料和干草。种植牧草时，要考虑牧草品种配比应符合羊的营养需要，以及各牧草生长季节性的变化。

（2）制作青贮饲料和干草：收割整株墨西哥玉米制作青贮饲料，甜玉米则是用收获青籽实后的青秸秆制作青贮饲料。制作干草的原料主要是收割一年生黑麦草、青大豆秸、花生秸，以及春夏时节收割的杂草等，干草储备需保证良好的通风。11月至次年3月，主要饲喂羊青贮饲料和干草，并补饲多年生黑麦草以及糟渣和精料。

（三）羊舍建造

放牧期间，根据地形、放牧资源量和饮水水源等情况，在山坳内就地取材、因陋就简建造羊舍。舍饲期间，根据地形、交通、制作青贮饲料和干草所需原料的供给等情况，建造保暖效果较好的羊舍，以及就近建造青贮窖、干草堆放设施及粪尿储备池。

三、种草养羊生态模式

种草养羊生态模式是将养羊业与种植业密切结合，实现高效生产的一种模式。饲草是羊的优质饲料，高效养羊离不开饲草；在同等土地和管理条件下，种草养羊的生产效益远远高于种植粮食作物，生产的产品也更安全。

四、"菜—草—羊"生态循环种养模式

"菜—草—羊"生态循环种养模式，是充分利用蔬菜基地的蔬菜资源，收集利用净菜生产后的废弃菜，把羊粪发酵作基肥，种植有机肥改良蔬菜及牧草，增加土壤有机质，减少化肥用量的生态循环农牧结合模式。该模式提高了土地利用率，实现了农业废弃物资源再利用、再循环，减少了对环境的污染和危害，实现了畜禽及蔬菜无害化生产，从而达到节本、增效的目的。

第二章 生态养羊的品种及选择利用

【提示】品种是决定羊繁殖能力和生产性能的内因，只有优良的品种，才能繁殖更多的羊，并保证羊的增重速度、饲料转化率和养殖效益。

第一节 羊的品种

一、羊的品种分类

(一) 绵羊的品种分类

1. 根据绵羊所产羊毛类型分类

此分类方法目前在西方国家被广泛采用。

(1) 细毛型品种：此类绵羊的羊毛细度在 60 支以上，如澳洲美利奴羊、中国美利奴羊等。

(2) 中毛型品种：此类绵羊的羊毛细度为 36~58 支，如南丘羊、萨福克羊等。它们大都原产于英国南部的丘陵地带，故又有丘陵品种之称。

(3) 长毛型品种：此类绵羊早熟、产肉性能好。羊毛纤维长，一般为 14~40 厘米（因不同品种而异），羊毛细度为 36~48 支，亦有 50 支的。羊毛有"光亮"或"半光亮"光泽，产毛量、净毛率较高。产羔性能好。原产于英国,体格大,羊毛粗长,主要用于产肉,如林肯羊、罗姆尼羊、边区莱斯特羊等。

(4)杂交型品种:指以长毛型品种与细毛型品种为基础杂交所形成的品种,如考力代羊、波尔华斯羊、北高加索羊等。

(5)地毯毛型品种:如德拉斯代羊、黑面羊等。

(6)羔皮用型品种:这种羊生产的羔皮特点是图案美观。此类羊具有多胎性,如湖羊、卡拉库尔羊等。

2. 根据生产方向分类

此分类方法在中国、俄罗斯等国家被普遍采用。

(1)细毛羊:细毛羊又分为毛用细毛羊(如澳洲美利奴羊等)、毛肉兼用细毛羊(如新疆细毛羊、高加索羊等)和肉毛兼用细毛羊(如德国肉用美利奴羊等)。

(2)半细毛羊:半细毛羊又分为毛肉兼用细毛羊(如茨盖羊等)和肉毛兼用细毛羊(如边区莱斯特羊、考力代羊等)。

(3)粗毛羊:如西藏羊、蒙古羊、哈萨克羊等。

(4)肉脂兼用羊:如阿勒泰羊、吉萨尔羊等。

(5)裘皮羊:如滩羊、罗曼诺夫羊等。

(6)羔皮羊:如湖羊、卡拉库尔羊等。

(7)乳用羊:如东佛里生羊等。

(二)山羊的品种分类

1. 绒用山羊 这是一类以生产山羊绒为主的山羊品种。绒用山羊的外貌特征是:体表绒、毛混生,毛长绒细,被毛洁白有光泽,体大头小,颈粗厚,背平直,后躯发达。产绒量多,绒质量好。如辽宁绒山羊、开士米山羊等。

2. 皮用山羊 这是一类以生产裘皮与猾子皮为主的品种。皮用山羊的外貌特征是:体表着生长短不一的、色泽有异的、有花纹和卷曲的毛纤维。皮用山羊中的青山羊具有"四青一黑"的特征,中卫山羊具有头形清秀、体躯深短呈方形的特征。这类山羊品种以毛皮品质独具特色而驰名于世。

3. 肉用山羊　这是一类以生产山羊肉为主的品种。肉用山羊的典型外貌特征是：具有肉用家畜的矩形体形，体躯低垂，全身肌肉丰满。早期生长发育快，山羊肉量多，肉质好。如波尔山羊、马头山羊等。

4. 毛用山羊　这是一类以生产山羊毛（马海毛）为主的品种。毛用山羊的典型外貌特征是：全身披有波浪形弯曲、长而细的羊毛纤维，体形长呈圆形，背直，四肢短。产马海毛多，毛质好。如安哥拉山羊等。

5. 奶用山羊　这是一类以生产山羊乳为主的品种。乳用山羊的典型外貌特征是：具有乳用家畜的楔形体形，轮廓鲜明。产乳量高，奶的品质好。如萨能奶山羊、吐根堡奶山羊等。

6. 兼用型山羊　这是一类具有两种性能的山羊品种，既产肉又产奶，或既产肉又产皮。兼用型山羊的外貌特征介于两个专用品种之间。体形结构与生理机能，既符合奶用山羊体形，又具有早熟性、生长快、易肥的特点。这种山羊生产的肉质美味可口；生产的皮主要是板皮，质量好。

二、羊的品种介绍

（一）绵羊品种

1. 国内的绵羊品种

（1）乌珠穆沁羊：

【产地与育成史】乌珠穆沁羊产于内蒙古自治区锡林郭勒盟东部乌珠穆沁草原，主要分布在东乌珠穆沁旗、西乌珠穆沁旗及锡林浩特市、阿巴嘎旗部分地区。乌珠穆沁羊是蒙古羊在当地经长期选育形成的，1982 年，农牧渔业部、国家标准总局、全国绵山羊标准化技术委员会正式确认其为优良地方品种，并制定了国家标准。

【外貌特征】头中等大小，额稍宽，鼻梁微凸，耳大下垂，乌珠穆沁羊公羊有螺旋状角，少数无角，母羊多数无角。体格高大，体躯长，主要是部分羊的肋骨和腰椎数量比较大，14对肋骨者占10%以上，有7节腰椎者约占40%。背腰宽，肌肉丰满，后躯发育良好，肉用体形明显。脂尾肥大而厚，呈椭圆形，尾中部有一纵沟将其分为两半。乌珠穆沁羊中以黑头颈羊居多，约占62%；全身白色者约占10%；体躯花色者约占11%。

【生产性能】乌珠穆沁羊利用青草的能力强，早熟性较好。初生羔羊体重，公羔4.58千克，母羔3.82千克；断奶体重，公羔33.9千克，母羔31.2千克；6月龄平均日增体重，公羔可达216.7克，母羔206.9克；周岁体重，公羊50.75千克，母羊46.67千克；成年体重，公羊74.43千克，母羊58.4千克。乌珠穆沁羊产肉性能良好，6月龄羯羔，宰前活重35.7千克，胴体重17.9千克，净肉重11.8千克，尾脂重1.7千克，屠宰率50.1%，净肉率65.9%，尾脂重占胴体重的9.5%；1.5岁羯羊上述指标相应为51.5千克、24.8千克、17.1千克、2.7千克、48.0%、69.0%、10.9%；成年羊的上述指标相应为70.5千克、39.3千克、27.2千克、4.4千克、55.0%、69.2%、11.2%。成年公羊剪毛量1.87千克，成年母羊1.45千克，剪毛率70%~78%。繁殖力一般，产羔率平均100.2%。乌珠穆沁羊是我国肉用性能较好的品种，具有生长发育快、产肉力高、肉质好、成熟早、肥育能力强等特点。利用该羊生产肥羔，市场前景广阔。

(2) 小尾寒羊：

【产地与育成史】小尾寒羊产于河北南部，河南东部和东北部，山东南部，以及皖北、苏北一带，中心产区在山东的菏泽、济宁地区。其祖先是很早就从北方草原地区迁移过来的蒙古羊，在产区优越的生态经济条件和饲养者的精心选育下，形成了生长快、繁殖力高、适宜分散饲养、舍饲为主的农区优良绵羊品种。

【外貌特征】体质结实，鼻梁隆起，耳大下垂，四肢较长，体躯高，前后躯均较发达，尾略呈椭圆形，尾长在飞节以上，尾表正中有一浅沟，尾尖向上反转紧贴于沟中（尾形是鉴别小尾寒羊纯种的主要标志）。公羊有螺旋状大角，母羊半数有小角或姜芽状角。公羊前胸较深，鬐甲高，背腰平直，体躯高大，侧视呈长方形，四肢长而粗壮，被毛多为白色，少数羊只在头部、四肢有黑褐色斑点或斑块。

【生产性能】小尾寒羊生长发育快，周岁公羊体高 92.85 厘米，周岁母羊 80.32 厘米，成年公羊 99.85 厘米，成年母羊 82.43 厘米。公羊 3 月龄体重 21.22 千克，6 月龄 33.44 千克，周岁 91.92 千克；母羊相应月龄体重为 16.95 千克、28.28 千克、60.49 千克。成年公羊体重 113.33 千克，成年母羊 65.85 千克。

小尾寒羊性成熟早、繁殖力高。公羊 7～8 月龄可用于配种。母羊能四季发情，常年配种，发情周期 16.54 天，发情持续期 30.23 小时，产后到第一次发情需 48.90 天，产后到配种妊娠需 67.21 天，妊娠期 148.33 天。产羔率平均为 251.3%，其中初产羊产羔率 229.49%，经产羊产羔率 267.25%。该品种体格高大，出肉率高。周岁公羊宰前体重 72.8 千克，胴体重 40.48 千克，净肉重 33.41 千克，屠宰率 55.6%，胴体净肉率 82.5%。小尾寒羊是我国著名的地方优良绵羊品种之一，具有生长发育快、性成熟早、常年发情配种产羔、繁殖力高、适于农区舍饲、羔皮可制裘等优点。但是，小尾寒羊至今在品种、体形外貌和生产力，以及在个体和地区分布之间差异还很大，其缺点是被毛异质，体躯不圆浑，肋骨开张不够、呈扁形，胸宽、胸深欠佳，肉用体形不明显等。小尾寒羊仍是一个比较理想的肉羊经济杂交母本素材。

（3）阿勒泰羊：

【产地与育成史】阿勒泰羊是哈萨克羊的一个分支，生物学分类上属肥臀羊，是我国著名的地方肉脂兼用品种，主要分布在新疆维吾尔自治区北部阿勒泰地区的福海、富蕴、青河、阿勒泰、布尔津、吉木乃及哈巴河。

【外貌特征】头中等大小，公羊有螺旋形大角，母羊 65% 左右的个体有角。鼻梁稍隆起，耳大下垂，也有部分小耳羊，颈中等长，胸宽深，背平直，后躯较前躯略高，股部肌肉丰满，四肢高大结实，脂臀发达呈方圆形。腿高结实，四肢端正，游走能力强。被毛以棕红色为主。头为黄色或黑色，体躯为白色者占 27%，纯黑和纯白者各占 16%。

【生产性能】阿勒泰肉用细毛羊生长快，成熟早，体格大。1.5 岁公羊体重 69.79 千克，母羊 55.31 千克；成年公羊体重 92.98 千克，成年母羊 67.56 千克。成年公羊剪毛量 2.04 千克，成年母羊剪毛量 1.63 千克，净毛率 71.24%。产羔率 110.3%。阿勒泰羊具有良好的肉用性能。5 月龄羯羔宰前体重 37.08 千克，胴体（包括尾脂）19.54 千克，屠宰率 52.7%，尾脂重 2.95 千克，尾脂占胴体重的 15.1%；1.5 岁羯羊上述指标相应为 54.08 千克、27.5 千克、50.9%、4.22 千克、15.3%；成年羯羊上述指标相应为 74.7 千克、39.5 千克、52.9%、7.1 千克、18.0%。

（4）大尾寒羊：

【产地与育成史】大尾寒羊原产于河北、河南和山东三省交界的地区。我国中原内地的大尾羊，是原产于中亚、近东和阿拉伯国家的脂尾羊，宋、元时期被带入中国，经过元、明、清三代的持续发展，形成今天的大尾寒羊。

【外貌特征】头略显长，额宽，鼻梁隆起，耳大下垂，公羊、母羊均无角。颈较细长，胸窄，前躯发育较差，后躯发育较好，四肢健壮。脂尾大而肥厚，下垂至飞节以下，长者可接近或拖及地面，尾尖向上翻卷，形成明显尾沟。被毛绝大部为白色，杂色斑点少，腹下基本无毛。

【生产性能】成年公羊体重 72.0 千克，成年母羊 52.0 千克；

周岁公羊体重 51.5 千克，周岁母羊 43.0 千克。产区内每年剪毛 2~3 次，成年公羊剪毛量 3.30 千克，成年母羊 2.70 千克，净毛率 45%~63%。大尾寒羊的被毛可分为同质毛型、基本同质毛型和异质毛型，其构成同质毛型者占 40%，后两者各占 30%。因此，大尾寒羊的羊毛品质远比国内其他异质粗毛品种羊毛品质好。

大尾寒羊产肉性能好。6~8 月公羔，胴体重 20.62 千克，净肉重 11.87 千克，尾脂重 4.76 千克，屠宰率 52.23%，胴体净肉率 57.57%，尾脂占胴体重的 23.08%；1~1.5 岁公羊上述指标相应为 26.64 千克、15.02 千克、6.91 千克、54.0%、56.38%、25.94%；2~3.5 岁公羊上述指标相应为 33.59 千克、18.28 千克、9.89 千克、54.76%、54.42%、29.44%。大尾寒羊性成熟早，常年可以发情配种，一年二胎或两年三胎，平均单次产羔率为 185%~196%。大尾寒羊生长发育快，产肉性能好，繁殖率高，以被毛品质好而闻名，但尾大多脂却不被大众喜欢。因此，应在保持和发展品种特点的同时，大幅度减少尾脂重。

（5）洼地绵羊：

【产地与育成史】洼地绵羊（简称洼羊）产于山东省滨州市滨城区、沾化区及惠民、无棣、阳信等县，是长期适应在低湿地带放牧、肉用性能好、耐粗饲、抗病的肉毛兼用地方优良品种。

【外貌特征】公、母羊均无角，鼻梁隆起，耳稍垂，胸较深，背腰平直，肋骨开张良好。四肢较矮，后躯发达，低身广躯，体形呈长方形。全身被毛白色，少数羊头部有褐色或黑色斑。

【生产性能】洼地绵羊生产发育快，肉用性能好。周岁公羊体重 43.63 千克，周岁母羊 33.96 千克；成年公羊体重 60.40 千克，成年母羊 40.08 千克。在全放牧条件下，12 月龄公羊宰前重 37.00 千克，胴体重 17.45 千克，净肉重 13.98 千克，眼肌面积 13.76 平方厘米，第六胸椎背脂厚 0.34 厘米，屠宰率 47.16%，胴体净肉率 80.11%；在放牧加补饲条件下，12 月龄公羊上述指标相应为 42.75 千克、20.60 千克、17.02 千克、14.12 平方厘米、0.5 厘米、48.19%、82.62%。成年公羊剪毛量 2.9 千克，成年母羊 1.85 千克。另外，洼地绵羊的羔皮质薄轻柔，被毛洁白，花穗明显，是制裘的良好原料。性成熟早，公羊 4～4.5 月龄睾丸中就有成熟精子，母羊 182 天就可配种，一般 1～1.5 岁参加配种。一年四季均可发情配种。据报道，洼地绵羊平均产羔率 202.98%，其中单羔占 10.45%，双羔占 52.85%，三羔占 25.17%，四羔占 5.66%，五羔占 0.87%，六羔占 0.21%。应加强洼地绵羊肉用性能的选育，重点提高其产肉性能和繁殖率，改进肉用体形，增加体重。

（6）同羊：

【产地与育成史】同羊主要分布在陕西省渭北地区的东部和中部。同羊的祖先，可能与大尾寒羊同宗。因其所处的地理位置，又吸收了蒙古羊的基因，经长期选育而形成了集多种优良遗传特性于一体的独特品种。同羊有五大外形特点，即角小如栗，耳薄如茧，肋细如箸，尾大如扇，体如酒瓶。

【外貌特征】母羊无角，部分公羊有栗状小角，头中等大小，耳较大，颈薄而细长，但公羊略显粗壮，肩直，鬐甲较窄，胸较宽深，肋骨开张良好，公羊背部缓平，母羊体形短、直且较宽，腹圆大，尻斜短，整个体躯略显前低后高，体格中等。尾大，分长脂尾、短脂尾两大类型，沉积大量脂肪，多有纵沟，尾尖上翘，夹于尾纵沟中。全身被毛纯白，头及四肢下部生长短刺毛，腹毛着生不良。

【生产性能】成年公羊体重 44.0 千克，成年母羊 39.16 千克；周岁公羊体重 33.10 千克，周岁母羊 29.14 千克。成年公羊剪毛量 1.40 千克，成年母羊 1.20 千克，剪毛率为 55.4%。该品种的羔皮颜色洁白，具有珍珠样卷曲，图案美观悦目，即所谓的"珍珠皮"，市场罕见。常年发情，多为两年三胎，每胎 1 羔。采用"放牧+后期舍饲"方式肥育的 2~3 岁羯羊，胴体重 22.90 千克，净肉重 19.70 千克，屠宰率 53.26%，胴体净肉率 86.03%；1~1.5 岁羯羊上述指标相应为 21.50 千克、18.45 千克、51.75%、85.81%。其肉质肥嫩多汁，肌纤维细嫩，瘦肉绯红，烹之易烂，食之可口，是制作羊肉泡馍、水盆羊肉、腊羊肉的上等原料。

（7）多浪羊：

【产地与育成史】多浪羊是新疆的一个优良肉脂兼用型绵羊品种，主要分布在塔克拉玛干大沙漠的西南边缘，叶尔羌河流域的麦盖提、巴楚、岳普湖、莎车等县。其中心产区在麦盖提县，故又称麦盖提羊。多浪羊是用阿富汗的瓦尔吉尔肥尾羊与当地土种羊杂交，经 70 余年的精心选种培育而成。

【外貌特征】体格硕大，头较长，鼻梁隆起，耳大下垂，眼大有神，公羊无角或有小角，母羊皆无角，颈窄而细长，胸宽深，肩宽，肋骨拱圆，背腰平直，躯干长，后躯肌肉发达，尾大而不下垂，尾沟深，四肢高而有力，蹄质结实。初生羔羊全身被毛多为褐色或棕黄色，也有少数为黑色、深褐色，个别为白色者。第一次剪毛后，体躯毛色多变为灰白色或白色，但头部、耳及四肢仍保持初生时毛色，一般终身不变。

【生产性能】成年公羊体重 100 千克，成年母羊 100 千克；成年公羊剪毛量 3.0~3.5 千克，成年母羊 2.0~2.5 千克。生长发育快，肉用性能好，周岁公羊胴体重 32.71 千克，净肉重 22.69 千克，尾脂重 4.15 千克，屠宰率 56.1%，胴体净肉率 69.37%；周岁母羊上述指标相应为 23.64 千克、16.90 千克、2.32 千克、54.82%、71.49%；成年公羊上述指标相应为 59.75 千克、40.56 千克、9.95 千克、59.75%、67.88%；成年母羊上述指标相应为 55.20 千克、25.78 千克、3.29 千克、55.20%、46.70%。性成熟早，在舍饲条件下常年发情，初配年龄一般为 8 月龄，母羊两年三胎或一年二胎，双羔率可达 50%~60%，三羔率 5%~12%，产羔率在 200% 以上。

多浪羊存在四肢过高、颈长而细、肋骨开张不理想、前胸和后腿欠丰满，有的个体还出现凹背、弓腰、尾脂过多、毛色不一致、被毛中含有干死毛等缺点。应加强本品种选育，必要时可导入外血，使其向现代肉羊方向发展。

（8）兰州大尾羊：

【产地与育成史】兰州大尾羊主产于兰州及其郊区县。据说，在清朝同治年间（1862—1874）从同州（今陕西省大荔县一带）引入几只同羊，与兰州当地羊（蒙古羊）杂交，经长期人工选择和培育而形成了兰州大尾羊。

【外貌特征】被毛纯白，体格大，头大小中等，公、母羊均无角，耳大略向前垂，眼圈淡红色，鼻梁隆起。颈较长而粗，胸宽深，背腰平直，肋骨开张良好，臀部略倾斜，四肢相对较长，体形呈长方形。脂尾肥大，方圆平展，自然下垂达飞节上下，尾中有沟，将尾部分为左右对称两瓣，尾尖外翻，紧贴中沟；尾面着生被毛，内面光滑无毛，呈淡红色。

【生产性能】早期生长发育快，肉用性能好。10 月龄羯羔胴体重 21.34 千克，净肉重 15.04 千克，尾脂重 2.46 千克，屠宰率 58.57%，胴体净肉率 70.48%，尾脂占胴体重的 11.53%；成年羯羊上述指标相应为 30.52 千克、22.37 千克、4.29 千克、62.66%、72.30%、14.06%。成年公羊体重 57.89 千克，成年母羊 44.35 千克；周岁公羊体重 53.10 千克，周岁母羊 42.60 千克；成年公羊剪毛量 2.45 千克，成年母羊 1.38 千克。母羔 7~8 月龄开始发情，公羔 9~10 月龄可以配种。饲养管理条件好的母羊一年四季均可发情配种，两年三胎，产羔率 117.02%。兰州大尾羊可用作肥羔生产的母本，也是当地绵羊肉生产的主要品种。

（9）广灵大尾羊：

【产地与育成史】广灵大尾羊产于山西省北部雁北地区的广灵县及其周围地区，是草原地区的蒙古羊被带入农区以后，在当地生态条件下，经群众长期选择、精心饲养管理、闭锁繁殖形成的地方优良绵羊品种。

【外貌特征】头中等大小，耳略下垂，公羊有角，母羊无角，颈细而圆，体形呈长方形，四肢强健有力。脂尾呈方圆形，宽度略大于长度，多数有小尾尖向上翘起。成年公羊尾长 21.84 厘米，尾宽 22.44 厘米，尾厚 7.93 厘米；成年母羊上述指标相应为18.69 厘米、19.35 厘米、4.5 厘米。毛纯白，杂色者很少。

【生产性能】生长发育快，成熟早，产肉力强。8 月龄羯羊除放牧外，每天补饲精料 0.25 千克，共补饲 120 天，到 1 岁时，活重达 61.9 千克，胴体重 35.41 千克，净肉重 23.6 千克，尾脂重 5.7 千克，屠宰率 57.2%，净肉率 66.6%，尾脂占胴体重的16.1%。成年羯羊宰前活重平均 44.3 千克，胴体重 23.17 千克，净肉重 15.7 千克，尾脂重 2.8 千克，屠宰率 52.3%，净肉率67.8%。体格中等，周岁公羊体重 33.4 千克，周岁母羊 31.5 千克；成年公羊体重 51.95 千克，成年母羊 43.35 千克。成年公羊剪毛量 1.39 千克，成年母羊 0.83 千克。广灵大尾羊 6 ~ 8 月龄性成熟，初配年龄在 1.5 ~ 2 岁，母羊春、夏、秋三季均可发情配种，在良好的饲养管理条件下，一年二胎或两年三胎，产羔率102%。

（10）欧拉羊：

【产地】欧拉羊产于甘肃省玛曲县欧拉乡及其毗连的青海省河南蒙古族自治县和久治县等地。

【外貌特征】体格高大，头稍长，呈锐三角形，鼻梁隆起，公羊、母羊绝大多数都有角，角形呈微螺旋状向左右平伸或略向前，尖端向外。四肢高而端正，背平直，胸、臀部发育良好。尾呈扁锥形，尾长 13～20 厘米。被毛全白者占 0.67%，体白者占 11.95%，体杂者占 86.44%，全黑者占 0.94%。

【生产性能】体重大，成年公羊体重 66.82 千克，成年母羊 52.76 千克。成年公羊剪毛量 1.0 千克，成年母羊 0.86 千克，净毛率 76%。6 月龄公羊体重 35.14 千克，母羊 31.44 千克；1.5 岁公羊体重 48.09 千克，母羊 43.19 千克。肉脂性能好，1.5 岁羯羊胴体重 18.05 千克，屠宰率 47.81%；成年羯羊胴体重 30.75 千克，屠宰率 54.19%；成年母羊胴体重 25.83 千克，屠宰率 48.1%。欧拉羊繁殖率不高，每年产羔 1 次，在多数情况下每次产羔 1 只。

欧拉羊对高寒草原的低气压、严寒、潮湿等自然条件和四季游牧、长年露营放牧等管理方式适应性很强，适合高寒地区放牧育肥。

2. 引进的绵羊品种

（1）无角道赛特羊：

【产地与育成史】无角道赛特羊原产于澳大利亚和新西兰。该品种是以雷兰羊和有角道赛特羊为母本、考力代羊为父本进行杂交，杂种羊再与有角道赛特公羊回交，然后选择所生的无角后代培育而成的。

【外貌特征】体质结实，全身被毛白色，公、母羊均无角。头短而宽，颈短、粗，胸宽深，背腰平直，后躯丰满，四肢粗、短，整个躯体呈圆筒状。

【生产性能】成年公羊体重 90～110 千克，成年母羊 65～75 千克，剪毛量 2～3 千克，净毛率 60% 左右，羊毛长度 7.5～10 厘米，羊毛细度 56～58 支。生长发育快，经过肥育的 4 月龄羔羊的胴体重，公羔为 22 千克，母羔为 19.7 千克。早熟，全年发情配种产羔，产羔率 137%～175%。对某些疾病的抵抗力较差，羔羊脓疱性口膜炎、羔羊痢疾、网尾线虫病、营养代谢病等的发病率较高。

　　若用道赛特羊和阿勒泰羊进行杂交，其杂种一代7月龄宰前活重38.1千克，胴体重17.47千克，净肉重14.11千克，屠宰率45.85%，胴体净肉率80.8%；与同龄的阿勒泰羔羊相比，胴体重低0.99千克，但净肉重却高1.91千克。无角道赛特公羊与小尾寒羊杂交，杂种一代公羊6月龄体重40.44千克，周岁体重96.7千克，2岁体重148.0千克，母羊上述相应体重分别为35.22千克、47.82千克、70.17千克。6月龄公羔宰前活重44.41千克，胴体重24.20千克，屠宰率54.49%，胴体净肉率79.11%，肉骨比1.0∶10.4，眼肌面积17.33平方厘米。

　　（2）萨福克羊：

　　【产地与育成史】萨福克羊原产于英格兰东南部的萨福克、诺福克、剑桥和艾塞克斯等地。该品种羊是以南丘羊为父本，当地体形较大、瘦肉率高的旧型黑头有角诺福克羊为母本进行杂交，于1859年育成。

　　【外貌特征】体格较大，头短而宽，公、母羊均无角，颈短粗，胸宽，背、腰和臀部长宽而平，肌肉丰满，后躯发育良好。头和四肢为黑色，且无羊毛覆盖。

　　【生产性能】成年公羊体重90~100千克，成年母羊65~70千克。成年公羊剪毛量5~6千克，成年母羊3~4千克，羊毛长度8~9厘米，羊毛细度56~58支，净毛率60%左右，被毛白色，偶尔可发现少量的有色纤维。生长发育快，产肉性能好，经肥育的4月龄公羔胴体重24.2千克，4月龄母羔胴体重19.7千克，并且瘦肉率高，是生产大胴体和优质羔羊肉的理想品种。性早熟，产羔率141.7%~157.7%。

　　若用萨福克羊与蒙古羊进行杂交，其杂一代羔羊生长发育快，产肉多，适合于放牧肥育，190日龄的萨蒙杂一代羯羔宰前活重37.25千克，胴体重18.33千克，屠宰率49.2%，净肉重

13.49千克，脂肪重1.14千克，胴体净肉率73.6%。用萨福克公羊与蒙古羊或与乌珠穆沁羊母羊杂交，可以提高后代的产毛量，减少被毛中干死毛的数量，改进有髓毛的细度，但杂种羊花羔率增高。据统计，萨杂一代被毛中有81.4%的个体、二代中有41.8%的个体含有不同程度的有色纤维，因此对于发展以产毛为主的细毛羊地区要慎重使用。而育成的白头萨福克克服了上述缺点，市场前景看好。

（3）杜泊羊：

【产地与育成史】杜泊羊原产于南非，是用有角道赛特绵羊和黑头波斯绵羊杂交培育成功的世界著名肉绵羊品种。该品种在1996年就开始被世界上主要羊肉生产国家引进。

【外貌特征】杜泊羊分为黑头白体躯和白头白体躯两个品系。公、母羊均无角，头长，额宽，嘴尖，呈三角头形，头部长有短刺毛。眼帘覆盖2/3眼球，呈三角形小斜眼。耳朵小，向后斜立。颈粗短，前胸丰满，背腰平阔，臀部肥胖，肌肉外突，呈典型肥猪样臀形，为圆筒形体躯。体长、腿短、骨细、中等体高。

【生产性能】羔羊初生重达5.5千克，早期生长发育快。4月龄前日增重可达400克左右。在放牧条件下，6月龄体重可达60千克以上；在舍饲肥育条件下，6月龄体重可达70千克左右。肥羔屠宰率高达55%，净肉率高达46%左右。该品种适于肥羔生产，胴体瘦肉率高，肉质芳香、细嫩；年龄为A级（年轻、肉嫩、多汁）、脂肪2～3级、形状3～5级的杜泊白羊胴体，被国际市场誉为"钻石级"羊肉。该品种随季节变化而自动脱毛，对饲草无选择性，瘤胃发达，特别耐粗饲，适应性强，食草性广泛，在其他品种羊不能生存的较差放牧条件下，它却能存活。繁殖性能强，繁殖期不受季节限制，在良好管理下可达到两年三胎，产羔率200%，且母羊产乳量高，护羔性好。此外，杜泊肉羊板皮厚，面积大，质地柔软，是制作高档家具和豪华轿车内饰的优等皮革原料。

用杜泊羊改良我国蒙古羊、小尾寒羊或同羊，不仅生长速度快，哺乳期日增重可达 300 克左右，比地方绵羊品种的生长速度快 1 倍以上，而且从形状、脂肪颜色及分布情况、胴体品质分析，均达到优质羊肉的标准，肉质鲜嫩，脂肪熔点低，无膻味。

（4）特克塞尔羊：

【产地与育成史】特克塞尔羊原产于荷兰，是用林肯羊、莱斯特羊公羊与当地的晚熟毛质好的马尔盛夫羊杂交，经过长期的选择培育而成的。

【外貌特征】头宽，着生有白色细发毛耳，眼周有浅黑色小斑点。颈中等长、粗，胸圆，鬐甲平，体躯深，体格大，背腰平直、宽，也有略微凸起的个体，肌肉丰满，后躯发育良好，四肢下部无毛。

【生产性能】成年公羊体重 115～130 千克，成年母羊 75～80 千克。成年公羊剪毛量 5 千克，成年母羊 4.5 千克，净毛率 60%，羊毛长度 10～15 厘米，羊毛细度 48～50 支。特克塞尔羊早熟，羔羊生长发育快，70 日龄前平均日增重为 300 克，在最适宜的草场条件下 120 日龄的羔羊体重 40 千克，6～7 月龄达 50～60 千克，屠宰率 54%～60%。该品种母羊泌乳性能良好，产羔率 150%～160%，对寒冷气候有良好的适应性。

中国农业科学院畜牧研究所、宁夏农林科学院畜牧兽医研究所、山西农业大学种羊基地引进该品种后，发现该品种羊适应性强，杂交效果明显。

（5）夏洛来羊：

【产地与育成史】夏洛来羊原产于法国中部的夏洛来丘陵和谷地，是以英国莱斯特羊、南丘羊为父本，当地的细毛羊为母本杂交育成。1963 年被命名为夏洛来肉羊，1974 年法国农业部正式承认该品种。

【外貌特征】公、母羊均无角，额宽、耳大，颈短粗，肩宽平，胸宽而深，肌部拱圆，背部肌肉发达，体躯呈圆筒状，身腰长，四肢较矮，肢势端正，肉用体形良好。被毛同质，白色，被毛匀度有时略差。

【生产性能】成年公羊体重 100～150 千克，成年母羊 75～95 千克。成年公羊剪毛量 3～4 千克，成年母羊 1.5～2.2 千克，羊毛长度 4.0～7.0 厘米，毛纤维细度 25.5～29.5 微米。早熟，羔羊生长发育快，一般 6 月龄公羔体重 48～53 千克，母羔 38～43 千克；7 月龄出售的标准公羔体重 50～55 千克，母羔 40～45 千克。胴体质量好，瘦肉多，脂肪少，屠宰率在 55% 以上。耐粗饲，采食能力强，对寒冷和干热气候适应性较好。母羊为季节性发情，在法国，一般在 8 月中旬至次年 1 月，但发情旺季在 9～10 月，初产母羊产羔率为 135.32%，经产母羊产羔率为 182.37%。夏洛来羊采食力强，食草快，不挑食，易于适应变化的饲养条件。

内蒙古锡林郭勒盟西苏旗用夏洛来公羊与当地母羊杂交，夏杂一代 6 月龄活重 40.2 千克，胴体重 19.5 千克，屠宰率 48.5%。山西省左云县用夏洛来公羊与年龄 3～4 岁、个体大小均匀、健康无病的当地经产母羊杂交获得的一代杂种羊，其体形外貌基本与父本夏洛来羊相似，即体形呈圆筒状，颈粗短，胸宽，背腰平、宽、直，尻平，臀部发育良好，肌肉丰满，四肢短粗，被毛白色，但四肢下部及头、耳等部多有黄褐色。一代杂种羊 10 月龄活重 49.2 千克，胴体重 27.16 千克，屠宰率 55.2%。黑龙江省绥化地区海伦种畜场用夏洛来公羊与细毛羊杂交，夏细杂一代当年公羔屠宰前活重 41.09～45.81 千克，比同龄细毛羊高 32.02%～45.35%；胴体重 17.86～21.12 千克，比同龄细毛羊高 30.61%～65.52%。

（6）德国肉用美利奴羊：

【产地与育成史】德国肉用美利奴羊原产于德国萨克森自由州，是用泊列考斯和莱斯特品种公羊与德国原有的美利奴羊杂交培育而成的。

【外貌特征】体格大，结实，成熟早，胸宽、深，背腰平直，肌肉丰满，后躯发育良好，无角，颈部和体躯皆无皱褶，被毛白色，密而长，弯曲明显。

【生产性能】德国美利奴羊属肉毛兼用细毛羊。成年公羊体重 90 ~ 100 千克，成年母羊 60 ~ 65 千克。成年公羊剪毛量 10 ~ 11 千克，成年母羊 4.5 ~ 5.0 千克，剪毛率 45% ~ 52%，羊毛长度 7.5 ~ 9.0 厘米，羊毛细度 60 ~ 64 支。生长发育快，肉用性能好，日增重 300 ~ 350 克，6 月龄羔羊体重可达 40 ~ 45 千克，胴体重 19 ~ 23 千克，屠宰率 47% ~ 51%。12 月龄可以配种，产羔率 140% ~ 175%。耐粗饲，对较干旱气候有一定的适应性。

德国肉用美利奴羊参与了内蒙古细毛羊、阿勒泰肉用细毛羊等品种的育成；在新疆、甘肃、山东等地曾与蒙古羊、欧拉羊、小尾寒羊等进行过杂交生产羊肉，效果较好。

（7）边区莱斯特羊：

【产地与育成史】边区莱斯特羊原产于英国北部苏格兰的边区，19 世纪中叶，用莱斯特品种公羊与山地雪维特品种母羊杂交培育而成。为了与莱斯特羊相区别，1860 年该品种被称为边区莱斯特羊，1897 年该品种协会成立。

【外貌特征】体质结实，体形结构良好，公、母羊均无角，鼻梁隆起，两耳竖立，体躯长，背宽平，被毛白色，头部及四肢无背毛覆盖。

【生产性能】成年公羊体重 90 ~ 140 千克，成年母羊 60 ~ 80 千克。成年公羊剪毛量 5 ~ 9 千克，成年母羊 3 ~ 5 千克，净毛率 65% ~ 80%，羊毛长度 20 ~ 25 厘米，羊毛细度 44 ~ 48 支，产羔率 150% ~ 200%。肉用性能良好，早熟、肉质好。经育肥的 4 月龄羔羊，公羔胴体重 22.4 千克，母羔 19.7 千克；成年公羊胴体重 73.0 千克，成年母羊 39.8 千克。

我国从英国和澳大利亚引入的边区莱斯特羊与西藏母羊杂交，在海拔 3400 米、水草丰美的甘肃碌曲县夏秋草场上放牧肥育，边藏一代羯羊 6 月龄活重 34.90 千克，眼肌面积 12.00 平方厘米；从牧区将边藏一代羯羊运往甘肃临夏农区易地育肥，采用放牧加补饲的育肥方法，11 月龄羔羊活重 51.84 千克，胴体重 25.44 千克，屠宰率 49.07%。

（8）罗姆尼羊：

【产地与育成史】罗姆尼羊原产于英国东南部的肯特郡（肯特羊）。后来，引用莱斯特品种公羊进行改良，经过精细的选择和长期的培育，育成了今日的罗姆尼羊。

【外貌特征】英国罗姆尼羊头略显狭长，体躯长而宽，四肢较高，后躯比较发达，头及四肢羊毛覆盖较差。新西兰罗姆尼羊四肢短矮，背腰宽平，体躯长，肉用体形良好，头和四肢羊毛覆盖良好，但放牧游走能力比英国罗姆尼羊差。

【生产性能】成年公羊体重 90 ~ 110 千克，成年母羊 80 ~ 90 千克。成年公羊剪毛量 4 ~ 6 千克，成年母羊 3 ~ 5 千克，净毛率 60% ~ 65%，羊毛长度 11 ~ 15 厘米，羊毛细度 46 ~ 50 支。产羔率 120%。成年公羊胴体重 70 千克，成年母羊 40 千克；经育肥的 4 月龄羔羊，公羔胴体重 22.4 千克，母羔 20.6 千克。

在英国及许多国家，罗姆尼羊与其他品种进行经济杂交，生产肉用肥羔和杂交种羊毛。1980 年以后，我国很多地方选用罗姆尼羊作父系，与本地土种羊或杂种细毛羊杂交生产羔羊肉，效果良好。

（9）考力代羊：

【产地与育成史】考力代羊原产于新西兰，以美利奴羊为母本，英国长毛型品种林肯羊、莱斯特羊为父本杂交育成。

【外貌特征】公、母羊均无角，颈短而宽，背腰宽平，肌肉丰满，后躯发育良好，四肢结实，长度中等。头、耳、四肢带黑斑，嘴唇及蹄为黑色，被毛白色，弯曲明显，匀度良好，强度大，油汗适中。

【生产性能】成年公羊体重 100～105 千克，成年母羊 46～65 千克。成年公羊剪毛量 10～12 千克，成年母羊 5～6 千克，羊毛长度 9～12 厘米，羊毛细度 50～56 支，净毛率 60%～65%。考力代羊生长发育快，4 月龄羔羊体重可达 35～40 千克。杂一代成年公羊胴体重 33.0 千克，净肉重 25.66 千克，屠宰率 51.77%，胴体净肉率 77.76%；成年母羊上述指标相应为 29.25 千克、24.32 千克、52.75%、83.15%。产羔率 110%～130%。

考力代羊是东北半细毛羊、贵州半细毛羊新品种，以及山西陵川半细毛羊新类群的主要父系品种之一，对新品种羊羊毛、羊肉品质的提高和改善起到了积极作用。如东北半细毛羊 2～3 岁公羊胴体重 28.71 千克，净肉重 23.77 千克，内脏脂肪重 1.89 千克，屠宰率 57.7%，胴体净肉率 82.8%。

（10）林肯羊：

【产地与育成史】林肯羊原产于英国东部的林肯郡。1750 年开始用莱斯特公羊改良当地旧型林肯羊，经过长期的选种、选配和培育，于 1862 年育成。

【外貌特征】体质结实，体躯高大，结构匀称，头部大，颈短，前额有绺毛下垂，背腰平直，腰臀宽广，肋骨开张良好，四肢较短而端正，脸、耳及四肢为白色，但偶尔出现小黑点，公、母羊均无角。被毛呈辫形结构，有大波状弯曲和明显的丝样光泽。

【生产性能】成年公羊体重 120～140 千克，成年母羊 70～90 千克。成年公羊剪毛量 8～10 千克，成年母羊 5.5～6.5 千克，净毛率 60%～65%，羊毛长度 20～30 厘米，羊毛细度 36～40 支。4 月龄育肥羔羊胴体重，公羔 22.0 千克，母羔 20.5 千克。产羔率 120%。

林肯羊是阿勒泰肉用细毛羊和云南细毛羊新品种的主要父系品种之一。研究表明，用林肯羊与小尾寒羊杂交，林杂一代 6 月龄宰前活重 39.03 千克，胴体重 19.16 千克，净肉重 15.39 千克，内脏脂肪重 1.08 千克，眼肌面积 13.22 平方厘米，屠宰率 49.09%，胴体净肉率 80.32%。林杂羔羊肉质好，肌肉中脂肪及蛋白质中的赖氨酸和甲硫氨酸含量增加，肉块具有明显的大理石纹结构，肉质细嫩，美味可口。在全舍饲中等营养水平下，育肥 3 个月，林杂羊增重快，饲料报酬高。

（11）汉普夏羊：

【产地与育成史】汉普夏羊产于英格兰南部的汉普夏郡。当地羊群体较大，毛粗、少，肉质中等，由南丘羊和考兹任德羊与之杂交选育而成。

【外貌特征】体格大，被毛白色，脸、耳深褐色，公、母羊均无角，肉用体形好。

【生产性能】成年公羊体重 102～136 千克，成年母羊 68～90 千克。生长发育快，出生后日增重可达 450 克，优饲条件下 4 月龄羔羊活重达 50 千克。胴体品质好，出肉率高；泌乳性能好。

汉普夏羊作为肥羔生产中的终端父本效果良好。如用于杂交生产优质羔羊肉，羔羊生长快，可提前上市，放牧时稍加补料增膘快；适应性广，能适应 0 ℃以下和热带气候条件。

（12）南丘羊：

【产地与育成史】南丘羊原产于英格兰东南部的南丘山脉，是英国正式育成的中毛型品种。

【外貌特征】南丘羊脸部浅褐色，头短而宽，颈短粗，体格中等，体躯紧凑、宽而深，背腰宽平，肌肉丰满，后躯发育良好，四肢短，腿部丰满，体形呈圆筒形，性情温驯。全身白毛，不含粗毛和有色纤维，四肢和头部有少量有色纤维。

【生产性能】成年公羊体重 79～102 千克，成年母羊 56～72 千克。公羊产毛量 3.2～5.5 千克，母羊 2.0～3.2 千克，羊毛长度 5～8 厘米，羊毛细度 50～60 支。羔羊特别早熟，常用于生产 2 月龄肉羔，可生产肉多的轻型胴体，屠宰率 60%，肉质好。多胎性和泌乳性能中等，能适应不良环境条件，羔羊存活力强。

（13）芬兰羊：

【产地】芬兰羊原产于芬兰，属于芬兰北方短尾羊。

【外貌特征】公羊有角，母羊大多数无角，头狭长，光脸，耳短，鼻部皮肤粉红色，体形不大，骨骼细，体长深而不宽，尾短，尾根宽大，尾尖不明显。

【生产性能】成年公羊体重 73～100 千克，成年母羊 55～86 千克。胴体瘦肉率高，在正常饲养管理条件下，5 月龄羔羊体重 32～25 千克。产毛量 1～3 千克，羊毛细度 50～58 支，毛白色，光泽好，手感柔软光滑。全年发情，繁殖力强，平均胎产羔 2～4 只，最高 8 只，母羊泌乳量高。

芬兰羊被大量用于各种杂交组合，杂种一代产羔率高，含 1/4 芬兰羊血液的母羊，即可达到多胎目的。另外，杂种羔羊生长速度快，芬（芬兰羊）×罗（罗姆尼羊）一代羔羊生长速度快于边（边区莱斯特羊）×罗（罗姆尼羊）羔羊，仅次于东弗里生杂种一代羔羊。芬兰羊适合人工饲养管理条件下养殖，是肉羊生产中理想的母系品种。

（二）山羊品种

1. 我国的地方山羊品种

（1）辽宁绒山羊：

【产地】辽宁绒山羊属绒肉兼用型品种，是我国绒山羊品种中产绒量最高的优良品种。该品种具有产绒量高，绒纤维长、粗细度适中，体形壮大，适应性强，遗传性能稳定，改良低产山羊效果显著等特点，其产绒量居全国之首，被誉为"国宝"，是我国重点畜禽遗传保护资源。辽宁绒山羊原产于辽宁省东南部山区步云山周围各市县，主要分布在盖州、岫岩、辽阳、本溪、凤城、宽甸、庄河、瓦房店等地。辽宁绒山羊种用价值极高，尤其对内蒙古绒山羊新品系的形成贡献卓著。

【外貌特征】公、母羊均有角，有髯，公羊角发达，向两侧平直伸展，母羊角向后上方。额顶有自然弯曲并带丝光的绺毛。体躯结构匀称，体质结实。颈部宽厚，颈肩结合良好，背平直，后躯发达，呈倒三角形。四肢较短，蹄质结实，短瘦尾，尾尖上翘。被毛为全白色，外层为粗毛且有丝光光泽，内层为绒毛。

【生产性能】辽宁绒山羊的初情期为 4~6 月龄，8 月龄即可进行第一次配种。适宜繁殖年龄，公羊为 2~6 周岁，母羊为 1~7 周岁。每年 5 月开始发情，9~11 月为发情旺季，发情周期平均为 20 天，发情持续时间 1~2 天。妊娠期 142~153 天。成年母羊产羔率 110%~120%，断奶羔羊成活率 95% 以上。辽宁绒山羊的冷冻精液的受胎率为 50% 以上，最高可达 76%。

辽宁绒山羊 1 周岁时体重 25~30 千克，成年公羊在 80 千克左右，成年母羊在 45 千克左右。公羊屠宰率为 51.15%，净肉率为 35.92%；母羊屠宰率为 51.15%，净肉率为 37.66%。辽宁绒山羊所产山羊绒品质优秀，是纺织工业最上乘的动物纤维纺织原料。据国家动物纤维质检中心测定，辽宁绒山羊羊绒细度平均为 15.35 微米，净绒率 75.51%，伸直长度成年公羊 9.57 厘米、成年母羊 8.32 厘米，绒毛品质优良。

（2）内蒙古白绒山羊（阿尔巴斯型）：

【产地】阿尔巴斯白绒山羊核心产地为内蒙古鄂尔多斯市鄂托克旗阿尔巴斯苏木，其中以乌仁都西山区阿尔巴斯白绒山羊为最优，现遍布鄂尔多斯全市。

【外貌特征】阿尔巴斯白绒山羊被毛全白，由两层组成，绒毛在内，细短，光泽好。体格大，体质结实，结构匀称。头部清秀，额顶有长毛和绒，额下有髯。公、母羊均有角。公羊角扁而粗大，向后方两侧螺旋式伸展；母羊角细小向后方伸出，呈乳白色，两耳自两侧伸展或半垂，鼻梁微凹。颈宽厚，胸宽而深，肋开张，背腰平直，后躯稍高，体长大于体高，近似长方形，斜尻，四肢端正，强健有力，长短适中，蹄质坚实坚硬。骨骼比较粗壮结实，肌肉发育丰满。

【生产性能】成年公羊体重 46.9 千克，成年母羊 33.3 千克。成年公羊剪毛量 570 克，成年母羊 257 克；成年公羊抓绒量 385 克，成年母羊 305 克。绒毛长度公、母羊分别为 7.6 厘米和 6.6 厘米，绒毛细度公、母羊分别为 14.6 微米和 15.6 微米。成年羯羊屠宰率为 47%，母羊产羔率为 104%。

（3）太行山羊：

【产地】太行山羊（河北武安山羊、山西黎城大青羊、河南太行黑山羊）产于太行山东西两侧的晋冀豫三省接壤地区。山西境内分布在晋东南、晋中两地区东部各县，河北境内分布于保定、石家庄、邢台、邯郸地区京广线两侧各县，河南境内分布于林州、安阳、淇县、博爱、沁阳及修武等地。

【外貌特征】体质结实，体格中等。头大小适中，耳小前伸，公、母羊均有髯，绝大部分有角，少数无角或有角基。角形主要有两种：一种角直立扭转向上，少数在上 1/3 处交叉；另一种角向后向两侧分开，呈倒"八"字形。公羊角较长呈拧扭状，公、母羊角都为扁状。颈短粗。胸深而宽，背腰平直，后躯比前躯高。四肢强健，蹄质坚实。尾短小而上翘，紧贴于尻端。毛色主要为黑色，少数为褐、青、灰、白色。还有一种"画眉脸"羊，颈、下腹、股部为白色。被毛由长粗毛和绒毛组成。

【生产性能】成年公羊体重 36.7 千克，母羊 32.8 千克；育成公羊体重 23 千克，母羊 22 千克。成年公羊产毛量 0.40 千克，产绒量 0.28 千克，母羊相应为 0.35 千克和 0.16 千克。公羊粗毛长度 11.2 厘米，绒长 2.36 厘米，伸直长度 3.01 厘米，抓绒量 275 克，剪毛量 400 克；母羊上述指标相应为 9.5 厘米、2.86 厘米、3.36 厘米、160 克、350 克，绒细度为 14 微米。2.5 岁羯羊，宰前体重 39.9 千克，胴体重 21.1 千克，屠宰率 52.9%，净肉率 41.4%。肉质细嫩，脂肪分布均匀。公、母羊一般在 6～7 月龄性成熟，1.5 岁配种。产羔率 120% 左右，但分布在河北省的较高，达 143%。

（4）新疆山羊：

【产地】新疆山羊是一个古老的地方品种，主要产品是绒、奶和肉，具有肉多，绒细而柔软、均匀、强力好等优点，深受国内外消费者的喜爱。新疆山羊分布于整个新疆，其中以阿尔泰山、天山南坡、昆仑山北麓的荒漠区较多，数量较集中的还有阿克苏、喀什、克孜勒苏、阿勒泰和哈密地区。新疆山羊抓膘力强，在内脏蓄积较多的脂肪。

【外貌特征】体质结实。头较大，耳小半下垂，鼻梁平直或下凹，公、母羊多数有角，角形呈半圆形弯曲，或较直向后上方直立，角尖端微向后弯，角基间簇生毛绺下垂于额部，颌下有髯。背平直，前躯发育较好，后躯较差。母羊乳房发育情况，随各地区牧民挤奶习惯不同而异。被毛以白色为主，次为黑色、灰色、褐色及花色。

【生产性能】成年公羊平均体高、体长、胸围和体重：哈密地区为 67.2 厘米、71.6 厘米、88.8 厘米、59.51 千克，阿克苏地区为 63.0 厘米、68.3 厘米、79.0 厘米、32.60 千克；成年母羊平均体高、体长、胸围和体重：哈密地区为 61.5 厘米、62.8 厘米、76.3 厘米、34.22 千克，阿克苏地区为 60.7 厘米、65.5 厘米、71.3 厘米、27.10 千克。

（5）马头山羊：

【产地与育成史】马头山羊原产于湘、鄂西部山区，主要分布在湖南省的石门、慈利、芷江、新晃、桑植等和湖北省的恩施等地。它是从土种羊中选择个体大、生长快、性情温驯的无角山羊长期定向培育形成的。

【外貌特征】体质结实，结构匀称。全身被毛白色，毛短贴身，富有光泽，冬季长有少量绒毛。头大小适中，公羊、母羊均无角，但有退化角痕。耳向前略下垂，下颌有髯，颈下多有 2 个肉垂。成年公羊颈较粗短，母羊颈较细长，头、颈、肩结合良好。前胸发达，背腰平直，后躯发育良好，尻略斜。四肢端正，蹄质坚实。母羊乳房发育良好。

【生产性能】成年公羊体重 43.81 千克，成年母羊 33.70 千克。肉用性能好，在全年放牧条件下，12 月龄羯羊体重 35 千克左右，18 月龄达 47.44 千克，如能适当补料，可达 70～80 千克。据测定，12 月龄羯羊胴体重 14.20 千克，屠宰率 54.10%，体长 56.59 厘米，眼肌面积 7.81 平方厘米；24 月龄羯羊上述指标相应为 14.94 千克、54.85%、58.71 厘米、9.77 平方厘米。5 月龄性成熟，但适宜配种月龄一般在 10 月龄左右，四季发情，常年配种，多为一年二胎或两年三胎，产羔率 191.94%～200.33%。

马头山羊是我国江南诸省较优秀的山羊品种，其板皮品质良好，在国际贸易中享有较高声誉，需加强选育，进一步提高产肉性能。

（6）陕南白山羊：

【产地与育成史】陕南白山羊原产于陕西南部地区，很可能是在汉朝时期随着大量的移民定居而带入，加上频繁的战争和伊斯兰教的传入，以及群众对肉食的需要等社会因素的影响，不断选育而形成。

【外貌特征】头清秀而略宽，额微凸，鼻梁平直，颈短而宽厚，胸部发达，肋骨开张良好，背腰长而平直，腹围大而紧凑，四肢粗壮。被毛以白色为主，少数为黑褐或杂色。陕南白山羊分为短毛和长毛两个类型，每个类型又分有角羊和无角羊两类。无角短毛型被毛短而稀粗，性温驯，早熟易肥；无角长毛型羊肩、侧、股部有 9～17 厘米长的粗毛。有角长毛型羊的角多呈板角状，性烈好斗。

【生产性能】成年公羊体重 33.5 千克，成年母羊 32.5 千克，成年羯羊 41.1 千克。肉用性能良好，2 岁羯羊宰前活重 42.4 千克，胴体重 22.4 千克，净肉重 18.0 千克，屠宰率 52.8%。性成熟早，公羊在出生后 121.5 天、体重 10.4 千克时出现性行为并产生成熟精子；母羊在出生后 111.6 天、体重 7.8 千克时初次发情，配种后有 57.6% 受胎。陕南白山羊产羔率 259.03%，2 月龄的繁殖成活率 173.8%。肉质细嫩，脂肪色白，膻味轻，板皮品质好。应加强选育，提高产肉率。

（7）成都麻羊：

【产地与育成史】成都麻羊原产于四川盆地西部的成都平原及其邻近的丘陵和低山地区。成都麻羊是在特定的生态和经济条件下，由农民精心饲养和选育而形成的肉乳兼用优良地方品种。

【外貌特征】成都麻羊全身被毛呈棕黄色，为短毛型。单根纤维颜色可分成三段，即毛尖为黑色，中段为棕黄色，下段为黑灰色，整个被毛有棕黄而带黑麻的感觉，故称麻羊。也有认为其被毛呈赤铜色，称为铜羊。在体躯上有两条异色毛带，一条是从两角基部中点沿颈脊、背线至尾根的纯黑色毛带，另一条是沿两侧肩胛经前肢至蹄冠的纯黑色毛带，两条黑色毛带在鬐甲部交叉，构成明显的十字形。另外，从角基部前缘，经内眼角沿鼻梁两侧至口角各有一条纺锤形浅黄色毛带、形似画眉鸟的画眉。头中等大，两耳侧伸，额宽而微突，鼻梁平直。公、母羊大多数有角。公羊前躯发达，体态雄壮，体形呈长方形；母羊后躯深广，背腰平直，尻部略斜，乳房呈球形，体形较清秀，略呈楔形。

【生产性能】成年公羊体重 43.02 千克，成年母羊 32.6 千克。生长快，周岁公羊体重 26.79 千克，周岁母羊 23.14 千克。周岁羯羊胴体重 12.15 千克，净肉重 9.21 千克，屠宰率 49.66%，净肉率 75.8%。成年羯羊上述指标相应为 20.54 千克、16.25 千克、54.34%、79.1%。成都麻羊常年均可发情配种，产羔率 205.91%，泌乳期 5~8 个月，可产奶 150~250 千克，乳脂率 6.47%。

板皮组织致密，乳头层占全皮厚度的一半以上，网状层纤维粗壮，弹性好，强度大，质地柔软，耐磨损，品质优良，是一般皮制品和航空汽油滤油革的上等原料。

(8) 雷州山羊：

【产地与育成史】雷州山羊原产于广东省雷州半岛和海南省，是我国热带地区以产肉为主培育的优良地方山羊品种，在产区优越的生态经济条件下经当地群众多年选育而成。

【外貌特征】体质结实，公、母羊均有角，颈细长，颈前与头部相接处较狭，颈后与胸部相连处逐渐增大，鬐甲稍隆起，背腰平直，臀部多为短狭而倾斜，十字部高，胸稍窄，腹大而下垂，耳中等大，向两侧竖立开张。按体形可分为高脚和矮脚两个类型：高脚型体高，腹部紧缩，乳房不发达，多产单羔，好走动；矮脚型体较矮，骨细，腹大，乳房发育良好，生长快，产双羔较多。雷州山羊毛色多为黑色，角、蹄为褐黑色，少数为麻色及褐色。麻色羊除被毛黄色外，背线、尾及四肢前端多为黑色或黑黄色。

【生产性能】6 月龄公羔体重 15.4 千克，母羔 13.1 千克；周岁公羊体重 31.7 千克，周岁母羊 28.6 千克；2 岁公羊体重 50.0 千克，2 岁母羊 43.0 千克；3 岁公羊体重 54.0 千克，3 岁母羊 47.7 千克。屠宰率一般为 50%~60%，肥育羯羊可达 70% 左右。性成熟早，一般 3~6 月龄达性成熟，母羊 5~8 月龄就已配种，

1岁时即可产羔；公羊配种年龄一般在10~11月龄，多数一年二胎，少数两年三胎，每胎产1~2羔，多者产5羔，第1胎产羔率150%~200%。

雷州山羊肉质优良，脂肪分布均匀，肥育羯羊无膻味，且繁殖力强，适宜作肥羔生产和新品种培育的母本。

（9）贵州白山羊：

【产地】贵州白山羊产于黔东北乌江中下游的沿河及思南、务川等地，是群众长期选育而成的产肉性能好的优良地方山羊品种。

【外貌特征】头宽额平，公、母羊均有角，颈部较圆，部分母羊颈下有一对肉垂，胸深，背宽平，体躯呈圆筒状，体长，四肢较矮。被毛以白色为主，其次为麻、黑、花色，被毛粗短。少数羊鼻、脸、耳部皮肤上有灰褐色斑点

【生产性能】成年公羊体重32.8千克，成年母羊30.8千克；周岁公羊体重平均19.6千克，周岁母羊18.3千克。一般在秋、冬两季屠宰。周岁羯羊平均体重24.11千克，胴体重11.45千克，净肉重8.83千克，屠宰率47.49%，胴体净肉率77.12%；成年羯羊的上述指标相应为47.53千克、23.26千克、19.02千克、48.94%、81.77%。贵州白山羊性成熟早，公、母羔在5月龄时即可发情配种，但一般在7~8月龄配种，常年发情，一年二胎，产羔率273.6%，年繁殖存活率243.19%。

贵州白山羊肉质细嫩，肌肉间有脂肪分布，膻味轻，且繁殖力强，适宜用于肥羔生产和作为新品种培育的母本。

（10）板角山羊：

【产地】板角山羊产于四川万源市，重庆市武隆区、城口县、巫溪县，以及与陕西、湖北及贵州等省接壤的地方，由当地群众选择白色体大的山羊在特定的生态经济条件下选育而成。

【外貌特征】被毛白色，黑色及杂色个体很少。公、母羊均

有角，有髯，角形宽长，向后上方弯曲扭转，成年母羊的角基宽4.48 厘米、厚 2.45 厘米，宽、厚之比为 1.83：1，角长 17 厘米，尤以公羊角宽大、扁平，分外雄壮，故得名板角山羊。该品种羊鼻梁平直，额微凸，公、母羊均有胡须，背腰较平，尻部略斜，肋骨开张，体躯呈圆筒状，四肢粗壮，结合良好。

【生产性能】板角山羊周岁公羊体重 24.64 千克，周岁母羊21.0 千克；成年公羊体重 40.55 千克，成年母羊 30.34 千克。产肉性能较好，成年羯羊宰前活重 38.90 千克，胴体重 20.18 千克，净肉重 16.34 千克，屠宰率 51.88%，胴体净肉率 80.97%。板角山羊性成熟早，公羊 4～5 月龄有性欲，5～6 个月开始配种；母羊性成熟期为 177 天，一般年产羔 2 次，春秋为产羔季节。据统计，单羔占 28.4%，双羔占 60.1%，三羔占 11.5%，产羔率184%。

板角山羊的板皮良好，具有弹性好、质地致密、面积宽大等特点，是一般皮制品的上等原料。在保持板皮性能的同时，应加强其肉用性能的选育。

（11）隆林山羊：

【产地】隆林山羊产于广西隆林、田林和西林。当地少数民族历来喜爱山羊，经长期选择和培育形成今日的隆林山羊。

【外貌特征】体格健壮，结构匀称，身长体大，体躯近似长方形。羊头大小适中，公、母羊均有鬃有角，背腰平直，肌骨开张，后躯稍高，肌肉发达，四肢端正。毛色较杂，其中白色占38.2%，黑色占 14.7%，黑白花占 27.9%，褐色占 19.1%。隆林山羊的另一个特点是腹下和四肢上部被毛粗长。

【生产性能】隆林山羊生长发育快，周岁公羊体重 35.98 千克，周岁母羊 34.23 千克。成年公羊体重 54.81 千克，成年母羊41.55 千克。隆林山羊肉用性能良好，肌肉发达，胴体脂肪分布均匀，肉质细嫩，膻味轻。成年公羊胴体重 20.7 千克，屠宰率

52.05%；成年母羊胴体重 17.47 千克，屠宰率 46.6%；成年羯羊胴体重 31.05 千克，屠宰率 57.83%；3 月龄公羊胴体重 11.0 千克，屠宰率 48.64%。隆林山羊性成熟早，母羊 7~8 月龄、公羊 8~9 月龄配种。一般母羊一年二胎或两年三胎，初产者多产单羔，第 2 胎以上多产双羔，产羔率 195.18%。

用隆林山羊改良都安山羊，杂种羔羊增重显著，周岁时比都安山羊母本提高 17.68%~21.48%，可明显提高后代的胴体重和净肉重。

（12）承德无角山羊：

【产地】承德无角山羊原产于河北承德，产区属于燕山山脉的冀北山区。

【外貌特征】体质健壮，结构匀称，肌肉丰满，体躯深广，侧视呈圆体形。头大小适中，头宽顶平，公、母羊均无角，头颈高扬，公羊颈部略短而宽，肌肉充实，母羊颈部略扁而长。胸部宽深，背腰平直，后躯发育略显不足，斜尻较多。四肢强健端正。被毛以黑色为主，约占 70%，白色次之，还有少量杂色被毛。

【生产性能】周岁公羊体重 30.30 千克，周岁母羊 25.10 千克；2 岁以上公羊体重 54.50 千克，母羊 41.50 千克。据报道，承德黑色无角成年山羊胴体重 17.07 千克，净肉重 13.54 千克，屠宰率 43.9%，胴体净肉率 79.3%。经短期补饲精料的黑色无角羔羊 6.5 月龄时体重可达 25.2 千克，而白色无角羔羊 10 月龄体重 33.44 千克，可以实现当年羔羊当年出栏。母羊全年均可发情配种，产羔率 163.9%。承德无角山羊黑色成年公羊、母羊产毛量分别为 518 克、251 克，产绒量分别为 240 克、114 克，羊毛长度 11~21 厘米。

承德无角山羊长期以来由于粗放的饲养管理，其生长发育和生产性能未能得到充分发挥。改善冬、春季节的饲养管理条件，是今后提高该品种肉用性能和经济效益的关键。

（13）昭通山羊：

【产地】昭通山羊产于云南昭通市昭阳区及巧家、彝良、鲁甸、大关、永善、镇雄等地，是在产区独特生态经济条件和各族群众长期选育下形成的肉皮兼用型地方山羊品种。

【外貌特征】公、母羊大多有角，头长短适中，鼻梁直，有须髯，大多数颈下有肉毛垂，鬐甲稍高，体形结构匀称，四肢健壮。被毛黑色者占 26.25%，黑白花者占 30.24%，褐色者占20.33%，其他还有黄色、青色等，其中褐色、黄色山羊多数从枕部至尾根有深色背线。部分山羊被毛有长毛，长毛分全身长毛和体躯长毛两类。

【生产性能】肉用性能良好，6 月龄羊胴体重 11.68 千克，净肉重 8.75 千克，屠宰率 48.2%，净肉率 74.91%；1 岁羊上述指标相应为 16.91 千克、11.77 千克、50.46%、69.6%；2～2.5 岁羯羊上述指标相应为 24.22 千克、17.40 千克、51.44%、71.84%。昭通山羊 5～6 月龄性成熟，7～9 月龄初配，多数秋配春产，也有春配秋产的，产羔率 170.17%。

（14）鲁山牛腿山羊：

【产地】鲁山牛腿山羊是在河南鲁山县西部山区发现的体格较大的肉皮兼用山羊，中心产区为鲁山县的四棵树乡，是经过长期自然和人工选择形成的。

【外貌特征】鲁山牛腿山羊为长毛型白山羊，体形大，体质结实，骨骼粗壮，侧视呈长方形，正视近圆筒形，具有典型的肉用羊特点，头短额宽，90% 的羊有角，颈短而粗，背腰宽平，腹部紧凑，全身肌肉丰满，尤其臀部和后腿肌肉发达，故以"牛腿"著称。

【生产性能】生长发育快，周岁公羊体重 23.0 千克，周岁母羊 20.6 千克；成年公羊体重 41.2 千克，成年母羊 30.5 千克。肉用性能良好，周岁羯羊宰前重 20.84 千克，胴体重 9.59 千克，净肉重 7.72 千克，屠宰率 46.02%，胴体净肉率 80.50%；成年羯羊上述指标相应为 50.22 千克、25.09 千克、21.69 千克、49.96%、86.45%。公羊体侧毛长 12.00 厘米，母羊 11.70 厘米；剪毛量公羊 0.62 千克，母羊 0.32 千克。性成熟早，一般为 3~4 月龄，母羊常年发情，以春秋两季较多。母羊初配年龄为 5~7 月龄，一般母羊一年二胎或两年三胎，产羔率 111%，其中双羔率 11%，羊群年繁殖率为 204%。公羊性成熟年龄为 4~5 月龄，体成熟年龄在 1.5 岁左右。

2. 我国培育的山羊品种

（1）南江黄羊：

【产地与育成史】南江黄羊原产于四川南江县，又称亚洲黄羊。自 1954 年起，用四川同羊和含努比羊基因的杂种公羊与当地母山羊及引入的金堂黑母羊进行多品种复杂育成杂交，并采用性状对比观测、限值留种继代、综合指数法、结合分段选择培育及品系繁育等育种手段，于 1995 年育成。

【外貌特征】被毛黄色，毛短，紧贴皮肤，颜面毛色黄黑，鼻梁两侧有一对称黄白色纹，从枕部沿背脊有一条由宽而窄至十字部后渐浅的黑色毛带，公羊前胸、颈下毛黑黄色，较长，四肢上端着生有黑色较长的粗毛。体格大，头大小适中，耳大且长，鼻梁微拱。公、母羊分为有角与无角两种类型，其中有角者占 61.5%，无角者占 38.5%，角向上、向后、向外呈"八"字形。公羊颈粗短，母羊细长，颈肩结合良好，背腰平直，前胸深广，尻部略斜，四肢粗长，蹄质坚实，呈黑黄色，整个体躯略呈圆筒形。

【生产性能】生长发育快，肉用性能好。6 月龄公羊体重 27.40 千克，母羊 21.82 千克；周岁公羊 37.61 千克，母羊 30.53 千克；成年公羊 66.87 千克，母羊 45.6 千克。哺乳期日增重，公羔 176.17 克，母羔 161.33 克；2~6 月龄日增重，公羔 139.56 克，母羔 109.33 克；周岁前日增重，公羔 97.79 克，母羔 77.78 克。8 月龄羯羊胴体重 10.78 千克，屠宰率 47.63%，骨肉比 1：3.48；10 月龄上述指标相应为 11.38 千克、47.70%、1：3.7；12 月龄上述指标相应为 14.97 千克、49.41%、1：3.85。肉质细嫩，营养丰富，蛋白质含量高，胆固醇低。性成熟早，母羊 6~8 月龄、公羊 12~18 月龄配种，产羔率 205.42%，双羔率 22.37%，多羔率 15.22%。南江黄羊板皮质地良好，细致结实，抗张强度高，延伸率大，尤以 6~12 月龄的皮张为佳，厚薄均匀，富有弹性，适宜制作各类皮件产品。

杂交一代羊与同龄本地山羊比，在福建 6 月龄体重提高 42.54%~59.56%，在武陵山区 6 月龄体重提高 66.5%~113.56%；在大巴山区 6 月龄、12 月龄体重分别提高 60.9%、67.95%。浙江所获一代杂种 11 月龄羯羊，宰前活重 32.10 千克，胴体重 17.5 千克，比本地同龄羊分别提高 47.05%、60.84%。南江黄羊可用作改良我国土种山羊和培育肉用山羊品种（系）的父本。

（2）关中奶山羊：

【产地】关中奶山羊产于陕西省关中地区，以西安临潼区、阎良区，咸阳秦都区，渭南临渭区，以及富平、三原、泾阳、扶风、武功、蒲城、大荔、乾县、蓝田等 13 个县（区）为生产基地，为我国奶山羊中著名的优良品种。

【外貌特征】体质结实，结构匀称，遗传性能稳定。头长额宽，鼻直嘴齐，眼大耳长。母羊颈长，胸宽背平，腰长。尻宽，乳房庞大，形状方圆；公羊颈部粗壮，前胸开阔，腰部紧凑，外形雄伟，四肢端正，蹄质坚硬，全身毛短色白。皮肤粉红，耳、唇、鼻及乳房皮肤上偶有大小不等的黑斑，部分羊有角和肉垂。体形近似西农萨能奶山羊，具有头长、颈长、体长、腿长的特征，俗称"四长羊"。

【生产性能】成年公羊体高 80 厘米以上，体重 65 千克以上；母羊体高不低于 70 厘米，体重不少于 45 千克。公、母羊均在 4～5 月龄性成熟，一般 5～6 月龄配种，发情旺季为 9～11 月，以 10 月最甚，性周期 21 天。母羊怀孕期 150 天，产羔率 178%。初生公羔重 2.8 千克以上，母羔 2.5 千克以上。种羊利用年限 5～7 年。一般泌乳期为 7～9 个月，年产奶 450～600 千克。在放牧为主的条件下，7 月龄公羊活重可达 30 千克。

（3）崂山奶山羊：

【产地】崂山奶山羊原产于山东省胶东半岛，主要分布于崂山及周边区市，是中国奶山羊的优良品种之一。崂山奶山羊具有适应能力强、产奶性能高、抗病力强、养殖成本低等特点，1988 年被列入《中国国家家畜品种志》。

【外貌特征】体质结实粗壮，结构紧凑匀称，头长额宽，鼻直，眼大，嘴齐，耳薄并向前外方伸展；全身白色，毛细短，皮肤粉红有弹性，成年羊头、耳、乳房有浅色黑斑；公母羊大多无角，有肉垂。公羊颈粗、雄壮，胸部宽深，背腰平直，腹大、不下垂，四肢较高，蹄质结实，蹄壁淡黄色，睾丸大小适度、对称、发育良好。母羊体躯发达，乳房基部发育好、上方下圆、皮薄毛稀，乳头大小适中、对称。

【生产性能】崂山奶山羊母羊属于季节性多次发情家畜，产后 4～6 个月开始发情，每年 9～11 月为发情旺季，发情周期 20.5 天，怀孕期 150 天，年产一胎，产羔率 170%，经产母羊年产羔率可达 190%。产奶期 8 个月，最高可达 10 个月，平均产奶一胎 340 千克，二胎 600 千克，三胎 700 千克，最高产奶可达 1300 千克，鲜奶中甲硫氨酸、赖氨酸和组氨酸含量较高。公羔育肥性能试验，去势公羊 8～9 月龄体重 35.25 千克，胴体重 17.78 千克，屠宰率 50.44%，净肉率 39.39%。成年崂山奶山羊鲜皮厚 0.22～0.24 厘米，面积 0.63 平方米，符合国内板皮市场的特级皮标准。

3. 引入的山羊品种

（1）波尔山羊：

【产地与育成史】波尔山羊原产于南非，是世界著名的肉用山羊品种。在品种形成过程中，至少吸收了南非、埃及、欧洲和印度等地的 5 个山羊品种基因。在南非，波尔山羊分布在 4 个省，大致分为 5 个类型，即普通波尔山羊、长毛波尔山羊、无角波尔山羊、土种波尔山羊和改良波尔山羊。

【外貌特征】体格大，具有强健的头，眼睛清秀，罗马鼻，头颈部及前肢比较发达，体躯长、宽、深，肋部发育良好且完全展开，胸部发达，背部结实宽厚，腿臀部丰满，四肢结实有力。毛色为白色，头、耳、颈部颜色呈浅红至深红色但不超过肩部，双侧眼睑必须有色。

【生产性能】生长发育快，羔羊初生体重 3～4 千克，断奶体重 27～30 千克；3.5 月龄公羔体重 22～36 千克，母羔 19～29 千克；6 月龄体重 40 千克左右；0～12 月龄日增重 190 克左右，断奶前日增重一般为 200 克以上；成年公羊体重 90～135 千克，成年母羊 60～90 千克。肉用性能好，8～10 月龄屠宰率为 48%，周岁、2 岁、3 岁时屠宰率分别为 50%、52%、54%，4 岁时达到 56%～60%。波尔山羊的胴体瘦而不干，肉厚而不肥，色泽纯正。膻味小，多汁鲜嫩，备受消费者欢迎。性成熟早，繁殖性能好，发情周期一般超过 21 天，每个发情周期排卵数 1.8 个±0.9 个，每头母羊平均产羔 1.9 只，产羔率 160%～180%，单羔母羊为 24%，双羔母羊为 58%，三羔母羊为 15%，四羔母羊为 2%，五羔母羊为 1%。波尔山羊体质强壮，四肢发达，善于长距离采食。主要采食灌木枝叶，适于灌木林及山区放牧，在没有灌木林的草场放牧也表现很好。波尔山羊对热带、亚热带及温带气候都有较强的适应能力，而且抗病力强，对蓝舌病、肠血毒症及氢氰酸中毒症等抵抗力很强，对内寄生虫的侵害也不像其他品种敏感。

波尔山羊1994年引入我国，分别饲养在江苏、陕西、湖北、天津、山东、山西等省，与当地羊进行杂交改良，表现为初生重、体形大，生长快，繁殖力高，群聚性及恋仔性强，性情温和，易管理等。用波尔山羊与宜昌山羊杂交，初生重比本地羔羊提高59.1%，5月龄体重达23.9千克，比本地山羊提高81.1%，显示出明显的杂交优势。

（2）萨能山羊：

【产地】萨能山羊原产地是瑞士的萨嫩河谷，许多有名的乳用山羊都与本品种有关。分布最广，除气候十分炎热或非常寒冷的地区外，世界各国几乎都有，半数以上的奶山羊品种都有它的血缘。

【外貌特征】萨能奶山羊具有典型的乳用家畜体形特征，后躯发达。被毛白色，偶有毛尖呈淡黄色。有"四长"的外形特点，即头长、颈长、躯干长、四肢长。乳房发育良好。公、母羊均有须，大多无角。

【生产性能】成年公羊体重75~100千克，最高120千克；母羊50~65.0千克，最高90.0千克。母羊泌乳性能良好，泌乳期8~10个月，可产奶600~1200千克。各国条件不同，其产奶量差异较大，最高个体产奶纪录3430千克。母羊产羔率170%~180%，高者可达200%~220%

（3）安哥拉山羊：

【产地】安哥拉山羊原产于土耳其草原地带，土耳其首都安卡拉（旧译安哥拉）周围，主要分布于气候干燥、土层瘠薄、牧草稀疏的安纳托利亚高原，是古老的毛用山羊品种。

【外貌特征】体格中等，公、母羊均有角，耳大下垂，鼻梁平直或微凹，胸狭窄，尻倾斜，骨骼细，体质较弱。全身被毛白色，被毛由波浪形或螺旋形的毛辫组成，毛辫长可垂地。

【生产性能】安哥拉山羊性成熟较晚，一般母羊 18 月龄开始配种，多产单羔，繁殖率及泌乳量均低。羔羊在大群粗放条件下放牧，成活率为 75% ~ 80%。剪毛量公羊 3.5 ~ 6.0 千克，母羊 2.5 ~ 3.5 千克。毛股自然长度 18 ~ 25 厘米，最长可达 35 厘米，毛纤维直径 35 ~ 52 微米，羊毛细度随年龄增大而变粗。羊毛含脂率 6% ~ 9%，净毛率 65% ~ 85%。土耳其每年剪毛 1 次，美国和南非每年剪 2 次。与土种羊的杂交，其后代产毛量和羊毛品质一般随杂交代数的增加而提高，但体重则降低。

第二节　羊的选种和选配

一、选种

选种就是选择，是指把那些符合育种要求的个体按不同的标准从羊群中挑选出来，组成新的群体再繁殖下一代，或者从别的羊群中选择那些符合要求的个体加入现有的繁殖群体中再繁殖下一代的过程。

选种的目的，是经过多世代选择提高羊群的整体生产水平，或把羊群育成一个新的类群或品种（品系）。绵羊、山羊的选种主要是对公羊，选择指标多为有重要经济价值的数量性状和质量性状。例如细毛羊的体重、剪毛量、毛品质、毛长度，绒山羊的产绒量、绒纤维长度、细度及绒的颜色等，肉羊的体重、产肉量、屠宰率、胴体重、生长速度和繁殖率等。

（一）选种的根据

选种主要根据体形外貌、生产性能、后代品质、血统四个方面，在对羊只进行个体鉴定的基础上进行。

1. 体形外貌 体形外貌在纯种繁育中非常重要，凡是不符合本品种特征的羊不能作为选种的对象。另外，体形和生产性能有直接的关系，也不能忽视。如果忽视体形，生产性能全靠实际的生产性能测定来完成，就需要时间，造成浪费。比如产肉性能、繁殖性能的某些方面，可以通过体形选择来解决。

2. 生产性能 生产性能是指体重、屠宰率、繁殖力、泌乳力、早熟性、产毛量、羔裘皮的品质等方面。羊的生产性能，可以通过遗传传给后代，因此选择生产性能好的种羊是选育的关键环节。但要在各个方面都优于其他品种是不可能的，应突出主要优点。

3. 后裔 种羊本身是否具备优良性能是选种的前提条件，但这仅仅是一个方面，更重要的是它的优良性能是否能传给后代。优良性能不能传给后代的种羊，不能继续作为种用。同时在选种过程中，要不断地选留那些性能好的后代作为后备种羊。

4. 血统 血统即系谱，是选择种羊的重要依据，它不仅提供种羊亲代的有关生产性能的资料，而且记载羊只的血统来源，对正确地选择种羊很有帮助。

（二）选种的方法

1. 鉴定 选种要在对羊只进行鉴定的基础上进行。羊的鉴定有个体鉴定和等级鉴定两种，都是按鉴定的项目和等级标准准确地进行评定等级。个体鉴定要有按项目进行的逐项记载，等级鉴定则不做具体的个体记录，只写等级编号。进行个体鉴定的羊包括特级公羊、一级公羊和其他各级种用公羊，准备出售的成年公羊和公羔，特级母羊和指定作后裔测验的母羊及其羔羊。除进行个体鉴定的以外都做等级鉴定，等级标准可根据育种目标的要求制定。

羊的鉴定一般在体形外貌、生产性能达到充分表现且有可能做出正确判断的时候进行。一般在公羊成年、母羊第一次产羔后对生产性能予以测定。为了培育优良羔羊，在初生、断奶、6月龄、周岁的时候都要进行鉴定；裘皮型的羔羊，在羔皮和裘皮品质最好时进行鉴定。后代的品质也要进行鉴定，主要通过各项生产性能测定进行。对后代品质的鉴定，是选种的重要依据。凡是不符合要求的及时淘汰，符合标准的作为种用。除了对个体鉴定和后裔的测验之外，对种羊和后裔的适应性、抗病力等方面也要进行考查。

2. 审查血统 通过审查血统，可以得出种羊与祖先的血缘关系方面的结论。血统审查要求有详细记载，凡是自繁的种羊应做详细的记载，购买种羊时要向出售单位和个人索取卡片资料。在缺少记载的情况下，只能将羊的个体鉴定作为选种的依据，无法进行血统的审查。

3. 选留后备种羊 为了选种工作的顺利进行，选留好后备种羊是非常必要的。后备种羊的选留要从以下几个方面进行。一是要选窝（看祖先），从优良的公母羊交配后代中，全窝都发育良好的羔羊中选择。母羊选择第二胎以上的经产多羔羊。二是选个体，要从初生重和生长各阶段增重快、体尺好、发情早的羔羊中选择。三是选后代，要看种羊所产后代的生产性能，母代的优良性能是否传给了后代，凡是没有这方面的遗传，不能选留。后备母羊的数量，一般要达到需要数量的 3～5 倍；后备公羊的数量也要多于需要数量，以防在育种过程中有不合格的羊不能种用而造成数量不足。

二、选配

所谓选配，就是在选种的基础上，根据母羊的特点，为其选择恰当的公羊与之配种，以期获得理想的后代。因此，选配是选种工作的继续，在规模化的绵羊、山羊育种工作中，选种和选配是两个相互联系、不可分割的重要环节，是改良和提高羊群品质最基础的方法。

选配的作用在于巩固选种效果。通过正确的选配，使亲代的固有优良性状稳定地传给下一代，把分散在双亲个体上的不同优良性状结合起来传给下一代，把细微的不甚明显的优良性状累积起来传给下一代，对不良性状、缺陷性状给予削弱或淘汰。

（一）选配的原则

1. 公羊优于母羊　为母羊选配公羊时，在综合品质和等级方面公羊必须优于母羊。

2. 以公羊优点弥补母羊缺点　为具有某些方面缺点和不足的母羊选配公羊时，必须选择在这方面有突出优点的公羊与之配种，决不可用具有相同缺点的公羊与之配种。

3. 不宜滥用　采用亲缘选配时应当特别谨慎，合理利用，切忌滥用；过幼、过老的公、母羊不选配；级进杂交时，高代杂种母羊不能和低代杂种公羊交配。

4. 及时总结选配效果　如果效果良好，可按原方案再次进行选配。否则，应修正原选配方案，另换公羊进行选配。

（二）选配的类型

选配可分为表型选配和亲缘选配两种类型。表型选配是以公、母羊个体本身的表型特征作为选配的依据，亲缘选配则是根据双方的血缘关系进行选配。这两类选配都可以分为同质选配和异质选配。亲缘选配的同质选配和异质选配分别指近交和远交。表型选配即品质选配，它可分为同质选配和异质选配。

1. 同质选配　同质选配是指具有同样优良性状和特点的公、母羊之间的交配，以便使相同特点能够在后代身上得以巩固和继续提高。通常特级羊和一级羊属于品种理想型羊只，它们之间的交配即具有同质选配的性质；或者羊群中出现优秀公羊时，为使其优良品质和突出特点能够在后代中得以保存和发展，则可选用同群中具有同样品质和优点的母羊与之交配，这也属于同质选配。例如，对体大毛长的母羊，选用体大毛长的公羊相配，以便使后代在体格和羊毛长度上得到继承和发展。这就是"以优配优"的选配原则。

2. 异质选配　异质选配是指选择在主要性状上不同的公、母羊进行交配，目的在于使公、母羊所具备的不同的优良性状在后代身上得以结合，创造一个新的类型；或者是用公羊的优点纠正或克服与之交配的母羊的缺点或不足。用特级、一级公羊配二级以下母羊即具有异质选配的性质。例如，选择体大、毛长、毛密的特级、一级公羊与体小、毛短、毛密的二级母羊相配，使其后代体格增大，羊毛增长，同时羊毛密度得到继续巩固提高。又如用生长发育快、肉用体形好、产肉性能高的肉用型品种公羊，与适应性强、体格小、肉用性能差的蒙古土种母羊相配，其后代在体格、生长发育速度和肉用性能方面都显著超过母本。在异质选配中，必须使母羊最重要的有益品质借助于公羊的优势得以补充和强化，使其缺陷和不足得以纠正和克服，这就是"公优于母"的选配原则。

第三节　羊的纯种繁育和杂交利用

一、纯种繁育

(一) 品系繁育

品系是品种内具有共同特点、彼此有亲缘关系的个体所组成的遗传性稳定的群体。品系繁育是根据一定的育种制度，充分利用卓越种公羊及其优秀的后代，建立优质高产和遗传稳定的畜群的一种方法。

1. 建立基础群　建立基础群，一是按血缘关系组群，二是按性状组群。按血缘关系组群，是先将羊群进行系谱分析，查清公羊后裔特点，选留优秀公羊后裔建立基础群，但其后裔中不具备该品系特点的不应留在基础群。这种组群方法在遗传力低时采用。按性状组群，是根据性状表现来建立基础群。这种方法不考虑血缘而是按个体表现组群，在羊群的遗传力高时采用。

2. 建立品系基础群　建立之后，一般把基础群封闭起来，只在基础群内选择公、母羊进行繁殖，逐代把不合格的个体淘汰，每代都按品系特点进行选择。最优秀的公羊尽量扩大利用率，质量较差的不配或少配。亲缘交配在品系形成中是不可缺少的，一般只做几代近交，以后转而采用远交，直到特点突出和遗传性稳定后，表明纯种品系已经育成。

（二）血液更新

血液更新是指把具有一致遗传性和生产性能但来源不相接近的同品系的种羊，引入另外一个羊群。由于公、母羊属于同一品系，仍是纯正种繁育。

血液更新在下列情况下进行：一是在一个羊群中或羊场中，由于羊的数量较少而存在近交产生不良后果时；二是新引进的品种改变环境后，生产性能降低时；三是羊群质量达到一定水平，生产性能及适应性等方面呈现停滞状态时。血液更新中，要求被引入的种羊在体质、生产性能、适应性等方面没有缺点。

二、杂交利用

羊品种的杂交利用有两条途径：一是杂交培育新品种；二是进行经济杂交，发展商品羊生产。

（一）育成杂交

育成杂交指不同品种间个体相互进行杂交，以大幅度地改进生产性能，或纠正当地品种在某一方面的缺点，到一定程度时，会导致新品种的产生。以提高生产性能为目的的杂交，一般采用级进杂交的方式，即用引进的国外肉羊品种的公羊与当地的母羊进行杂交，淘汰杂种公羊，选留优良杂种母羊，并继续与国外纯种肉用公羊交配，依照此法连续几个世代地杂交下去，杂种后代的生产性能将趋于父本品种，故称级进杂交。如果地方品种能基本满足生产需要，无须改变生产方向和生产特点，但要纠正某个缺点时，一般采用导入杂交方式，即引进少量的外来血液，与当地品种进行一个世代的杂交，在杂交后代中选择合乎标准的公、母羊留种，这些种羊再与当地品种的公、母羊进行回交，从中培育优秀的种公羊，推广使用。

育成杂交在肉羊新品种培育方面发挥了巨大作用。英国的萨福克、陶塞特、罗姆尼、科布雷德，德国的肉用美利奴，法国的夏洛来，美国的波利帕，荷兰的特克塞尔等几十个肉羊新品种，都是通过品种间的杂交而育成的。

杂交培育新品种的过程可分为三个阶段。

1. 杂交改良阶段　这一阶段的主要任务是以培育新品种为目标，选择参与育种的品种和个体，较大规模地开展杂交，以取得大量的优良杂种个体。在培育新品种的杂交阶段，选择较好的基础母羊，能加快杂交进程。

级进杂交（图 2-1）一般要进行 3~4 个世代的杂交；导入杂交（图 2-2）一般要经过 1~2 个世代的杂交，然后与本地品种回交；还有一些品种是通过两个以上品种的复杂杂交选育而成的。

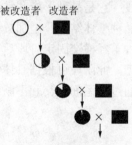

图 2-1　级进杂交

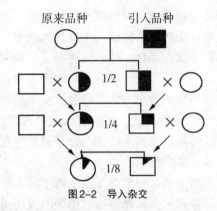

图2-2　导入杂交

2. 横交固定阶段　当有一定数量的符合育种目标的杂种后代时，就可以在这些杂种后代中进行横交固定。这一阶段的主要任务是选择理想型杂种公、母羊互交，即通过杂种羊自群繁育，固定杂种羊的理想特性。此阶段的关键在于发现和培育优秀的杂种公羊，往往个别杰出的公羊在品种形成过程中起着十分重要的作用。横交初期，后代性状分离比较大，需严格选择。凡不符合育种要求的个体，则应归到杂交改良群里继续用纯种公羊配种。在横交固定阶段，为了尽快固定杂交优势，可以采用一定程度的亲缘选配或同质选配。横交固定时间的长短，应根据育种方向、横交后代的数量和质量而定。

3. 发展提高阶段　它是品种形成和继续提高阶段。这一阶段的主要任务是建立品种整体结构，增加数量，提高羊的品质和扩大品种分布区。杂种羊经横交固定阶段后，遗传性已较稳定，并形成独特的品种类型。此阶段可根据具体情况组织品系繁育，以丰富品种结构，并通过品系间杂交和不断组建新品系来提高品种的整体水平。

（二）经济杂交

经济杂交的目的是利用各品种之间的杂种优势，提高羊的生产水平和适应性。不同品种的公、母羊杂交，利用本地品种耐粗饲、适应性强和外来羊品种生长发育快、肉品质好的特点，使杂种一代具有生活力强、生长发育快、饲料利用率高、产品规格整齐划一等多方面的优点，在商品肉羊的生产中已被普遍采用。杂交方式有二元杂交、回交和三元杂交。

1. 二元杂交　两个品种之间进行杂交，产生的杂种后代全部用于商品生产的杂交方式，称为二元杂交。这种杂交方式简单易行，适合于技术水平落后、羊群饲养管理粗放的地区使用，其杂种的每一个位点的基因都分别来自父本和母本，杂种后代中100%的个体都会表现杂种优势。一般是以当地品种为母本，引进的肉羊品种为父本。

2. 回交　二元杂交的后代又叫杂交一代，代表符号是F1。回交就是用 F1 母羊与原来任何一个亲本的公羊交配，也可以用公羊与亲本母羊交配。为了利用母羊繁殖力的杂种优势，实际生产中常用纯种公羊与杂种母羊交配，但回交后代中只有 50% 的个体获得杂种优势。在生产实践中，有人试图采用杂交公羊与本地品种母羊回交的方式，这种交配方式一般是不允许的，即杂种后代不能滥用，否则可能造成品种退化。

3. 三元杂交　两个品种杂交产生的杂种母羊与第三个品种的公羊交配，所生后代为三元杂种。其优点是后代具有三个原种的互补性，羊的性能更好，商品性更完善。人们常把三元杂交最后使用的父本品种叫作终端品种。

第三章　生态养羊羊场的建设和环境控制

【提示】环境是羊生存、繁殖和生长的基本条件，直接关系到羊的健康和生产性能发挥。只有提供最适宜的环境条件，保持洁净卫生的生产和生活环境，才能最大限度地提高羊养殖的效益。

第一节　羊场的建设

一、场址选择

（一）地势地形

羊喜干燥、通风，羊舍应建在地势高燥处，其地下水位应在2米以上，这样可以避免雨季洪水的威胁，减少因土壤毛细管水上升而造成的地面潮湿。以坐北朝南或坐西北朝东南方向的斜坡地为好，切忌在洼涝地、冬季风口等地建羊场。低洼、潮湿的地方容易发生腐蹄病，滋生各种微生物病，诱发各种疾病，不利于羊的健康和生产。山区或丘陵地区可建在靠山向阳坡，但坡度不宜过大，南面应有广阔的运动场。背风向阳，特别应避开西北方向的山口和长形谷地，以保持场区小气候气温相对恒定，减少冬春寒风的侵袭。羊场的地面要平坦且稍有坡度，以便排水，防止积水和泥泞。地面坡度以 1%~3% 较为理想，坡度过大，建筑施工不便，也会因雨水长年冲刷而使场区坎坷不平。地形要开阔整齐，场地不要过于狭长或边角太多。场地狭长则影响建筑物合理布局，拉长了生产作业线，同时也使场区的卫生防疫和生产联系不便；边角太多会增加场区防护设施的投资。

（二）水源

在选择场址时，水源的水量和水质都要符合要求。在舍饲条件下，应有达标的自来水或井水，注意保证水源质量和保证供水。不给羊喝沼泽地和洼地的死水。

饮水的质量直接关系到羊的生长发育和健康，不洁饮水会引起羊腹泻、营养吸收障碍和其他多种疾病。生产中，人们对饲养卫生较为重视，而往往对饮水卫生状况注意不够，造成多种疾病发生而导致羊群生产力下降。

新建水井时，要调查当地是否因水质不良而出现过某些地方病，还要做水质化验。此外，羊场用水要求取用方便，处理技术简便易行。同时，要保证水源水质经常处于良好状态，不受周围环境的污染。羊饮用水水质标准见表 3-1，无公害羊饲养场饮用水农药限量标准见表 3-2。

表 3-1 羊饮用水水质标准

[《无公害食品畜禽饮用水水质》（NY 5027—2008）]

指标	项目	标准
感官性状及一般化学指标	色度/度	≤30
	浑浊度/度	≤20
	臭和味	不得有异臭、异味
	总硬度（以 $CaCO_3$ 计）/（毫克/升）	≤1500
	pH 值	5.5~9.0
	溶解性总固体/（毫克/升）	≤4000
	硫酸盐（以 SO_4^{2-} 计）/（毫克/升）	≤500
细菌学指标	总大肠菌群（MPN/100 毫升）	成畜≤100；幼畜和禽≤10

指标	项目	标准
毒理学指标	氟化物（以 F⁻计）/（毫克/升）	≤2.0
	氰化物/（毫克/升）	≤0.20
	砷/（毫克/升）	≤0.20
	汞/（毫克/升）	≤0.01
	铅/（毫克/升）	≤0.10
	铬（六价）/（毫克/升）	≤0.10
	镉/（毫克/升）	≤0.05
	硝酸盐（以 N 计）/（毫克/升）	≤10.0

注：MPN是指大肠菌群可能数。

表3-2　无公害羊饲养场饮用水农药限量标准

项目	限量标准/（毫升/升）	项目	限量标准/（毫升/升）	项目	限量标准/（毫升/升）
马拉硫磷	0.25	对硫磷	0.003	百菌清	0.01
内吸磷	0.03	乐果	0.08	甲萘威	0.05
甲基对硫磷	0.02	林丹	0.004	2，4-D	0.1

（三）土壤

场地的土壤情况对羊的健康影响很大，土壤透气性、透水性、吸湿性、毛细管特性以及土壤中的化学成分等，都直接或间接地影响场区的空气质量和水质，也可影响土壤的净化作用。适合建立羊场的，应该是透气性好、易渗水、热容量大、毛细管作用弱、吸湿性导热性小、质地均匀、抗压性强的沙壤土。这样，雨后不会泥泞，易于保持适当的干燥环境，防止病原菌、蚊蝇、寄生虫卵等的生存和繁殖，同时也利于土壤本身的自净。选择沙壤土质作为羊场场地，对羊只本身的健康、卫生防疫、绿化种植等都有好处。选址时应避免在旧羊场（包括其他旧牧场）场地上改建或新建。

但在一定的地区，由于客观条件的限制，选择理想的土壤是不容易的，这就需要在羊舍的设计、施工、使用和其他日常管理方面设法弥补当地土壤的缺陷。

(四) 饲草资源

羊场附近要有丰富的饲草资源，像花生秧、红薯秧、大豆秸、玉米秸秆等优质的农副秸秆资源，或有饲料饲草生产基地。

(五) 周边环境

羊场生产的产品需要运出，饲料等物资需要运入，对外联系十分密切，因此，羊场必须选在交通便利的地方。为了满足羊场防疫的需要，羊场不应紧邻交通要道，主要圈舍区应距公路、铁路交通干线 300 米以上，但必须有能通行卡车的道路与公路相连，以便于组织生产。最好选择有天然屏障的地方建栏舍。羊场应选建在居民区下风向地势略低的地方，距离住宅居民区应在150 米以上；主要圈舍区应距河流 300 米以上。

(六) 其他

我国幅员辽阔，南北气温相差较大，应减少气象因素的影响，如北方不要将羊场建于西北风口处。山区牧场还要考虑建在放牧出入方便的地方。牧道不要与公路、铁路、水源等交叉，避免污染水源，防止发生事故。场址大小、间隔距离等均应遵守卫生防疫要求，并应符合配备的建筑物和辅助设备及羊场远景发展的需要。

二、羊场规划布局

羊场规划应从人和羊的保健角度出发，建立最佳的生产联系和卫生防疫条件，合理安排不同区域的建筑物，特别是在地势和风向上进行合理的安排和布局。羊场一般分成管理区、生产区（包含生产辅助区）和病畜隔离区三大功能区（图 3-1），各区之间保持一定的卫生间距。

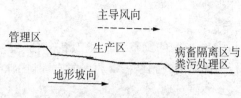

图3-1 羊场规划布局模式

　　管理区是生产经营管理部门所在地；生产区是羊场的核心，羊舍、饲料储存与加工、消毒设施等生产与辅助生产性建筑物集中于此。为了防止疫病传播，保障羊群健康，需要设置病畜隔离区，羊的隔离观察、疾病诊断治疗及病死羊的处理等在此区域内进行。兽医室、病羊隔离室、动物无害化处理等应位于羊舍的下风向、地势低处，并与羊舍保持300米以上的卫生间距，有围墙和独立的通路与外界隔绝。生产区与病畜隔离区必须用严密的界墙、界沟封闭，并彼此保持至少300米间距。管理区从事生产经营管理，需要与外界保持经常性联系，宜靠近公共道路。

三、羊舍的设计和建设

　　建造羊舍的目的是创造适宜的温热环境，同时利于各类羊群管理。规模化羊场，羊舍建造应考虑不同生产类型的特殊生理需求，以保证羊群有良好的生活环境。

（一）羊舍的类型及特点

　　羊舍按墙壁的封闭程度不同，可分为封闭式、半开放式、开放式和棚舍式；按屋顶的形状不同，可分为钟楼式、半钟楼式、单坡式、双坡式和拱顶式；按羊床在舍内的排列不同，可分为单列式、双列式和多列式；按舍饲羊的对象不同，可分为成年羊舍、羔羊舍、后备羊舍、育肥羊舍和隔离观察舍等。

　　1. 棚舍　棚舍（凉亭式）有屋顶，但没有墙体。在棚舍的一侧或两侧设置运动场，用围栏围起来。棚舍结构简单，造价低，适用于温暖地区和冬季不太冷地区的成年羊舍。

炎热季节为了避免羊受到强烈的太阳辐射，缓解热应激对羊的不良影响，可以修建凉棚。凉棚的轴向以东西方向为宜，避免阴凉部分移动过快；棚顶材料和结构可以用秸秆、树枝、石棉瓦、钢板瓦及草泥挂瓦等，根据使用情况和固定程度确定。如长久使用可以选择草泥挂瓦、夹层钢板瓦、双层石棉瓦等，如果临时使用或使用时间很短可以选择秸秆、树枝等搭建。秸秆和树枝等搭建的棚舍只要达到一定厚度，其隔热作用也很好，棚下凉爽；棚的高度一般为 3~4 米，棚越高越凉爽。冬季可以使用彩条布、塑料布及草帘将北侧和东西侧封闭起来，避免寒风直吹羊体。

2. 半开放羊舍

（1）一般半开放羊舍：半开放羊舍有屋顶，三面有墙（墙上有窗户），向阳一面敞开或半敞开，墙体上安装有大的窗户，有部分顶棚，在敞开一侧设有围栏，水槽、料槽设在栏内，肉羊散放。适用于后备羊和成年羊。

（2）塑料暖棚羊舍：是近年北方寒冷地区推出的一种较保温的半开放羊舍。与一般半开放羊舍相比，保温效果较好。塑料暖棚羊舍三面全墙，向阳一面有半截墙，有 1/2~2/3 的顶棚。向阳的一面在温暖季节露天开放，寒季在露天一面用竹片、钢筋等材料做支架，上覆单层或双层塑料，两层膜间留有间隙，使羊舍呈封闭的状态，借助太阳能和羊体自身散发热量，使羊舍温度升高，防止热量散失。适用于各种肉羊养殖。

3. 封闭式羊舍　　封闭式羊舍四面有墙和窗户，顶棚全部覆盖，分单列封闭舍和双列封闭舍。单列封闭羊舍只有一排羊床，舍宽 6 米，高 2.6~2.8 米，舍顶可修成平顶或脊形顶，这种羊舍跨度小，易建造，通风好，但散热面积相对较大，适用于小型羊场。双列封闭羊舍内设两排羊床，中央为通道，适用于规模较大的羊场。

4. 装配式羊舍 装配式羊舍以钢材为原料，工厂制作，现场装配，属敞开式羊舍。屋顶为镀锌板或太阳板，屋梁为角铁焊接；"U"形食槽和水槽为不锈钢制作，可随羊只的体高随意调节；隔栏和围栏为钢管。装配式羊舍室内设置与普通羊舍基本相同，其适用性、科学性主要体现在屋架、屋顶、墙体及可调节饲喂设备上。装配式羊舍系先进技术设计，适用、耐用和美观，且制作简单，省时，造价适中。

（二）羊舍的结构及要求

羊舍结构包括基础、屋顶、顶棚、墙、地面及楼板、门窗、楼梯等，其中屋顶和外墙组成羊舍的外壳，将羊舍的空间与外部隔开。屋顶和外墙称为外围护结构。羊舍门应向外开，不设门槛。视羊舍大小设 1～2 个门，一般设于羊舍两端，正对通道。大型羊舍门宽 2.5～3.0 米，高 2.0～2.5 米。寒冷北方地区可设套门。窗宽 1.0～1.2 米，高 0.7～0.9 米，窗台距地面 1.3～1.5 米。羊舍的结构不仅影响羊舍内环境的控制，而且影响羊舍的牢固性和使用年限。

（三）羊舍的内部设计

1. 羊舍面积 生产方向和生长发育阶段不同，羊舍面积也有区别。设计时，羊舍过小，舍内易潮湿，空气污染严重，以致羊只健康受阻，管理不便，影响生产效果。羊舍建造过大，浪费财物，同样管理不便，而且还加大了建场成本。

一般肉用羊每只需要面积 1～2 平方米。不同类型羊只所需羊舍面积：产羔母羊 1～2 平方米，种公羊（单饲）4～6 平方米，种公羊（群饲）2～2.5 平方米，青年公羊 0.7～1 平方米，青年母羊 0.7～0.8 平方米，断奶羔羊 0.2～0.3 平方米，商品肥羔（当年羔）0.6～0.8 平方米。随着南方养羊的发展，羊场多采用大圈通栏式羊舍，活动铁架隔栏，按生产季节变换羊圈面积，更有利于羊舍的有效利用。羊舍设计时运动场面积应为羊舍的 2 倍，产羔室面积按产羔母羊数的 25% 计。

2. 排水设施 排水设施分为传统式和漏缝地板式两种。

（1）传统式排水设施：采用干清粪方式，人工清理粪便后，污水通过排水系统进入污水池。排水系统由排尿沟、降口、地下排出管和粪水池构成。排尿沟设于羊栏后端，紧靠降粪便道，至降口有 1%～1.5% 坡度。降口指连接排尿沟和地下排水管的小井。在降口下部设沉淀井，以沉淀粪水中的固形物，防止堵塞管道。降口上盖铁网，防止粪草落入。地下排出管与粪水池有 3%～5% 坡度。粪水池应有存储 20～30 天的粪水尿液的容量，选址离饮水井 100 米以上。

（2）漏缝地板式排水设施：用钢筋混凝土或竹木板制成。有的仅设于粪沟之上，用于羊床时多采用拼接式，便于清扫和消毒，粪沟相通。

3. 走道 羊舍内有饲喂走道和清粪走道。饲喂走道一般宽度为 1.3～2 米，全缝隙地板也可以不专门设置饲喂走道；地面饲养时在羊床的后面设置清粪走道。

（四）各类羊舍建造

我国养羊生产区域广，南北地区乃至平坝高山的自然生态环境条件差异极大。羊舍修建应按照就地取材、低造价的原则，同时满足羊生长发育和生理需要建造，做到先进、科学、实用。

1. 暖棚羊舍的建造结构 我国北方地区和高原地区受大陆季风气候影响，冬季严寒漫长，制约了肉羊的生长发育和正常繁殖，采用塑料暖棚羊舍，解决了该问题，是技术上的突破。采用普通塑膜暖棚羊舍，冬季舍温可保持在 5～20℃。

（1）单列半拱面塑膜暖棚羊舍（图 3-2）：利用现有的简易敞圈或羊舍外的运动场搭建。此类羊舍投资少，易建造。方向坐北朝南，棚舍中梁高 2.5 米，后墙高 1.7 米，前沿墙高 1.1 米。

后墙与中梁间用木椽或管材等材料搭棚，中梁和前沿墙间用竹片搭成拱形支架。上面覆盖塑膜，一般前后跨深6米，左右宽10米，中梁与地面垂直，与前沿墙相距2~3米。舍门高1.8米，宽1.2米，设于棚舍山墙，供羊只出入。在前沿墙基5~10厘米处设进气孔，棚顶设百叶窗式排气孔，一般排气孔面积是进气孔的2倍。舍内沿墙设补饲槽、产仔栏等设施。

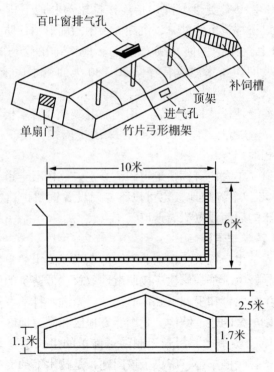

图3-2 单列半拱面塑膜暖棚羊舍构造

（2）单列半坡保暖板暖棚羊舍：四川省草原研究所推广的保暖板暖棚羊舍，在高寒地区使用效果好。采用的双层中空塑料保暖板，较聚氯乙烯膜、聚乙烯膜、无滴膜效果更优。

保暖板的技术性能要求：抗拉断力大于 160 牛，断裂伸长率大于 150 牛，平面压缩力大于 900 牛，垂直压缩力小于 60 牛。一般可见光（400～800 纳米）的透光率为 82.4%～86%，即大部分太阳光波可穿过保暖板进入暖棚，太阳能得到合理利用。耐老化，寿命长，一般建成可使用 3～5 年。舍内采光温度比外界提高 13 ℃，最高相差 18.8 ℃，而且抗风、抗冰雹、抗雪压。据试验，暖棚最大面积不超过 200 平方米，最大饲养量 300 只；一般建棚面积以 100～150 平方米为宜。

修筑塑膜暖棚羊舍要注意：一是选择合适的朝向，塑膜暖棚羊舍需坐北朝南，南偏东或偏西角度最多不要超过 15 度，舍南至少 10 米应无高大建筑物及树木遮蔽；二是选择合适的塑料薄膜，应选择对太阳光透过率高而对地面长波辐射透过率低的聚氯乙烯等塑料薄膜，其厚度以 80～100 微米为宜；三是合理设置通风换气口，棚舍的进气口应设在南墙，其距地面高度以略高于羊体高为宜，排气口应设在棚舍顶部的背风面，上设防风帽，排气口的面积以 20 厘米×20 厘米为宜，进气口的面积是排气口面积的一半，每隔 3 米设置一个排气口；四是有适宜的棚舍入射角，棚舍的入射角应大于或等于当地冬至时太阳高度角；五是注意塑膜坡度的设置，塑膜与地面的夹角应以 55～65 度为宜。

2. 半开放式普通羊舍　这类羊舍在我国许多地区采用，尤其是炎热地区和温暖地区应用最多。北方地区在 20 世纪 50 年代建设国营种羊场时采用。近年来，南方农区养羊专业户也普遍应用，区别在于南方建造时加大窗户的面积。建造样式分为单列式和双列式两种。优点在于造价低，结构简单，管理方便。

（1）半开放单列式普通羊舍：这类羊舍适合于北方农区或牧区，放牧为主，土地广阔，规划中运动场占地较大。冬季羊在舍内居住时间较长，夏、秋季羊较多卧息于运动场。其构造如图 3-3 所示。

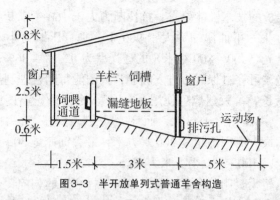

图3-3 半开放单列式普通羊舍构造

（2）半开放双列式普通羊舍：这类羊舍适合于温暖潮湿地区饲养优良种羊，结构合理科学，通风良好，采光强，干净卫生，操作方便。目前，在南方地区新建种羊场普遍应用。羊舍内是通圈，用移动式钢栏调节圈舍面积。漏缝地板是拼装式，可定期打开清扫和消毒。地面是斜坡式，便于定期冲洗打扫，劳动强度小，可提高劳动效率，减轻工人劳动强度。造价稍高，一般农户养羊可简化结构，降低成本，南方农区应普遍推广。其构造如图3-4所示。

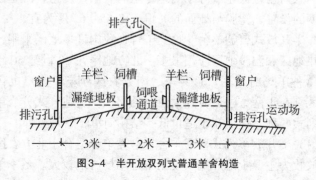

图3-4 半开放双列式普通羊舍构造

3.楼圈式羊舍 在多雨潮湿的地区，为保持羊舍通风干燥，可建造这类羊舍。夏、秋季羊住楼上，粪尿通过漏缝地板落入楼下地圈。冬、春季，清除楼下粪便污物，消毒后，羊改住楼下，楼上堆放干草饲料。漏缝地板可用木条、竹子或水泥预制板制作，板距地面一般2米左右，漏缝间隙1.5~2厘米。楼上窗户较楼下大，根据各地气温高低，楼上窗户可建造成开放式或半开放式。这类羊舍能很好地满足肉羊生长需求的舍温控制，但造价较高，一般商品肉羊生产农户不宜采用。其构造如图3-5所示。

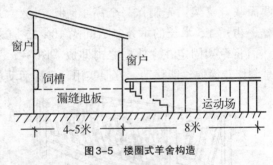

图3-5 楼圈式羊舍构造

四、常用设备及附属设施

(一)饲喂用具

1.草料架 草料架的形式多种多样，有专供喂粗料的草架，有供喂粗料和精料两用的联合草料架。设置饲草架的总体要求是方便羊只采食，不使羊只采食时相互干扰，不让羊脚踏入草料架内污染饲草，不使架内草料落在羊身上影响羊毛质量。

(1)单面固定草架：先用砖、石或土坯砌一堵墙，或利用羊舍的一面墙，然后将数根长1.5米以下的木棍（木条或竹片）下端平行埋入墙根土里，上端向外倾斜一定角度（45度左右），并将各个木棍的上端固定在一横杆上，横杆两端分别固定在墙上（图3-6）。羊架设置长度，按每只成年羊30~50厘米、羔羊

20~30厘米设计，竖棍之间距离一般为10~15厘米。

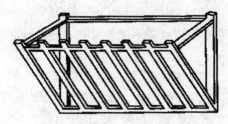

图3-6　单面固定草架

（2）两面联合草架：先制作一个高1.5米、长2~3米的长方形立体框，再用1.5米长的木条制成间隔10~15厘米的"V"形草架，然后将草架固定在立体框之内即成（图3-7）。这种草架的优点是制作较简便，能移动，方便实用，又称活动草架。

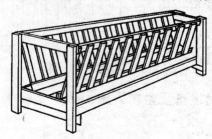

图3-7　活动草架

2. 饲槽　饲槽是用来饲喂饲草、饲料及青贮饲料的设备，能保护草料不受污染和减少浪费。

（1）移动式饲槽：移动式饲槽多用木板制作，一般长1.5~2米，上宽25厘米，下宽20厘米，深20厘米左右，槽底距地面5~10厘米，以适应其在地面上啃草的采食习性。为防止羊只踏翻饲槽，可在饲槽两端安装临时性但装拆方便的固定架。此类饲槽适用于各种羊只舍饲喂料。

（2）固定式饲槽：固定式饲槽用水泥或砖砌成。若为双列式对头羊台，饲槽应修在中间走道两侧；若为双列式对尾羊舍，饲槽应修在靠窗户走道一侧。饲槽要求上宽下窄。一般上宽约 50 厘米，深 20～25 厘米，槽高 40～50 厘米。槽长依羊只数量而定，一般按每只大羊 30 厘米、羔羊 20 厘米计算。

3. 饮水槽　饮水槽一般固定在羊舍或运动场上，可用镀锌铁皮制成，也可用砖、水泥制成。在其一侧下部设置排水口，以便清洗水槽，保证饮食卫生。水槽高度以羊方便饮水为宜。

4. 盐槽　给羊群供给食盐和其他矿物质时，如果不在室内或不混在饲料内饲喂，为防止在舍外被雨淋潮化，可设一有顶盐槽，任羊只随时舔食。

(二) 栅栏

用木条、木板、圆竹、钢筋、铁丝网等加工成高 1.0 米、长 1.5～3.0 米的栅栏或网栏，可用于各种羊只的特殊管理，根据用途分为四种。

1. 分羊栏　分羊栏可用于羊只分群、鉴定、防疫、驱虫、称重、打耳号等生产技术性活动，由许多栅栏连接而成。在羊群的入口处为喇叭形，中部有一小通道，可容羊只单行。通道长度视需要而定，可根据需要沿通道一侧或两侧设置 3～4 个可以向两边开门的小圈，利用这些小圈就可以把羊群分成所需的若干小群，如图 3-8 所示。

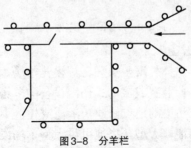

图3-8　分羊栏

2. 母仔栏 母仔栏是为母羊产羔或瘦弱羊只隔离设计的，一般为两块栅板用铰链连接而成。使用时，将母仔栏在羊舍一隅成直角展开，再把游离的两边固定在墙壁上，即可围成 1.2 米×1.5 米的母仔间，供一只母羊及其羔羊单独停留。如此栅板直线展开或成任何角度旋转后固定，既可用于羊舍隔离间，也可用于围成需要的空间。母仔栏的数量通常为繁殖母羊的 10% ~ 15%。

3. 羔羊补饲栏 主要用于羔羊补饲，可将多个栅栏、栅板在羊舍内或运动场内围成足够面积的围栏，在栏门插入一个大羊不能通过而羔羊能自由出入的栅门，栏内设置饲槽和草架。

4. 活动围栏 在养羊生产中，许多环节如抓膘补饲、配种产羔等，需要把羊临时隔离出来，这时就需要用活动围栏分隔羊群。活动围栏拆装方便，省时省工，适用范围广，投资小，牢固可靠。活动围栏通常有折叠围栏（图3-9）、重叠围栏和三脚架围栏几种类型。

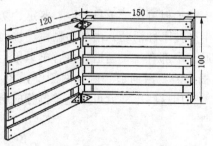

图3-9 折叠围栏（单位：厘米）

（三）药浴设备

为了预防羊只体外寄生虫病，规模化羊场每年均要定期给羊群药浴。没有淋药装置或流动式药浴设备的羊场，应在不对人畜水源、环境造成污染的地点修建药浴池或建造小型药浴设施。

1. 大型药浴池 大型药浴池可供大型羊场或羊只较集中的乡村药浴使用。药浴池一般用水泥筑成，形状为长方形水沟状，结构如图 3-10 所示。

　　大型药浴池可用水泥、砖、石等材料砌成长方形，似狭长的深水沟。大型药浴池池深 1~1.2 米，长 10~15 米，池底宽 30~60 厘米，池顶宽 60~80 厘米，以羊能通过不能转身为准。池的入口一端为陡坡，出口一端用石、砖砌成或栅栏围成储羊圈，出口一端设滴流台，羊出浴后，可在滴流台上停留片刻，使身上的药液流回池内。储羊圈和滴流台的大小可根据羊只数量确定，应修成水泥地面。

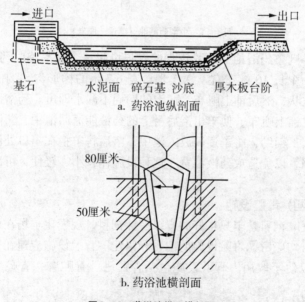

a. 药浴池纵剖面

b. 药浴池横剖面

图 3-10　药浴池纵、横剖面

　　2. 小型药浴槽　小型药浴槽药浴液量 1400 升，可同时药浴 2 只成年羊（或 3~4 只小羊），并可用门的开闭来调节入浴时间。一般小型药浴适合 30~40 只羊的小型羊场使用，如图 3-11 所示。

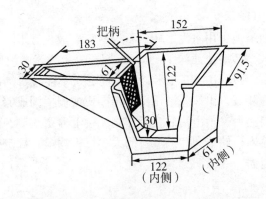

图3-11 小型药浴池（单位：厘米）

3.帆布药浴池 羊数较少的农户可建一个简易临时药浴池，先挖一个长 10 米左右、深 1 米、宽 6.7 米的梯形沟，沟的两端呈斜坡状，然后铺上帆布，使沟的四周不漏水即可。药浴出口处地面也铺上帆布，使羊出浴后身上的药液能流回池中。药浴时应进行人工辅助，将羊逐只放入池中，浴后将羊拦在出口处停留一段时间，以免造成药液浪费。这种设施体积小、轻便，可以循环使用。

（四）青贮设施

青贮饲料是羊只很好的青绿多汁饲料，规模化羊场在设计和建造时均应考虑青贮设施的位置和修建。青贮设施应建在羊舍附近，以便于取用。青贮设施包括青贮塔、青贮窖、青贮壕和青贮袋。

1.青贮塔 青贮塔分为全塔式（地上塔）和半塔式（半地上半地下）。规模化较大的羊场，青贮饲料用量大，有条件的可修建地上青贮塔。虽投资较大，但经久耐用，青贮饲料损失少，青贮质量高。塔的大小可根据羊只数量确定。

2.青贮窖或青贮壕 青贮窖或青贮壕一般为长方形或梯形，

宽 2～3 米，深 1.5～2 米，长度根据饲喂量确定。其底、壁可用砖、水泥砌成。青贮窖（壕）应建在高燥、地下水位低的地点，并在青贮窖（壕）四周 0.5～1.0 米处修建排水沟，防止污水流入，影响青贮饲料质量。

3. 青贮袋　这种设施适合于小规模养羊户，投资小，制作简单，不受气候和场地等条件限制，取用方便，浪费少。用青贮袋制作青贮饲料时一定要妥善管理，防止因塑料袋破裂，导致青贮饲料霉烂变质。

（五）人工授精室及胚胎移植室

大、中型羊场受配母羊较多，为使发情母羊适时配种，优秀种公羊得以充分利用，应建造人工授精室。

人工授精室由采精室、精液室和输精室三部分组成，是规模化羊场的主要设施。人工授精室面积大小依羊群规模而定。人工授精室要清洁、保温、明亮，采精室、输精室室温应控制在 20 ℃左右，精液检查室室温为 25 ℃。输精室应有足够的面积，采光系数不应少于 1：15。为节约投资，提高棚舍利用率，也可在不影响产羔母羊及羔羊正常活动的情况下，利用一部分产羔室，再增设一个人工输精室即可。

（六）饲料库

规模较大及以舍饲为主的羊场，应设饲料库及饲料加工车间。饲料库应通风良好，干燥，清洁。夏季为防止饲料潮湿霉变，库房地面及墙壁要做防潮处理，四周应设排水沟。建筑形式可以是封闭式、半敞开式或棚式。建筑材料的选择要因地制宜。

（七）堆草圈

羊舍四周应设堆草圈，储备干草或农作物秸秆。堆草圈可用砖或土坯砌成，也可用栅栏、围栏围成，草堆上面盖以遮雨雪材料。堆草圈应设在地势较高处，或在地面垫一定高度的砖或土，周围设排水沟，以利防潮。

（八）牧草收获和饲料加工机械

1. 牧草收获机械 牧草收获机械包括传统式收获机械系统、小方捆收获机械系统、大圆草捆收获机械系统等。

2. 铡草机 铡草机也叫切碎机，主要用于牧草和秸秆类青饲料、干饲料的切短。机型主要有滚筒式铡草机、圆盘式（又称轮刀式）铡草机。

3. 饲料粉碎机 饲料粉碎机用于粉碎各种精粗饲料，使之达到一定的粗细度。机型主要有锤片式、劲锤式、爪式和对辊式四种。

4. 饲料混合机 饲料混合机又称饲料搅拌机，常用的有立式和卧式两种，按工作连续性又可分为间歇式和连续式两种。目前，我国各地生产的饲料搅拌机多为卧式双绞龙间歇式饲料搅拌机和卧式双轴桨叶式饲料搅拌机，适合大中型养殖场使用。

5. 揉搓机 揉搓是介于铡切与粉碎两种加工方法之间的一种新方法。其工作原理是将秸秆送入料槽，通过锤片和空气流的作用，使秸秆进入揉搓室，通过锤片、定刀、斜齿板及抛送叶片的综合作用，把物料切短、揉搓成丝状，经送料装置回送出机外。

6. 颗粒饲料机 该机的作用是将搅拌均匀后的粉料压制成颗粒饲料。颗粒饲料分为硬颗粒、软颗粒和膨化饲料。我国生产的颗粒饲料机主要有环模式和平模式两种，均有定型的小批量生产。

（九）剪毛机械

绵羊剪毛机按其动力不同，可分为机械式剪毛机、电动式剪毛机、气动式剪毛机。

（十）磅秤及羊笼

为了定期称量羊只体重，及时掌握饲养效果，羊场应设置小型磅秤，并在磅秤上设置木制或钢筋制的长方形羊笼。羊笼一般长 1.4 米、宽 0.6 米、高 1.0 米左右。羊笼两端安置连接羊圈的狭窄长通道，或直接把带羊笼的磅秤安放在分群栏的通道入口处。

第二节 羊场的环境管理

一、场区的环境控制

（一）合理规划羊场

选择适宜的场地，进行合理的分区规划，注意羊舍朝向、间距、羊场道路等设计，是维持场区环境良好的基础。

（二）绿化

绿化不仅可以美化环境，而且能够隔离和净化环境。

1. 场区周围绿化 在场界周围种植乔木和灌木混合林带，如小叶杨、旱柳、榆树及常绿针叶树等乔木，河柳、紫穗槐、刺榆等灌木。为加强冬季防风效果，主风向应多排种植。行距幼林为1~1.5 米，成林为 2.5~3.0 米。要注意缺空补栽和按时修剪，以维持美观。

2. 路旁绿化 路旁绿化既可以夏季遮阴，防止道路被雨水冲刷，还可以起到防护林的作用。多以种植乔木为主，乔灌木搭配种植效果更佳。

3. 遮阴林 遮阴林主要种植在运动场周围及房前屋后，但要注意不影响通风采光，一般要求树木的发叶与落叶发生在 5~9月（北方）或 4~10 月（南方）。

4. 美化林场区 多以种植花草灌木为主，以植物牧草与花草灌木结合进行。

（三）隔离卫生和消毒

羊场的隔离卫生和消毒，是维持场区良好环境和保证羊体健康的基础。

1. 严格隔离 隔离是指阻止或减少病原进入羊体的一切措

施，这是控制传染病的重要且常用措施。其意义在于严格控制传染源，有效地防止传染病的蔓延。

（1）羊场的一般隔离措施：除了做好羊场的规划布局外，还要在羊场周围设置隔离设施（如隔离墙或防疫沟），在羊场大门设置消毒室（或淋浴消毒室）和车辆消毒池，生产区中每栋建筑物门前要有消毒池。进入羊场的人员、设备和用具，只能经过大门消毒后方可进入。引种时，要隔离饲养观察，无病后方可大群饲养。

（2）发病后的隔离措施：一是分群隔离饲养。在发生传染病时，要立即仔细检查所有的羊，根据羊的健康程度不同，可分为不同羊群进行管理，严格隔离（表3-3）。二是禁止人员和羊流动。禁止羊、饲料、养羊的用具在场内和场外流动，禁止其他畜牧场、饲料间的工作人员的来往以及场外人员来羊场参观。三是紧急消毒。对环境、设备、用具每天消毒一次并适当加大消毒液的用量，提高消毒的效果。扑灭传染病后，经过2周不再发现病羊时，进行一次全面彻底的消毒后才可以解除封锁。

表3-3　不同羊群的隔离措施

羊群	隔离措施
病羊	在彻底消毒的情况下，把症状明显的羊隔离在原来的场所，单独或集中饲养在偏僻、易于消毒的地方，专人饲养，加强护理、观察和治疗，饲养人员不得进入健康羊群的羊舍。要固定所用的工具，注意对场所、用具的消毒，出入口设有消毒池，进出人员必须经过消毒后方可进入隔离场所。对粪便进行无害化处理，其他闲杂人员和动物避免接近。如经查明，场内只有极少数的羊患病，为了迅速扑灭疫病并节约人力和物力，可以扑杀病羊
可疑病羊	与传染源或其污染的环境（如同群、同笼或同一运动场等）有过密切的接触但无明显症状的羊，有可能处在潜伏期，并有排菌、排毒的危险。对可疑病羊所用的器具必须消毒，然后将其转移到其他地方单独饲养，紧急接种和投药治疗，同时限制活动场所，平时注意观察

羊群	隔离措施
假定健康羊	对无任何症状、一切正常的羊，要与上述两类羊分开饲养，并做好紧急预防接种工作，同时加强消毒，仔细观察，一旦发现病羊要及时消毒、隔离。此外，对被污染的饲料、垫草、用具、羊舍和粪便等严格消毒，妥善处理尸体，做好杀虫、灭鼠、灭蚊蝇工作。在整个封锁期间，禁止由场内运出和向场内运进

2. 卫生与消毒　保持羊场和羊舍的清洁和卫生，定期进行全面的消毒，可以减少病原的种类和含量，防止或减少疾病发生。

（四）水源防护

羊生产过程中，需要大量的水。在选择羊场场址时，应将水源作为重要因素考虑。羊场建好后还要注意水源的防护，减少对水源的污染。

1. 水源位置　水源位置应选择在远离生产区的管理区内的地势高燥处，远离其他污染源（羊舍与井水水源间应保持 30 米以上的距离）。羊场可以自建深水井和水塔，深层地下水经过地层的过滤作用，又是封闭性水源，水质水量稳定，受污染的机会少。

2. 加强水源保护　水源附近不得建厕所、粪池、垃圾堆、污水坑等，井水水源周围 30 米、江河水取水点周围 20 米、湖泊等水源周围 30～50 米范围内应划为卫生防护地带，四周不得有任何污染源。保护区内禁止一切破坏水环境生态平衡的活动，以及破坏水源林、护岸林、与水源保护相关植被的活动；严禁向保护区内倾倒工业废渣、城市垃圾、粪便及其他废弃物；运输有毒有害物质、油类、粪便的船舶和车辆一般不准进入保护区；保护区内禁止使用剧毒和高残留农药，不得滥用化肥；避免污水流入水源。最易造成水源污染的区域，如病羊隔离舍、化粪池或堆肥场，更应远离水源，粪污应做到无害化处理，并注意排放时防止流进或渗进饮水源。

3. 搞好饮水卫生　定期清洗和消毒饮水用具和饮水系统，保持饮水用具的清洁卫生，保证饮水的新鲜。

4. 注意饮水的检测和处理　定期检测水源的水质，污染时要查找原因，及时解决；当水源水质较差时要进行净化和消毒处理。地面水一般水质较差，需经沉淀、过滤和消毒处理；地下水较清洁，可只进行消毒处理。

（五）灭鼠和杀虫

1. 灭鼠　鼠是人、畜多种传染病的传播媒介，还盗食饲料，咬坏物品，污染饲料和饮水，危害极大，羊场必须加强灭鼠工作。

化学灭鼠效率高、使用方便、成本低、见效快，缺点是会引起人畜中毒，有些鼠对药剂有选择性、拒食性和耐药性。所以，使用时须选好药剂和注意使用方法，以保证安全有效。灭鼠药剂种类很多，主要有灭鼠剂、熏蒸剂、烟剂、化学绝育剂等。化学灭鼠应当使用慢性长效灭鼠药，如溴敌隆、敌鼠钠盐等。

羊场化学灭鼠要注意定期和长期结合。定期灭鼠有三个时机：一是在羊群淘汰后，切断水源，清走饲料，此时投放毒饵的效果最好；二是在春季鼠类繁殖高峰，此时的杀灭效果也较高；三是秋季天气渐冷，外部的老鼠迁入舍内之际。在这三种情况下，灭鼠能达到事半功倍的效果。长期灭鼠的方法是在室内外老鼠活动的地方放置毒饵盒。毒饵盒要让老鼠容易进入和通过，而其他动物不能接触毒饵。要经常更换毒饵。

羊场以饲料库、羊舍的鼠类最多，是灭鼠的重点场所。饲料库可用熏蒸剂毒杀。

【注意】投放毒饵时，要防止毒饵混入饲料中。鼠尸应及时清理，以防被人畜误食而发生二次中毒。选用鼠长期吃惯了的食物作饵料，突然投放，饵料充足，分布广泛，以保证灭鼠的效果。

2. 杀虫　蚊、蝇、蚤、蜱等吸血昆虫会侵袭羊并传播疫病，因此，在养羊生产中，要采取有效的措施防止和消灭这些昆虫。

（1）环境卫生：搞好羊场环境卫生，保持环境清洁、干燥，是杀灭蚊蝇的基本措施。蚊虫需在水中产卵、孵化和发育，蝇蛆也需在潮湿的环境及粪便等废弃物中生长。因此，应填平无用的污水池、土坑、水沟和洼地；保持排水系统畅通，对阴沟、沟渠等定期疏通，勿使污水蓄积；对储水池等容器加盖，以防蚊蝇飞入产卵；对不能清除或加盖的防火储水器，在蚊蝇滋生季节，应定期换水。对永久性水体（如鱼塘、池塘等），蚊虫多滋生在水浅而有植被的边缘区域，修整边岸，加大坡度和填充浅湾，能有效地防止蚊虫滋生。羊舍内的粪便应定时清除并及时处理，储粪池应加盖并保持四周环境的清洁。

（2）生物杀灭：利用天敌杀灭害虫，如池塘养鱼即可达到鱼类治蚊的目的。此外，应用细菌制剂内菌素杀灭吸血蚊的幼虫，效果良好。

（3）化学杀灭：化学杀灭是使用天然或合成的毒物，以不同的剂型（粉剂、乳剂、油剂、水悬剂、颗粒剂、缓释剂等），通过不同途径（胃毒、触杀、熏杀、内吸等），毒杀或驱逐蚊蝇。化学杀虫法具有使用方便、见效快等优点，是当前杀灭蚊蝇的较好方法。

（六）羊场粪尿处理

1. 粪便处理　新鲜粪尿可直接上地，也有经过腐熟后再行施用的。

（1）土地还原法：把家畜粪尿作为肥料直接施入农田的方法，称为土地还原法。羊粪尿不仅供给作物营养，还含有许多微量元素等，能增加土壤中有机质含量，促进土壤微生物繁殖，改良土壤结构，提高肥力，从而提高作物产量。实行农牧结合，就不会出现因粪便而导致畜产公害的问题。

（2）腐熟堆肥法：腐熟堆肥法是利用好气性微生物分解畜粪

便与垫草等固体有机废弃物的方法。此法能杀菌与杀死寄生虫卵，并能使土壤直接得到一种腐殖质类肥料，其施用量可比新鲜粪尿多4~5倍。

好气性微生物在自然界广泛分布，发酵时需要有足够的氧。如物料中氧不足，厌气性微生物将起作用，而厌气性微生物的分解产物多数有臭味，为此要加装通气设备。通气的腐熟堆肥比较稳定，没有怪味，不招苍蝇。除好气环境外，腐熟时的温度在65~80℃、水分保持在40%左右较适宜。

我国利用腐熟堆肥法处理家畜粪尿是非常普遍的，并有很丰富的经验，所使用的通气方法比较简便易行。例如将玉米秸捆或带小孔的竹竿在堆肥过程中插入粪堆，以保持好气发酵的环境，经4~5天即可使堆肥内温度升高至60~70℃，2周即可达到均匀分解、充分腐熟的目的。粪便经腐熟处理后，其无害化程度通常用肥料质量和卫生指标来评定。

（3）生产沼气：利用家畜粪便及其他有机废弃物与水混合，在一定条件下产生沼气，可代替柴、煤、油供照明或作燃料等用。沼气是一种无色、略带臭味的混合气体，可以与氧混合进行燃烧，并产生大量热能，每立方米沼气的发热量为20.9~27.2兆焦。

粪便产生沼气的条件：第一是保持无氧环境，可以建造四壁不透气的沼气池，上面加盖密封。第二是需要充足的有机物，以保证沼气菌等各种微生物正常生长和大量繁殖。第三是有机物中碳氮比适中，在发酵原料中，碳氮比一般在25∶1时产气系数较高，这一点在进料时须注意，应适当搭配，综合进料。第四是沼气菌的活动温度以35℃最活跃，此时产气快且多，发酵期约为1个月；如池温降至15℃时，则产生沼气少而慢，发酵期约为1年。沼气菌生存温度范围为8~70℃。第五是沼气池酸碱度保持在中性范围内较好，偏酸、偏碱都会影响产气，一般以 pH 值为 6.5 ~ 7.5 时产气量最高，酸碱度可用 pH 试纸测试。一般情况下发酵液可能偏酸，可用石灰水或草木灰中和。

在设计沼气池时，须考虑粪便的每天产生量和沼气生成速度，沼气的生成速度与沼气池内的温度及酸碱度、密闭性等条件有关。一般沼气池的容积以储存 10 ~ 30 天的粪便产量为宜。

2. 污水处理 畜牧业经营与管理的方式改变，其畜产废弃物的形式也有所变化。如羊的密集饲养，取消了垫料，或者是采用漏缝地面，为保持羊舍的清洁，用水冲刷地面，粪尿都流入下水道，因而污水中含粪尿的比例更高，有的羊场每千克污水中含的干物质达 50 ~ 80 克。有些污水中还含有病原微生物，直接排至场外或施肥，危害极大。如果将这些污水在场内经适当处理并循环使用，则可减少对环境的污染，也可大大节约水费的开支。污水的处理主要包括分离、分解、过滤、沉淀等过程。

（1）将污水中固形物与液体分离：污水中的固形物一般只占 1/6 ~ 1/5，将这些固形物分出后，一般能成堆，便于储存，可做堆肥处理。即使施于农田，也无难闻的气味，剩下的是稀薄的液体，水泵易于抽送，并可延长水泵的使用年限。液体中的有机物含量下降，从而减轻了生物降解的负担，便于下一步处理。将污水中的固形物与液体分离，一般使用分离机。

（2）沉淀：沉淀也是一种净化污水的有效手段，粪液或污水沉淀的主要目的是使一部分悬浮物质下沉。据报道，将羊粪按 1∶10 的比例加水稀释，在放置 24 小时后，其中 80% ~ 90% 的固形物沉淀下来。在 24 小时沉淀下来的固形物中的 90% 是最初 10 小时沉淀的。试验结果表明，沉淀可以在较短的时间去掉高比例的可沉淀固形物。

3. 病死羊及其产品的无害化处理 羊患传染病、寄生虫病、中毒性疾病时，其肉尸、皮毛、内脏及其他产品已被病原体污染，危害很大，极易造成传播，必须进行无害化处理。国家标准

《病害动物和病害动物产品生物安全处理规程》（GB 16548—2006），规定了畜禽病害肉尸及产品的销毁、化制、高温处理和化学处理的技术规范。

（1）病、死羊的无害化处理方法：

1）销毁。经确认为炭疽、羊快疫、羊肠毒血症、肉毒梭菌中毒症、羊猝狙、蓝舌病、口蹄疫、钩端螺旋体病（以黄染肉尸）、利斯特菌病、布鲁氏菌病等传染病和恶性肿瘤或两个器官以上发现肿瘤的整羊尸体，必须销毁。可采用湿法化制（熬制工业用油）、焚毁炭化的方法予以销毁。

2）化制。上述传染病以外的其他传染病、中毒性疾病、囊虫病及自行死亡或不明原因死亡的山（绵）羊尸体。化制的方法主要有干化制、分类化制或湿法化制。

3）高温处理。经确认为羊痘、绵羊梅迪 / 维斯纳病、弓形虫病的羊尸体；属销毁处理的传染病羊的同群绵羊和怀疑受其污染的绵羊尸体和内脏。其方法是把肉尸切成 2 千克重、8 厘米厚的肉块，放入高压锅内，在 112 千帕压力下蒸煮 1.5～2 小时；或把切成的肉块放在普通锅内煮沸 2～2.5 小时。

（2）病羊产品的无害化处理：

1）血液。属销毁传染病羊以及血液寄生虫病病羊的血液，需进行无害化处理。其方法包括漂白粉消毒法和高温处理法。

漂白粉消毒法：将 1 份漂白粉加入 4 份血液中充分搅拌，放置 24 小时后掩埋。

高温处理法：将凝固血液切成方块，放入沸水中烧煮，烧至血块深部呈黑红色并成蜂窝状时为止。

2）蹄、骨和角。把肉尸做高温处理时剔出的羊骨、蹄、角，用高压锅蒸煮至骨脱或脱脂为止。

二、羊舍的环境管理

（一）舍内温度的控制

羊的生产性能，只有在一定的外界温度条件下才能得到充分发挥。温度过高或过低，都会使生产水平下降，甚至使羊的健康和生命受到影响。

1. 羊舍的防寒与保暖

（1）加强羊舍保温设计。羊舍保温隔热设计是维持羊舍适宜温度的最经济、最有效的措施，根据不同类型羊舍对温度的要求设计羊舍的屋顶和墙体，使其达到保温要求。

（2）减少舍内热量散失。如关闭门窗、挂草帘、堵缝洞等措施，减少羊舍热量外散和冷空气进入。

（3）增加外源热量。在羊舍的阳面或整个室外羊舍搭建塑料大棚。利用塑料薄膜的透光性，白天接受太阳能，夜间可在棚上面覆盖草帘，降低热能散失。羔羊舍必要时可以加装采暖设施。

（4）防止冷风吹袭机体。舍内冷风可能来自墙、门、窗等缝隙和进出气口、粪沟的出粪口，局部风速可达 4~5 米/秒，使局部温度下降，影响羊的生产性能，冷风直吹机体，增加机体散热，甚至引起伤风感冒。冬季到来前要检修好羊舍，堵塞缝隙，进出气口加设挡板，出粪口安装插板，防止冷风对羊体的侵袭。

（5）加强防寒管理。在不影响饲养管理及舍内卫生状况的前提下，适当加大舍内羊的密度，相当于增加热源。采取一切措施保持舍内干燥是间接保温的有效办法。加强羊舍防潮管理，保持羊舍干燥。在寒冷地区使用垫草，不仅可以改进冷硬地面的使用价值，而且可以在畜体周围形成温暖的小气候状况。

（6）羊舍采暖。羔羊由于其热调节机能发育不全，要求较高的舍温，故在寒冷地区，可以采用集中供暖、局部供暖和太阳能供暖等方式采暖。

2. 羊舍的防暑与降温 羊的生理特征是比较耐寒而怕热，因而在养羊生产中要采取措施消除或缓和高温对羊只健康和生产力的影响，以减少由此而造成的经济损失。与低温情况下防寒保温措施相比，在炎热季节防暑降温工作更为艰巨和复杂。

（1）加强羊舍的隔热设计。加强羊舍外维护结构的隔热设计，特别是屋顶的隔热设计，可以有效地降低舍内温度。

（2）环境绿化遮阳。在羊舍或运动场的南面和西面一定距离栽种高大的树木（如树冠较大的梧桐），或栽种丝瓜、扁豆、葡萄、爬山虎等藤蔓植物，以遮挡阳光，减少羊舍的直接受热；在羊舍顶部、窗户的外面或运动场上拉遮光网，实践证明是有效的降温方法。其遮光率可达70%，而且使用寿命达4~5年。

（3）墙面刷白。不同颜色对光的吸收率和反射率不同，黑色吸光率最高，而白色反光率很强。可将羊舍的顶部及南面、西面墙面等受到阳光直射的地方刷成白色，以减少羊舍的受热度，增强光反射。在羊舍的顶部铺放反光膜，可降低舍温2℃左右。

（4）蒸发降温。羊舍内的温度来自太阳辐射，舍顶是主要的受热部位。降低羊舍顶部热能的传递是降低舍温的有效措施，在羊舍的顶部安装水管和喷淋系统，舍内温度过高时，可以使用凉水在舍内进行喷洒、喷雾等，同时加强通风。

（5）加强通风。密闭舍加强通风可以增加对流散热，必要时可以安装风机进行机械通风。

（6）加强防暑管理，保持饲料、饮水的清洁卫生和环境卫生。改善饲养管理制度，在一天凉爽的时间段饲喂，增加青绿多汁饲料的饲喂量等。

（二）舍内湿度的控制

湿度是指空气的潮湿程度，生产中常用相对湿度表示。相对湿度是指空气中实际水汽压与饱和水汽压的百分比。羊体排泄和舍内水分的蒸发都可以产生水汽而增加舍内湿度。

封闭舍舍内上下湿度大，中间湿度小。如果夏季门窗大开，通风良好，差异不大。保温隔热不良的畜舍，空气潮湿，当气温变化大时，气温下降时容易达到露点，凝聚为雾。虽然舍内温度未达露点，但由于墙壁、地面和天棚的导热性强，温度达到露点，即在畜舍内表面凝聚为液体或固体，甚至由水凝成冰。水渗入围护结构的内部，气温升高时，水又蒸发出来，使舍内的湿度经常很高。潮湿的外围护结构保温隔热性能下降，常见天棚、墙壁等处生长绿霉、灰泥脱落等。

1. 舍内湿度要求　不同类型绵羊育肥对湿度适应的生态幅度见表3-4。

表3-4　不同类型绵羊育肥对湿度适应的生态幅度

绵羊类型	适宜的相对湿度/%	最适宜的相对湿度/%
细毛羊	50～75	60
茨盖半细毛羊	50～75	60
肉毛兼用半细毛羊	50～80	60～70
卡拉库尔羊	40～60	45～50
粗毛肉用羊	55～80	60～70

2. 舍内湿度调节措施　生产中要注意舍内湿度的控制。建造羊舍时基础要做防潮处理，舍内排水系统畅通，适当使用垫草和防潮剂等，加强羊舍防潮。湿度低时，可在舍内地面洒水或用喷雾器在地面和墙壁上喷水；湿度高时，加大舍内换气量或提高舍内温度。

（三）羊舍内光照的控制

光照不仅显著影响羊繁殖，而且对羊有促进新陈代谢、加速骨骼生长，以及活化和增强免疫机能的作用。据报道，对绒山羊分别给予16小时光照、8小时黑暗（长光照制度）和16小时黑暗、8小时光照（短光照制度），结果在采食相同日粮的情况下，短光照组山羊体重增长速度高于长光照组，公羊体重增长高于母羊。光照的强度对育肥也有影响，如适当降低光照强度，可使增重提高 3%~5%，饲料转化率提高 4%。

羊舍要获得较好的采光，最好坐北朝南，周围近距离没有高大建筑物，窗户面积大小适中，采光系数（指窗户的有效采光面积与羊舍地面面积之比）种羊舍一般为 1：10 至 1：12，肥羊舍为 1：12 至 1：15，窗户上下缘距离较大（透光角大），舍内墙面呈白色或浅色等。

（四）舍内通风的控制

保证舍内适量通风，维持适宜的气流速度，便于羊舍污浊空气排出、新鲜空气进入；气温高时，加大气流，使羊体感到舒服，缓和高温不良影响。在一般情况下，气流对绵、山羊的生长发育和繁殖没有直接影响，而是加速羊只体内水分的蒸发和热量的散失，间接影响绵、山羊的热能代谢和水分代谢。在炎热的夏季，气流有利于对流散热和蒸发散热，因而对绵、山羊育肥有良好作用。因此，在气候炎热时应适当提高舍内空气流动速度，加大通风量，必要时可辅以机械通风。寒冷季节，舍内仍应保持适当的通风，这样可使空气的温度、湿度、化学组成均匀一致，有利于将污浊气体排出舍外。气流速度以 0.1~0.2 米/秒为宜，最高不超过 0.25 米/秒。

羊舍内通风换气量参数：每只绵羊冬季 0.6~0.7 米³/秒，夏季 1.1~1.4 米³/秒；每只肥育羔羊冬季 0.3 米³/秒，夏季 0.65 米³/秒。

（五）舍内有害气体、微粒和微生物的控制

羊的呼吸、排泄物和生产过程的有机物分解，使羊舍内有害气体含量较高；打扫地面、分发干草和粉干料，刷拭、翻动垫草等，会产生大量的微粒。同时，微粒上会附着许多微生物，这些都可以直接或间接引起羊群发病或生产性能下降，影响羊群安全

和产品安全。减少舍内有害气体、微粒和微生物的措施：一是加强绿化，绿化可以净化环境。绿色植物进行光合作用可以吸收二氧化碳，生产出氧气。如每公顷阔叶林在生长季节每天可吸收1000 千克二氧化碳，生产出 730 千克氧气。绿色植物可大量吸附氨而生长。植物表面粗糙不平，多绒毛，有些植物还能分泌油脂或黏液，能阻留和吸附空气中的大量微粒。含微粒的大气流通过林带，风速降低，大径微粒下沉，小的被吸附，夏季时可吸附35.2% ~ 66.5% 的微粒。二是注意隔离，羊场应远离工矿企业、养殖场、屠宰场等污染源。三是加强舍内管理。保持舍内排水系统畅通，维持适宜湿度。舍内要干净卫生，在进气口安装过滤器，对羊舍和环境定期消毒。四是使用饲料添加剂，提高消化吸收率等。

（六）舍内的垫料管理

使用垫料可改善羊舍环境条件，是舍内空气环境控制的一项重要辅助性措施。垫料（垫草或褥草）指的是在日常管理中在地面铺垫的材料。垫料有保暖、吸潮、吸收有害气体等作用，可避免碰伤和压疮，保持羊体清洁。由于以上原因，铺垫料可收到良好的效果。凡是较冷的地区，冬季皆应尽量采用。

垫料应具备导热性低、吸水力强、柔软、无毒、对皮肤无刺激性等特性。同时还要考虑其本身有无肥料价值，来源是否充足，成本高低等。常用的垫草有秸秆类（稻草、麦秸等，价廉易得，一般铡短后使用）、树叶（柔软适用）、野草（往往夹杂有较硬的枝条，易刺伤皮肤和乳房，有时还可能夹杂有毒植物）、锯末（易引起蹄病）及干土等。垫料要进行熏蒸或在阳光下暴晒消毒。保持垫料相对干燥，及时更换污浊的垫料。无疫病时更换的垫料在阳光下暴晒后可以再利用；有疫病时垫料要焚烧或深埋，不能再使用。

第四章　生态养羊的饲料及其配制

【提示】养羊生产性能和经济效益的高低，饲料营养是重要的决定因素之一。羊的生存、生长和繁衍后代等生命活动，离不开营养物质，营养物质来源于饲料。不同类型、不同生长阶段、不同生产性能的羊，营养需要不同。必须根据羊的生理特点和营养需要，科学选择饲料原料，合理配制，生产优质的配合饲料，满足其营养需求。

第一节　羊的常用饲料

饲料原料又称单一饲料，是指以一种动物、植物、微生物或矿物质为来源的饲料。按饲料原料中营养物质的含量，饲料原料可分为能量饲料、蛋白质饲料、矿物质饲料、维生素饲料、粗饲料、青饲料、青贮饲料和添加剂等八大类。

一、能量饲料

能量饲料是指干物质中粗纤维含量在 18% 以下、粗蛋白质含量在 20% 以下的饲料原料。这类饲料主要包括禾本科的谷实饲料和它们加工后的副产品，动植物油脂和糖蜜等，是羊饲料的主要成分，占日粮的 50%～80%，其功能主要是供给羊所需要的能量。

（一）谷实类

谷实类是指禾本科植物的籽实，如玉米、高粱、大麦等。各类籽实中含有丰富的无氮浸出物，占干物质的 70%～80%，其中主要为淀粉，故消化率很高，是羊补充热能的主要来源。但谷类籽实中的蛋白质含量一般较低，在干物质中占 8%～13%。矿物质含量较低，特别是钙的含量很低，一般低于 0.1%，磷的含量较高，一般可达 0.3%～0.45%。该类饲料通常含 B 族维生素和维生素 E 较多，而维生素 A 和维生素 D 缺乏，除黄玉米外都缺胡萝卜素。对羔羊和快速育肥肉羊需要喂一部分谷实类饲料，并注意搭配蛋白质饲料，补充钙和维生素 A。

1. 玉米 玉米中所含的可利用能值均大于谷实类中任何一种饲料，被称为饲料大王，而且适口性好，易于消化。玉米含可溶性碳水化合物高（达 72%），其中主要是淀粉，粗纤维含量低（仅 2%），玉米的消化率可达 90%。玉米脂肪含量高，为 3.5%～4.5%。含粗蛋白质偏低，为 8.0%～9.0%，并且氨基酸组成欠佳，缺乏赖氨酸、甲硫氨酸和色氨酸。近些年来，在玉米育种工作中，已培育出含有高赖氨酸的玉米，并开始在生产中应用，但是由于高赖氨酸玉米产量较低而未能大量推广应用。

玉米因适口性好、能量含量高，在瘤胃中的降解率低于其他谷类，通过瘤胃到达小肠的营养物质比较多，因此可大量用于羊只日粮中。比如用于羔羊肥育以及山羊、绵羊补饲等。绵羊羔羊新法育肥中，用整粒玉米加上大豆饼粕，可取得很好的育肥效果，并且肉质细嫩、口味好。整粒玉米喂羊会导致消化不良，宜稍加粉碎。

2. 高粱 高粱为世界上主要粮食作物之一，其总产量仅次于小麦、水稻和玉米。高粱籽实能量水平因品种不同而不同，带壳少的高粱籽实，能量水平并不比玉米低多少，也是较好的能量饲料。高粱蛋白质含量略高于玉米，氨基酸组成的特点和玉米相似，也缺乏赖氨酸、甲硫氨酸、色氨酸和异亮氨酸。高粱的脂肪含量不高，一般为 2.8%~3.3%；含亚油酸也低，约为 1.1%。高粱含有单宁，单宁是影响高粱利用的主要因素之一。单宁含量高的高粱有涩味、适口性差，单宁可以在体内和体外与蛋白质结合，从而降低蛋白质及氨基酸的利用率。根据整粒高粱的颜色可以判断其单宁含量，褐色品种的高粱籽实单宁含量高，白色含量低，黄色居中。现已培育出高赖氨酸高粱，但在实际使用中不多见。

高粱与玉米配合使用可提高饲料效率与日增重，两者饲喂可使它们在瘤胃消化和经过瘤胃到小肠的营养物质有较好的分配。高粱和玉米的饲养价值相似，能量略低于玉米，粗灰分略高，相同重量的喂羊效果相当于玉米的 90% 左右。不宜用整粒高粱喂肉羊。饲喂量不宜过大，饲喂过多可能引起羔羊便秘。日粮中不宜超过 25%。

3. 小麦 小麦具有谷类饲料的通性，营养物质易于消化，适口性好。小麦的粗蛋白质含量在谷类籽实中也是比较高的，一般在 12% 左右，高者可达 14%~16%。由于传统观念的影响，以前小麦很少作为饲料使用。小麦是否用于饲料，取决于玉米和小麦本身的价格。

小麦喂羊以粗粉碎或蒸汽压片效果较好，整粒喂羊易引起消化不良，如果粉碎过细，麦粉在羊口腔中呈糊状而致饲喂效果降低。小麦在羊瘤胃中的消化很快，它的营养成分很难直接达到小肠，所以不宜大量使用。细磨的小麦经炒熟后可作为羔羊代乳料的成分，因其适口性好，饲喂效果也很好。麦麸可广泛地用于肉羊，麦麸中含有的植酸磷经瘤胃微生物的作用，可很好地被吸收利用。小麦在饲料中用量以不超过 40% 为宜。

4. 大麦　大麦属一年生禾本科草本植物，按播种季节可分为冬大麦和春大麦。大麦籽实有两种，带壳者叫草大麦，不带壳者叫裸大麦。带壳的大麦，即通常所说的大麦，它的能量含量较低。大麦是一种坚硬的谷粒，在饲喂给羊只前必须将其压碎或碾碎，否则它将不经消化就排出体外。大麦所含的无氮浸出物与粗脂肪均低于玉米，因外面有一层种子外壳，粗纤维含量在谷实类饲料中是较高的，约5%。其粗蛋白质含量为11%~14%，且品质较好。赖氨酸含量比玉米、高粱中的约高1倍。大麦粗脂肪中的亚油酸含量很少，仅0.78%左右。大麦的脂溶性维生素含量偏低，不含胡萝卜素，而含有丰富的B族维生素。含粗蛋白质10%以上，高于玉米，钙、磷含量也较高。

羊因其瘤胃微生物的作用，可以很好地利用大麦，因此大麦可大量用来喂肉羊。细粉碎的大麦易引起羊发生鼓胀，可先将大麦浸泡或压扁后饲喂，预防此症。大麦经过蒸汽或高压压扁使用，可提高羊的育肥效果。

5. 燕麦　燕麦的品种相当复杂，一般常见的是普通燕麦，其他还有普通野生燕麦、红色栽培燕麦、大粒裸燕麦及红色野生燕麦。按颜色分为白色、红色、灰黄色、黑色及混合色数种，按栽培季节也分冬燕麦和春燕麦。

燕麦的麦壳占的比重较大，一般占到28%，整粒燕麦籽实的粗纤维含量较高（达8%左右）。燕麦主要成分为淀粉，含量33%~43%，较其他谷实类少；含油脂较其他谷类高，约5.2%，脂肪主要分布于胚部，脂肪中40%~47%为亚麻油酸。燕麦籽实的蛋白质含量高达11.5%以上，与大麦中的含量相似，但赖氨酸含量低。富含B族维生素，但烟酸含量较低，脂溶性维生素及矿物质含量均低。含粗蛋白质高于玉米和大麦，但因麸皮（壳）多，粗纤维超过11%，适当粉碎后是羊的好饲料。

燕麦有很好的适口性，但必须粉碎后饲喂，肉羊饲喂后有良好的生长效果。

6. 裸麦 裸麦也叫黑麦，是一种耐寒性很强的作物，外观类似小麦，但适口性与饲养价值比不上小麦。裸麦依据栽培季节可分为春裸麦与冬裸麦，常见的均为冬裸麦。裸麦成分与小麦相似，粗蛋白质含量约 11.6%，粗脂肪约 1.7%，粗纤维约 1.9%，粗灰分约 1.8%，钙约 0.08%，磷约 0.33%。裸麦是最易感染麦角霉菌的作物，感染此症后不仅产量减少、适口性下降，严重时还会引起羊中毒。肉羊对裸麦的适应能力较强，有较好的适口性，整粒或粉碎饲喂都可以。

7. 稻谷与糙米 稻谷即带外壳的水稻及早稻的籽实，其中外壳质量占比为 20%~25%，糙米占 70%~80%，颜色为白到淡灰黄色，有新鲜米味，不应有酸败或发霉味道。大米一般多用于人的主食，用于饲料的多属于久存的陈米。大米的粗蛋白质含量为 7%~11%，蛋白质中赖氨酸含量为 0.2%~0.5%。糙米、碎米及陈米可以广泛用于肉羊饲料中，其饲用价值和玉米相似，但应粉碎使用。此外，稻谷和糙米均可作为精饲料用于肉羊日粮中，对于羔羊也有很好的饲养价值。

（二）糠麸类

糠麸类是谷物加工后的副产品，除无氮浸出物外，其他成分含量都比原粮多，含能量是原粮的 60% 左右。蛋白质含量为 15% 左右，比谷实类饲料（平均蛋白质含量 10%）高 3%~5%；B 族维生素含量丰富，尤其含维生素 B_1、烟酸、胆碱和吡哆醇较多，维生素 E 含量也较多；物理结构疏松、体积大、重量轻，属于蓬松饲料，含有适量的粗纤维和硫酸盐类，有利于胃肠蠕动，易消化，有轻泻作用；可作为载体、稀释剂和吸附剂。但消化能或代谢能水平比较低，仅为谷实类饲料的一半，同等效果下价格比谷实类饲料高很多；含钙量低；含磷量很高，磷多以植酸磷形式存在，肉羊因瘤胃微生物作用可以利用植酸磷。

1. 小麦麸 小麦麸俗称麸皮，是以小麦为原料加工面粉时的副产品之一。小麦籽实由种皮、胚乳和胚芽三部分组成，其中种皮约占 14.5%，胚乳约占 83%，胚芽约占 2.5%。小麦麸主要由籽实的种皮、胚芽部分组成，并混有不同比例的胚乳、糊粉层成分。对加工面粉的质量要求不同，出粉率也不一样，麸皮的质量相差也很大。如生产的面粉质量要求高，麸皮中来自胚乳的糊粉层成分比例就高，麸皮的质量也相应较高；反之，则麸皮的质量较低。一般来讲，质量优的麸皮代谢能可达 7.9 兆焦/千克以上，而质量差的麸皮代谢能仅为 6.27 ~ 7.9 兆焦/千克。

麸皮适口性好，但能量价值较低，麸皮的消化能、代谢能均较低。粗蛋白含量较高，一般为 11% ~ 15%，蛋白质的质量较好。赖氨酸含量为 0.5% ~ 0.7%，但是麸皮中甲硫氨酸含量较低，只有 0.11% 左右。麸皮中 B 族维生素及维生素 E 的含量高，可以作为肉羊配合饲料中维生素的重要来源，因此在配制饲料时，麸皮通常都作为一种重要原料。

麸皮的最大缺点是钙、磷含量比例极不平衡。在干物质中，钙的含量只有 0.16%，而磷的含量可达 1.31%，钙和磷的比例约为 1∶8，因此麸皮不适合单独作为肉羊的饲料，实际中需要与其他饲料或矿物饲料配合使用。麸皮具轻泻作用，饲喂量不宜过大。

2. 米糠 米糠也称为米皮糠、细米糠，它是精制糙米时由稻谷的皮糠层及部分胚芽构成的副产品。糠是由果皮、种皮、外胚乳和糊粉层等部分组成的，这四部分也是糙米的糠层，其中果皮和种皮称为外糠层，外胚乳和糊粉层称为内糠层。在碾米时，大多数情况下，糙米皮层及胚的部分被分离成为米糠。初加工糙米时的副产品稻壳常称为砻糠，其产品主要成分为粗纤维，饲用价值不高，常作为动物养殖过程中的垫料。在实际生产中，常将稻壳与米糠混合，其混合物即大家常说的统糠。统糠的营养价值随米糠的含量不同而有很大差别。

米糠经过脱脂后成为脱脂米糠，其中经压榨法脱脂的产物称为米糠饼，而经有机溶剂脱脂的产物称为米糠粕。

米糠含有较高的蛋白质和赖氨酸、粗纤维、脂肪等，特别是脂肪的含量较高，以不饱和脂肪酸为主，其中的亚油酸和油酸含量占79.2%左右。米糠的有效能值较高，与玉米相当。含钙量低，含磷以有机磷为主且利用率低，钙磷不平衡。微量元素以铁、锰含量较为丰富，而铜含量较低。米糠中富含B族维生素和维生素E，但是缺少维生素B、维生素C和维生素D。在米糠中含有胰蛋白酶抑制剂、植酸、稻壳、非淀粉多糖（NSP）等抗营养因子，可引起蛋白质消化障碍，影响矿物质和其他养分的利用。

米糠不但是一种有效能值较高的饲料，而且其适口性较好，大多数动物都比较喜欢采食。但是米糠脂肪含量较高，并且脂肪中不饱和脂肪比例高，易酸败变质，不宜久存。同时，喂量过多容易引起腹泻，还会引起脂肪变黄、变软，影响肉的品质，切勿过量饲喂。米糠钙、磷比例严重不当，在大量使用细米糠时，应注意补充含钙饲料。

3. 玉米皮　玉米加工淀粉后的副产品，由玉米皮、胚芽和胚乳组成。玉米皮含粗蛋白质10.1%，粗纤维含量较高（9.1%～13.8%），可消化性比玉米差，适口性比麸皮好，在肉羊日粮中可以替代麸皮使用。

4. 大豆皮　大豆皮是大豆加工过程中分离出的种皮，含粗蛋白质18.8%，粗纤维含量高，但其中木质素少，所以消化率高，适口性也好。粗饲料中加入大豆皮能提高羊的采食量，饲喂效果与玉米相同。

（三）薯类饲料

薯类饲料在其脱去水分之前，被称为块根块茎类饲料及瓜果类饲料，它们的特点是水分含量高，干物质含量相对较少。就干物质的营养价值来考虑，它们归属能量饲料的范畴，折合能量相当于玉米、高粱等。在干物质中粗纤维含量低，一般为 2.5% ~ 3.5%，无氮浸出物很高，占干物质的 65% ~ 85%，而且多是易消化的糖、淀粉等。薯类饲料具有能量饲料的一般缺点，即蛋白质含量低（但生物学价值很高），蛋白质中的非蛋白质含氮物质占的比例较高，矿物质和 B 族维生素的含量不足。各种矿物质和维生素含量差别很大，一般缺钙、磷，富含钾。胡萝卜含有丰富的胡萝卜素，甘薯和马铃薯却缺乏各种维生素。鲜样能量物质含量低，水分含量高达 70% ~ 95%，松脆可口，容易消化，有机物消化率 85% ~ 90%。冬季在以秸秆、干草为主的肉羊日粮中配合部分多汁饲料，能改善日粮适口性，提高饲料利用率。

1. 甘薯　甘薯也叫红薯、白薯、红苕、地瓜等。甘薯是高产作物，一般每亩可产 1000 ~ 1500 千克，如以块根中干物质计算，甘薯比水稻、玉米产量都高，其有效能值与稻谷近似，适合作为能量饲料。甘薯中粗蛋白质含量较低，在干物质中也只有 3.3%；同时，粗纤维少，富含淀粉，钙的含量特别低。甘薯不耐寒，宜在 13 ℃左右储存。甘薯粉渣是在甘薯制粉后留下的残渣，鲜粉渣水分含量 80% ~ 85%，干燥粉渣水分含量 10% ~ 15%。粉渣中的主要营养成分为可溶性无氮浸出物，容易被肉羊消化、吸收。由于甘薯中含有很少的蛋白质和矿物质，故其粉渣中也缺少蛋白质、钙、磷和其他无机盐类。甘薯易患黑斑病，患有黑斑病的甘薯及其制粉和酿酒的糟渣，不宜作为肉羊饲料。因为这种霉菌产生一种苦味，不但适口性差，还可导致羊发病。有黑斑病的甘薯有异味且含毒性酮，喂羊易导致喘气病，严重的会引起死亡。甘薯是肉羊的良好能量饲料，甘薯粉和其他蛋白质饲料结合制成颗粒饲料，可取得良好的饲喂效果，但应在饲料中添加足够的矿物质饲料。

2. 木薯 木薯主要产于我国南方。它与甘薯一样都是高产作物，木薯比甘薯产量更高，一般每亩产量 2000～5000 千克。以块根中干物质计算，木薯比玉米、水稻的产量都高。木薯属于多汁饲料，水含量 70%～75%，粗纤维含量比较低，能量营养价值比较高。粗蛋白质的含量低，在干物质中也只有 2%～3%。矿物质含量也很低，特别是钙的含量更低。木薯可切成片晒干，木薯干中含有丰富的碳水化合物，其有效能值与糙米、大麦相近，但蛋白质的含量低且质量差，无机盐、微量元素等矿物质含量均低。木薯分为甜木薯和苦木薯两种，但均含有里那苦苷，易溶于水，经酶的作用或遇稀酸游离出氢氰酸，氢氰酸对羊是一种有毒物质。苦木薯中氢氰酸含量为 0.02%～0.03%，需要脱毒后方可喂肉羊；甜木薯中氢氰酸含量低，约 0.01%，可以直接用于饲料中。木薯经过水浸可溶去里那苦苷，另经过蒸煮也可使氢氰酸消失。据报道，每千克木薯中含氢氰酸 60 毫克时，经过煮沸 30 分钟以上，其氢氰酸可全部消失。木薯可在肉羊饲料中限量使用，以不超过 20% 为宜。

3. 糖蜜 糖蜜是制糖工业的副产品，按制糖原料不同，分为甘蔗糖蜜、甜菜糖蜜、柑橘糖蜜及淀粉糖蜜。糖蜜为黄色或褐色液体，其中柑橘糖蜜略苦，其余三种均具有甜味。糖蜜的主要成分为糖类。甘蔗糖蜜含蔗糖 24%～36%，还原糖 12%～24%。甜菜糖蜜所含糖类几乎都是蔗糖，达 47% 之多。糖蜜中矿物质含量较高，主要为钠、钾、镁等，特别是钾含量最高，甘蔗糖蜜约含钾 3.6%，甜菜糖蜜的钾含量为 4.8%，还含少量钙、磷，但维生素的含量非常低。除淀粉糖蜜外，其他糖蜜含有 3%～4% 的可溶性胶体，主要成分为木糖、阿拉伯糖胶及果胶等。各种糖蜜均含有少量粗蛋白质，多属非蛋白氮。糖蜜具有黏性，这有助于制粒，可以作为黏结剂使用，1%～3% 即具有改善颗粒饲料硬度的效果；对粉状饲料尚有降低粉尘的作用。糖蜜由于含有盐水等原因，故有轻泻作用。糖蜜多为液态，含水量高，很难在配合饲料中大量使用。肉羊瘤胃微生物可很好地利用糖蜜中的非蛋白氮，从而提高其蛋白质价值；糖蜜中的糖类有利于瘤胃微生物的生长和繁殖，因此可以改善瘤胃环境。糖蜜可作为肉羊育肥的饲料，和干草、秸秆等粗饲料搭配使用，可改善它们的适口性，提高采食量。

4. 甜菜与甜菜渣 甜菜类作物种类较多，一般视其块根中干物质含量和糖分含量的多少，可分为饲用甜菜、半糖用甜菜和糖用甜菜。饲用甜菜的鲜样中含干物质 9%~14%，干物质中含粗蛋白质 8%~10%、粗纤维 4%~6%、糖分 50%~60%；半糖用甜菜鲜样中含干物质 14%~20%，干物质中含粗蛋白质 6%~8%、粗纤维 4%~6%、糖分 60%~70%；糖用甜菜鲜样中含干物质 20%~25%，干物质中含粗蛋白质 4%~6%、粗纤维 4%~6%、糖分 65%~75%。由于糖用甜菜和半糖用甜菜中含有大量蔗糖，故一般不作饲料，而是用来制糖，再用其副产品——甜菜渣作为饲料。甜菜渣是甜菜块根经过浸泡、压榨提取糖液后的残渣，呈粒状或丝状，为淡灰色或灰色，略具甜味。甜菜渣鲜样中水分含量为 88% 左右；湿甜菜渣经烘干后制成干粉料，干粉料中粗蛋白质含量约 9%，粗纤维含量可高达 20% 以上，无氮浸出物为 50% 左右，维生素和矿物质含量均低。注意：干甜菜渣喂前应先用 2~3 倍重量的水浸泡，避免干饲后在消化道内大量吸水引起膨胀致病。甜菜渣加糖蜜和 7.8% 尿素可以制成甜菜渣块制品，它质硬、消化慢、尿素利用率高、安全性好，羊的采食量可提高 20%。

甜菜和甜菜渣也都是肉羊育肥的好饲料，干、鲜皆宜。干甜菜渣可以取代日粮中的部分谷类饲料，但不可作为唯一的精饲料来源。干甜菜渣在羊育肥料中可取代 50% 左右的谷物饲料，并且用它可以预防鼓胀症。在羔羊代乳料中，应尽量少用，在成年羊饲料中可以增加用量。

5. 果渣 我国有大量的果蔬产品副产品，如苹果渣、葡萄渣、柑橘渣、番茄渣等，这些副产品富含肉羊可以消化的营养物质，然而由于水分含量高，难以保存。近年来通过微生物发酵技术，向这些高水分含量的新鲜果渣中添加益生菌，在有氧和无氧条件下进行发酵，其产品可以很好地用于羊饲料中，用量以20% 以下为宜。

二、蛋白质饲料

蛋白质饲料可用来补充其他蛋白质含量低的能量饲料，以组成平衡日粮。这类饲料具有能量饲料的某些特点，即饲料干物质中粗纤维含量较少，而且易消化的有机物质较多，每单位重量的消化能较高，同时含有较高的蛋白质。蛋白质饲料包括植物性蛋白质饲料、动物性蛋白质饲料、非蛋白氮饲料和单细胞蛋白饲料。

（一）植物性蛋白质饲料

植物性蛋白质饲料蛋白质含量较高，赖氨酸和色氨酸的含量较低，其营养价值随原料的种类、加工工艺和副产品有很大差异。一些豆科籽实、饼粕类饲料中还含有抗营养因子。

1. 大豆饼粕 大豆饼粕是指以黄豆制成的油饼、油粕，与黑豆制成的不同，是所有饼粕中最好的饼粕。一般大豆不直接用作饲料，豆类饲料中含有一种不良的物质，生喂时影响动物的适口性和饲料的消化率，这种不良物质需要在 110 ℃经 3 分钟的加热才能消除掉。生豆粕是指大豆在榨油时未加热或加热不足的豆粕，它们在使用前也需经上述同样的加热处理。大豆饼粕的蛋白质含量较高，为 40%~44%，可利用性好，必需氨基酸的组成比例相当好，尤其是赖氨酸含量，是饼、粕类饲料中含量最高者，可高达 2.5%~2.8%，是棉仁饼、菜籽饼及花生饼中赖氨酸含量的 1 倍。

大豆饼粕是羊的优质蛋白质饲料，绵羊能量单位 0.9 左右，可用于配制代乳饲料和羔羊的开口食料。大豆饼粕在氨基酸含量上的缺点是甲硫氨酸不足，因而，在主要使用大豆饼粕的日粮中一般要另外添加甲硫氨酸，才能满足动物的营养需要。质量好的大豆饼粕色黄味香，适口性好，但使用量不要在日粮中超过 20%。

2. 菜籽饼粕　菜籽饼粕的原料是油菜籽。菜籽饼粕的蛋白质含量中等，在 36% 左右，代谢能较低，约每千克 8.4 兆焦，矿物质和维生素含量比大豆饼粕丰富，磷含量较高，硒含量比大豆饼粕高 6 倍，居各种饼粕之首。菜籽饼粕中的有毒有害物质主要是从油菜籽中所含的硫葡萄糖苷酯类衍生出来的，此外，菜籽中还含有单宁、芥子碱、皂角苷等有害物质，它们有苦涩味，影响蛋白质的利用效果，阻碍生长。

菜籽饼粕对羊的副作用要低于对猪、鸡等单胃动物的副作用。菜籽饼含芥子毒素，羔羊、孕羊最好不喂。菜籽粕在羊瘤胃内降解速度低于豆粕，同等条件下其快速降解的产物少于豆粕。加拿大、瑞典等国家先后育成毒素低的油菜品种，叫双低油菜。由双低油菜籽加工的菜籽饼粕，所含毒素也少，在饲料中可加大用量。

3. 棉籽饼粕　棉籽饼粕是棉花籽实脱油后的饼、粕，因加工条件不同，营养价值相差很大。完全脱了壳的棉仁所制成的饼粕，叫作棉仁饼粕。棉仁饼的蛋白质含量可达 41% 以上，甚至可达 44%，代谢能水平可达 10 兆焦/千克左右，与大豆饼不相上下。而由不脱掉棉籽壳的棉籽制成的棉籽饼粕，蛋白质含量只有 22% 左右，代谢能只有 6.0 兆焦/千克左右，在使用时应加以区分。

棉籽中，含有对畜禽健康有害的物质——棉酚和环丙烯脂肪酸。棉酚是一种黄色的多酚色素，存在于种子的腺体内，它是腺体的主要色素，占总色素的 95%。在棉仁饼粕内大部分棉酚和蛋白质及棉籽的其他成分相结合，只有小部分以游离形式存在。

生棉籽中游离的棉酚含量依棉花品种、栽培环境而不同，其含量为 0.4%～1.4%。棉酚可引起畜禽中毒，畜禽游离棉酚中毒一般表现为采食量减少，呼吸困难，严重水肿，体重减轻，甚至死亡。一般游离棉酚中毒是慢性中毒，动物尸体解剖可见胸腔和腹腔有大量积液，肝脾出血，肝细胞坏死，心肌损伤和心脏扩大等病变。在生长中通常的症状，是日粮中棉籽饼粕用量过度时而发现增重慢，饲料报酬低。

羊因瘤胃微生物可以分解棉酚，所以棉酚对羊的毒性相对小。棉籽饼粕可作为优质的蛋白质饲料来源，是棉区喂羊的好饲料。在羊的育肥饲料中，棉籽饼粕可用到 50%。如果长期过量使用则影响其种用性能。棉籽饼粕长期大量饲喂（日喂 1 千克以上）会引起中毒，羔羊日粮中一般不超过 20%。棉籽饼粕常用的去毒方法为煮沸 1～2 小时，冷却后饲喂。

4. 向日葵饼粕　向日葵饼粕又叫葵花仁饼粕，是向日葵籽榨油后的残余物。向日葵饼粕的饲用价值视脱壳程度而定。我国的向日葵饼粕，一般脱壳不净，带有的壳多少不等。粗蛋白质含量为 28%～32%，赖氨酸含量不足，低于棉籽饼和花生饼，更低于大豆饼粕。可利用能量水平很低，代谢能 6～7 兆焦/千克。但也有优质的向日葵饼粕，带壳很少，粗纤维含量为 12%，代谢能可达 10 兆焦/千克。向日葵饼粕与其他饼粕类饲料配合使用，可以得到良好的饲养效果。

羊对氨基酸的要求比单胃动物低，向日葵饼粕的适口性好，其饲养价值相对比较大，脱壳后效果与大豆饼粕不相上下。它也是肉羊的优质饲料，与棉籽饼粕有同等价值。

5. 花生饼粕　花生又名落花生、长生果等。花生的品种很多，脱油方法不同，因而花生饼粕的性质和成分也不相同。脱壳后榨油的花生饼粕，营养价值高，代谢能含量可超过大豆饼粕，可达到 12.50 兆焦/千克，是饼粕类饲料中可利用能量水平最高的饼粕。蛋白质含量也很高，高者可以达到 44% 以上。花生饼粕的另一特点，是适口性极好，有香味，所有动物都很爱吃。花生饼粕蛋白质中的氨基酸含量比较平衡，利用率也很高，但不像豆饼、鱼粉那样可在配合饲料时提供更多的赖氨酸及含硫氨基酸，因此需要加以补充。花生饼粕很容易染上黄曲霉菌。花生的含水量在 9% 以上、温度 30 ℃、相对湿度为 80% 时，黄曲霉菌即可繁殖，引起畜禽中毒，因此，花生饼粕应随加工随使用，不要储存时间过长。黄曲霉毒素可使人患肝癌。采用高温、高湿地区的饲料作原料，包括花生饼粕、玉米、米糠、大米等在内，均要检测它们的黄曲霉毒素含量。

羊的饲料可使用花生饼粕，其饲喂效果不次于大豆饼粕。因其适口性好，可以用于羔羊的开食料。因肉羊瘤胃微生物有分解毒素的功能，它们对黄曲霉毒素不很敏感。感染黄曲霉毒素的花生饼粕，可以用氨处理去毒。花生粕在瘤胃中的降解速度很快，进食后几小时可有 85% 以上的干物质被降解，因此不适合作为肉羊唯一的蛋白质饲料原料。

6. 芝麻饼粕　芝麻饼粕不含对畜禽有不良作用的物质，是安全的饼粕饲料。芝麻饼粕的粗纤维含量在 7% 左右，代谢能 9.5 兆焦/千克，视脂肪含量多少而异。芝麻饼粕的粗蛋白质含量可达 40%。芝麻饼粕的最大特点是甲硫氨酸含量特别高，达 0.8% 以上，是大豆饼粕、棉仁饼粕中甲硫氨酸含量的 1 倍，比菜籽饼粕、向日葵饼粕中甲硫氨酸含量约高 1/3，是所有植物性饲料中甲硫氨酸含量最高的饲料。但是，芝麻饼粕的赖氨酸含量不足，配料时应注意。

肉羊日粮中可以提高芝麻饼粕用量，可用于羔羊和育肥羊。它可使肉羊被毛光泽好，但用量过多，也可引起体脂软化。

7. 亚麻籽饼粕　在我国北方地区种植的油用亚麻，俗称胡麻，脱油后的残渣叫胡麻籽饼（亚麻籽饼）或胡麻籽粕（亚麻籽粕）。我国榨油用的"胡麻籽"多系亚麻籽与菜籽、芥菜籽的混杂物。因此严格地讲，胡麻籽饼粕与纯粹的亚麻仁饼粕是有区别的。亚麻种子中，特别是未成熟的种子中，含有亚麻苷配糖体，叫作里那苦苷，它可产生氢氰酸，这是一种对任何畜禽都有毒的物质。

亚麻籽饼粕对动物的适口性不好，代谢能值较低，每千克约9.0兆焦。其粗脂肪含量约8%，有的残脂高达12%。残脂高的亚麻籽饼粕很容易变质，不利于保存，但经过高温高压榨油的亚麻籽饼粕很容易引起蛋白质褐变，降低其利用率。一般亚麻籽饼粕含粗蛋白质32%~34%。亚麻籽饼粕赖氨酸含量不足，故在使用时要添加赖氨酸或与含赖氨酸高的饲料混合使用。

肉羊可以很好地利用亚麻籽饼粕，亚麻籽饼粕是其优质的蛋白质饲料，还有促进胃、肠蠕动的功能。羔羊、成年羊及种用羊均可使用，并且表现出皮毛光滑、润泽，但用量应在10%以下。每天采食量在500克以上时，则有稀便倾向。

8. 椰子饼粕　椰子的胚乳部分即椰肉，经过干燥去油后的产物就是椰子饼粕。椰子纤维含量多，代谢能比较低，氨基酸组成不够好，缺乏赖氨酸和甲硫氨酸。水分含量8%~9%；粗蛋白质含量20%~21%；粗脂肪含量根据加工方法的不同差异较大，压榨脱油的可达6%，溶剂去油的仅为1.5%；粗纤维含量12%~14%。椰子饼粕含有饱和脂肪酸，所以在含有椰子饼粕的日粮中不需要考虑必需脂肪酸的问题。

椰子饼粕宜用于肉羊饲料中，适口性好。羊可将椰子饼粕作为蛋白质饲料使用，但采食太多有便秘倾向，精料中以不超过20%为宜。

9. 啤酒糟　啤酒糟是啤酒工业的主要副产品，是以大麦为原料，经发酵提取籽实中可溶性碳水化合物后的残渣。啤酒糟干物质中含粗蛋白质25.13%、粗脂肪7.13%、粗纤维13.81%、灰分

3.64%、钙 0.4%、磷 0.57%；在氨基酸组成上，赖氨酸占 0.95%、甲硫氨酸占 0.51%、胱氨酸占 0.30%、精氨酸占 1.52%、异亮氨酸占 1.40%、亮氨酸占 1.67%、苯丙氨酸占 1.31%、酪氨酸占 1.15%；还含有丰富的锰、铁、铜等微量元素。啤酒糟中蛋白质含量中等，亚油酸含量高。麦芽根含多种消化酶，少量使用有助于消化。

啤酒糟以戊聚糖为主，对幼畜营养价值低。麦芽根虽具芳香味，但含生物碱，适口性差，可作为山羊的蛋白质饲料。

10. 酒糟蛋白饲料（DDGS） DDGS 是含有可溶固形物的干酒糟。在以玉米为原料发酵制取乙醇过程中，其中的淀粉被转化成乙醇和二氧化碳，其他营养成分如蛋白质、脂肪、纤维等均留在酒糟中。同时由于微生物的作用，酒糟中蛋白质、B 族维生素及氨基酸含量均比玉米中有所增加，并含有发酵中生成的未知促生长因子。市场上的玉米酒糟蛋白饲料产品有两种：一种为 DDG（distillers dried grains），是对玉米酒糟做简单过滤，滤渣干燥，滤清液排放掉，只对滤渣单独干燥而获得的饲料；另一种为 DDGS（distillers dried grains with solubles），是将滤清液干燥浓缩后再与滤渣混合干燥而获得的饲料。后者的能量和营养物质总量均明显高于前者，蛋白质含量高（DDGS 的蛋白质含量在 26% 以上），富含 B 族维生素、矿物质和未知生长因子，促使皮肤发红。

DDGS 柔软、卫生、适口性好，可以作为肉羊的良好饲料。DDGS 水分含量高，谷物已破损，霉菌容易生长，可能存在多种霉菌毒素，会引起家畜的霉菌毒素中毒症，导致免疫低下，易发病，生产性能下降，所以必须用防霉剂和广谱霉菌毒素吸附剂；DDGS 不饱和脂肪酸的比例高，容易发生氧化，对动物健康不利，能值下降，影响生产性能和产品质量（如胴体品质和奶质量），所以要使用抗氧化剂；DDGS 的纤维含量高，单胃动物不能利用它，所以应使用酶制剂提高动物对纤维的利用率。另外，有些产品可能有植物凝集素、棉酚等，加工后活性大幅度降低。

11. 玉米蛋白粉　玉米蛋白粉与玉米麸皮不同，它是玉米脱胚芽、粉碎及水洗制取淀粉后的脱水副产品，是有效能值较高的蛋白质类饲料原料，蛋白质含量高达 50%～60%，氨基酸利用率可达到豆饼的水平。高能值，高蛋白，甲硫氨酸、胱氨酸、亮氨酸含量丰富，叶黄素含量高，在家禽生产中多用，有利于禽蛋及皮肤的着色。

赖氨酸、色氨酸含量低，氨基酸欠平衡，黄曲霉毒素含量高。蛋白质含量越高，叶黄素含量也高。

12. 玉米胚芽粕　玉米胚芽粕是以玉米胚芽为原料，经压榨或浸提取油后的副产品，又称玉米脐子粕。一般在生产玉米淀粉之前先将玉米浸泡、破碎、分离胚芽，然后取油，取油后即得玉米胚芽粕。玉米胚芽粕中含粗蛋白质 18%～20%，粗脂肪 1%～2%，粗纤维 11%～12%，氨基酸组成与玉米蛋白饲料（或称玉米麸质饲料）相似。氨基酸较平衡，赖氨酸、色氨酸、维生素含量较高。

能值随油量的高低而变化，品质差别较大，黄曲霉毒素含量高。在肉羊饲料中，不宜添加。

（二）动物性蛋白饲料

动物性蛋白饲料是指用作饲料的水产品、畜禽加工副产品及乳、丝工业的副产品等，如鱼粉、肉骨粉、血粉、羽毛粉、乳清粉、蚕蛹粉等，其营养特点是蛋白质含量高。我国农业农村部已经颁布法令禁止在反刍动物日粮中使用除奶制品以外的动物源性产品，在肉羊和母羊中很少使用，在种羊和羔羊中个别使用。

（三）非蛋白氮饲料

非蛋白氮是指尿素、双缩脲及某些铵盐等化工合成的含氮物的总称。其作用是作为瘤胃微生物合成蛋白质所需的氮源，从而补充蛋白质营养，节省蛋白质饲料。在非蛋白氮饲料中，尿素含氮量为 46%，每千克尿素的含氮量相当于 7 千克豆饼的粗蛋白质含量。用适量尿素代替羊日粮中的蛋白质可以降低成本，提高生产性能。尿素喂量过大会发生中毒，一般尿素给量占日粮干物质的1%，或占混合精料的2%，但尿素氮的含量不超过日粮总氮量的25%~30%。对瘤胃机能尚未发育完全的羔羊不宜补饲。

近代提出用"尿素发酵潜力"（UFP）来估测日粮中尿素的适宜添加量。公式如下：

$$UFP=（0.1044TDN-B）/2.8$$

式中，TDN为饲料的总消化养分；B为每千克饲料（日粮）的降解蛋白质量（克）；2.8是尿素的蛋白质当量（45%×6.25~46%×6.25）；0.1044TDN为每千克饲料（日粮）干物质中可能生成微生物蛋白质的质量（克）。

例如：玉米TDN为90%，蛋白质含量为8.6%，其降解率为65%，则每千克玉米的降解蛋白质为86×65%=55.9（克），则尿素发酵潜力为

$$UFP=（0.1044×900-55.9）/2.8≈13.6（克）$$

即每进食1千克玉米的干物质，可添加13.6克的尿素。

尿素不宜单喂，应与其他精料搭配使用，也可调制成尿素溶液喷洒或浸泡粗饲料，或调制成尿素氨化饲料，或制成尿素饲料砖。为了降低尿素在瘤胃中水解生成氨的速度，可制成玉米尿素胶化饲料、磷酸脲、羟甲基尿素等非蛋白氮饲料。严禁饲喂过量而产生氨中毒。饲喂时要逐量增加，且有5周左右的适应期。

（四）单细胞蛋白饲料

单细胞蛋白饲料主要是指通过发酵方法生产的用作畜禽饲料的酵母菌体，包括所有用单细胞微生物生产的单细胞蛋白。单细胞蛋白饲料呈浅黄色或褐色的粉末或颗粒，蛋白质的含量高，维生素丰富。含菌体蛋白4%~6%，B族维生素含量丰富，有酵母香味，赖氨酸含量高。酵母的组成与菌种、培养条件有关，一般含蛋白质40%~65%，脂肪1%~8%，糖类25%~40%，灰分

6%～9%，其中大约有 20 种氨基酸。在谷物中含量较少的赖氨酸、色氨酸，在酵母中比较丰富；特别是在添加甲硫氨酸时，可利用氨比大豆高约 30%。酵母的发热量相当于牛肉，又由于含有丰富的 B 族维生素，通常作为蛋白质和维生素的添加饲料。用于饲养猪、牛、羊等，可以收到增强体质、减少疾病、增重快、产奶多等良好效果。

酵母品质以反应底物不同而有差异，可通过显微镜检测酵母细胞总数判断酵母质量。由于价格较高，所以无法普遍使用。

三、粗饲料

粗饲料常指各种农作物收获原粮后剩余的秸秆、秕壳及干草等。按国际饲料分类原则，凡是饲料中粗纤维含量 18% 以上或细胞壁含量 35% 以上的饲料统称为粗饲料。粗饲料的特点是粗蛋白质含量很低（一般为 3%～4%）；维生素含量极低，每千克秸秆（禾本科和豆科）含胡萝卜素 2～5 毫克；粗纤维含量很高（一般为 30%～50%）；无氮浸出物含量高（一般为 20%～40%）；灰分中含钙高，含磷低，在粗饲料矿物质中，硅酸盐含量高，这对其他养分的消化利用有影响；粗饲料总能高，但是消化能低。粗饲料来源广、种类多、产量大、价格低，是羊冬春季节的主要饲料来源。

（一）干草类饲料

干草是指植物在生长阶段收割后干燥保存的饲草。大部分调制的干草，是牧草在未结籽前收割的草。制备干草，达到了长期保存青草中的营养物质和在冬季对羊进行补饲的目的。

粗饲料中，干草的营养价值最高。青干草包括豆科干草（苜蓿、红豆草、毛苕子等）、禾本科干草（狗尾草、羊草等）和野干草（野生杂草晒制而成）。优质青干草含有较多的蛋白质、胡萝卜素、维生素 D、维生素 E 及矿物质。青干草粗纤维含量一般为 20%～30%，能量为玉米的 30%～50%。豆科干草蛋白质、钙、胡萝卜素含量很高，粗蛋白质含量一般为 12%～20%，钙含量 1.2%～1.9%；禾本科干草碳水化合物含量较高，粗蛋白质含量一般为 7%～10%，钙含量 0.4% 左右；野干草的营养价值较以上两种干草要差些。青干草的营养价值取决于制作原料的植物种类、收割的生长阶段及调制技术。禾本科牧草应在孕穗期或抽穗期收割，豆科牧草应在结蕾期或干花初期收割。晒制干草时应防止暴晒和雨淋，最好采用阴干法。

（二）秸秆类饲料

秸秆类饲料来源非常广泛，凡是农作物籽实收获后的茎秆和枯叶均属于秸秆类饲料，例如玉米秸、稻草、麦秸、高粱秸和各种豆秸。这类植物中粗纤维含量较干草高，一般为 25%～50%。木质素含量高，例如，小麦秸中木质素含量为 12.8%，燕麦秸粗纤维中木质素为 32%。硅酸盐含量高，特别是稻草，灰分含量高达 15%～17%，灰分中硅酸盐占 30% 左右。秸秆饲料中有机物质的消化率很低，羊消化率一般小于 50%，每千克消化能值要低于干草。蛋白质含量低（3%～6%），豆科秸秆饲料中蛋白质比禾本科的高。除维生素 D 之外，其他维生素均缺乏，矿物质钾含量高，钙、磷含量不足。秸秆的适口性差，为提高秸秆的利用率，喂前应切短，进行氨化或碱化处理。

（三）秕壳类饲料

秕壳类饲料是种子脱粒或清理时的副产品，包括种子的外壳或颖、外皮以及混入一些种子成熟程度不等的瘪谷和籽实，因此，秕壳饲料的营养价值差异很大。豆科植物中蛋白质优于禾本科植物。一般来说，荚壳的营养价值略好于同类植物的秸秆，但稻壳和花生壳除外。砻糠质地坚硬，粗纤维高达 35%～50%。秕壳能值变幅大于秸秆，主要受品种、加工储藏方式和杂质多少的影响，在打场中有大量泥土混入，而且本身硅酸盐含量高。如果灰尘过多，甚至会堵塞消化道而引起便秘疝痛。秕壳具有吸水性，在储藏过程中易于霉烂变质，使用时一定要倍加注意。

四、青饲料

青饲料是一类营养相对平衡的饲料，是羊只不可缺少的优良饲料，但其干物质少，能量相对较低。在羊只生长期，可用优良青饲料作为唯一的饲料来源；若要在育肥后期加快育肥，则需要补充谷物、饼粕等能量饲料和蛋白质饲料。羊只常用的青饲料主要包括青牧草、青割饲料和叶菜类等。

（一）青饲料的营养特性

青饲料的营养特性见表 4-1。

表 4-1　青饲料的营养特性

营养物质	营养特性
水	青饲料的含水量一般为 75%～90%，水生饲料可以高达 90% 以上，青饲料中干物质含量一般较低。青饲料中的水分大多都存在于植物细胞内，它所含有的酶、激素、有机酸等能促进动物的消化吸收，但是营养价值较低。青饲料干物质的净能值比干草高，含粗纤维较少，柔嫩多汁，可以直接大量饲喂，肉羊对其中的有机物质消化率能达到 75%～85%
蛋白质	青饲料中蛋白质含量丰富，禾本科牧草和蔬菜类饲料的粗蛋白质含量一般为 1.5%～3%，豆科青饲料为 3.2%～4.4%，按干物质算，前者为 13%～15%，后者达 18%～24%。青饲料的氨基酸组成比较完全，赖氨酸、色氨酸和精氨酸较多，营养价值高。青饲料蛋白质中氢化物（游离氨基酸、酰胺、硝酸盐等）占总氮的 30%～60%，氨化物中游离氨基酸占 60%～70%，羊可利用，可由瘤胃微生物转化为菌体蛋白质。生长旺盛的植物中氮化物含量较高，随着植物生长，纤维素的含量增加，而氨化物含量逐渐减少
碳水化合物	青饲料中粗纤维含量较少，木质素较低，无氮浸出物较高。青饲料干物质中粗纤维不超过 30%，叶、菜类中不超过 15%，无氮浸出物占 40%～50%。粗纤维的含量随着生长期延长而增加，木质素含量也显著增加，一般来说，植物开花或抽穗之前，粗纤维含量较低。木质素每增加 1%，有机物质消化率下降 4.7%。绵羊对已木质化纤维素消化率可达 32%～58%

续表

营养物质	营养特性
脂肪	脂肪含量很少，为鲜重的 0.5%～1%，占干物质重的 3%～6%
矿物质	青饲料是矿物质的良好来源，钙、磷比较丰富，矿物质约为鲜重的 1.5%～2.5%。青饲料的钙、磷多集中在叶片内，钙、磷含量因植物种类、土壤与施肥情况而异，一般钙含量为 0.25%～0.50%，磷含量为 0.2%～0.35%，比例较为适宜，特别是豆科牧草钙的含量较高，因此以青饲料为主食时，不易缺钙。此外，青饲料中尚含有丰富的铁、锰、锌、铜等微量元素，如果土壤中不缺乏某种元素，那么各种元素均能满足羊只的营养需要
维生素	青饲料中维生素含量丰富，特别是胡萝卜素含量较高，每千克饲料中含 50～80 毫克。豆科牧草中胡萝卜素高于禾本科植物。此外，青饲料中 B 族维生素、维生素 E、维生素 C 和维生素 K 含量也较丰富，如鲜苜蓿中含维生素 B_1 1.5 毫克/千克，维生素 B_2 4.6 毫克/千克，烟酸 18 毫克/千克，比玉米籽实高。但缺乏维生素 D，维生素 B_6 很少

（二）羊常用的青饲料

1. 青牧草　青牧草包括自然生长的野草和人工种植的牧草。青牧草种类很多，其营养价值因植物种类、土壤状况等不同而有差异。人工牧草如苜蓿、沙打旺、草木樨、苏丹草等营养价值较一般野草高。

2. 青割牧草　青割牧草是把农作物如玉米、大麦、豌豆等进行密植，在籽实未成熟之前收割，饲喂肉羊。青割牧草蛋白质含量和消化率均比结籽后高。此外，青草茎叶的营养含量上部优于下部，叶优于茎。所以，要充分利用生长早期的青饲料，收储时尽量减少叶部损失。

3. 叶菜类　叶菜类包括树叶（如榆、杨、桑、果树叶等）和青菜（如白菜、胡萝卜等），含有丰富的蛋白质和胡萝卜素，粗纤维含量较低，营养价值较高。胡萝卜产量高、耐储存、营养丰富。胡萝卜大部分营养物质是淀粉和碳水化合物，因含有蔗糖和果糖，多汁味甜；每千克胡萝卜含胡萝卜素 36 毫克以上及

0.09% 的磷，高于一般的多汁饲料；含铁量较高。颜色越深，胡萝卜素和铁含量越高。

（三）青饲料饲喂应注意的问题

1. 在最佳营养期收割饲喂 禾本科牧草喂羊时应在初穗期收割，豆科牧草喂羊时宜在初花期收割，叶菜类牧草应在叶簇期收割。

2. 多样搭配，营养互补 青饲料是一种成本低、来源广、效果较好的肉羊的基本饲料，但干物质含量和能量低，应注意与能量饲料、蛋白质饲料和其他牧草配合使用。另外，青绿饲草中粗纤维、木质素含量少，不利于反刍，用于饲喂羊等反刍家畜时应适当补饲优质青干草，对水分较大的牧草如鲁梅克斯、菊苣等，应晾晒将水分降到 60% 以下再喂，否则易引起羊腹泻。

3. 注意训饲 对有些适口性差、有异味的牧草，如鲁梅克斯、串叶松香草、俄罗斯饲料菜等，初次饲喂时应进行训饲。先让羊停食 1~2 顿，将这些牧草切碎后与羊喜食的其他牧草和精料掺在一起饲喂，首次混合量占比在 20% 左右，以后逐渐增多，一般经 3~5 天训饲，羊能够适应时再足量投喂。

4. 注意加工方法和喂量 用于喂羊可切得较长，以 3~10 厘米为宜。一般适宜喂量，绵羊每天 10 千克，山羊每天 8~9 千克。

5. 注意防中毒

（1）防止亚硝酸盐中毒：饲用甜菜、萝卜叶、芥菜叶、白菜叶等叶菜类中都含有少量硝酸盐，它本身无毒或毒性很低，但在细菌的作用下，腐败菌能把硝酸盐还原为亚硝酸盐而引起羊中毒。青饲料堆放时间过长，发霉，或者在锅里加热或煮开闷在锅、缸里过夜，都会引起硝化细菌将硝酸盐还原为亚硝酸盐。

亚硝酸盐中毒发病很快，多在 1 天之内死亡，甚至在半小时内死亡。发病症状表现为不安、腹痛、呕吐、流涎、吐白沫、呼吸困难、心跳加快、全身震颤、行走摇晃、后肢麻痹，体温无变化或偏低，血液呈酱油色。可注射 1% 美蓝溶液，每千克体重 0.1 ~ 0.2 毫升；也可用甲苯胺蓝药物治疗，用量为每千克体重 5 毫克；还可用维生素 C（5% ~ 10%）注射。一次用量为 500 毫克。

（2）防止氢氰酸中毒：青饲料中一般不含有氢氰酸，但在高粱苗、玉米苗、马铃薯的幼芽、木薯、亚麻叶、亚麻籽饼、三叶草、南瓜蔓等中含有氰苷配糖体，这些饲料发霉或霜冻枯萎，在植物体内特殊酶的作用下，氰苷被水解而生成氢氰酸。当含氰苷的饲料进入羊体后，在瘤胃微生物作用下，甚至不需特殊的酶作用，仍可使氰苷和氰化物分解为氢氰酸，引发羊中毒。因此，用这些饲料饲喂羊之前应晒干或制成青贮饲料再饲喂。此外，玉米、高粱收割后的再生苗，经霜冻后其危害更大。

氢氰酸中毒的症状为：腹痛或腹胀，呼吸困难，呼出的气体有苦杏仁味，行走站立不稳。可视黏膜，先为红色，但到后期发白或带紫，肌肉痉挛，牙关紧闭，瞳孔散大，最后卧地不起、四肢划动、呼吸麻痹而死。

（3）防止草木樨中毒：草木樨本身并不含有毒物质，但含有香豆素，当草木樨发霉腐败时，在细菌作用下，香豆素转变为有毒性的双香豆素，它与维生素 K 有拮抗作用。由于中毒发生很慢，通常饲喂草木樨 2 ~ 3 周后发病。饲喂草木樨应该逐渐增加饲喂量，不能突然大量饲喂；不饲喂发霉腐败的草木樨和苜蓿。

此外，饲喂青草要注意适口性。如沙打旺营养价值较高，但有苦味，最好与秸秆或青草混合制成青贮饲料，或与其他草混合饲喂。

（4）防止农药中毒：蔬菜田、棉花田、水稻田刚喷过农药后，路旁、河边的杂草、蔬菜不能用作饲料，等下过雨或 1 个月后再收割，谨防引起农药中毒。

五、青贮饲料

青饲料优点很多，但是水分含量高，不易保存。为了长期保存青饲料的营养特性，保证饲料淡季供应，通常采用两种方法进行保存。一种方法是将青饲料脱水制成干草，另一种方法是利用微生物的发酵作用调制成青贮饲料。青饲料中含有硝酸盐、氢氰酸等有毒物质，经发酵后会大大地降低有毒物质的含量；同时，青贮饲料中由于大量乳酸菌存在，菌体蛋白质含量比青贮前提高20%～30%，很适合喂羊。

另外，青贮饲料制作简便、成本低廉、保存时间长、使用方便，解决了冬、春羊只供给青饲料的难题，是养羊的一类理想饲料。

（一）青贮饲料的特点

1. 青贮饲料可以保持青饲料的营养特性 青贮是将新鲜的青饲料切碎装入青贮窖或青贮塔内，通过密封措施，造成厌氧条件，利用厌氧微生物的发酵作用，达到保存青饲料的目的。因此，在储藏保存过程中氧化分解作用弱，机械损失少，较好地保持了青饲料原有的营养特性。

2. 青贮饲料适口性好，利用率高 青绿多汁饲料经过微生物的发酵作用，产生大量芳香族化合物，具有酸香味，柔软多汁，适口性好。有些植物制成干草时具有特殊气味或质地粗糙，适口性差，但青贮发酵后，成为良好的饲料。

3. 青贮饲料能长期保存 良好的青贮饲料，如果管理得当，青贮窖不漏气，则可保存多年，久者可达二三十年。这样可以在青绿多汁饲料缺乏的冬春季节，均衡地饲喂肉羊。

4. 调制青贮饲料受气候影响小、原料广泛 调制青贮饲料的原料广泛，只要方法得当，几乎各种青饲料，包括豆科牧草、禾本科牧草、野草野菜、青绿的农作物秸秆和茎蔓，均能青贮。青贮过程受气候影响小，在阴雨季节或天气不好时，晒制干草困难，但对青贮的影响较小，只要按青贮条件要求严格控制，仍可制成优良青贮饲料。

5. 调制方法多种多样　除普通青贮法外，还可采用一些特种青贮方法，如加酸、加防腐剂、接种乳酸菌或加氮化物等外加剂青贮及低水分青贮等方法，扩大了可青贮饲料的范围，使采用普通方法难以青贮的植物得以很好地青贮。

（二）羊对青贮饲料的利用效果

青贮饲料是羊日粮的基本组成成分，肉羊对青贮饲料的采食量决定于有机物质的消化率。如果以青饲料采食干物质量为100%，青贮饲料的采食量为青饲料的 35%~40%，高水分青贮饲料采食量高于低水分青贮饲料，而且比干草的采食量低。青贮饲料有机物质的消化率和干草差不多，但比青饲料略低。青贮饲料中无氮浸出物含量比青饲料中的含量低，碳水化合物含量显著下降，例如，黑麦草青草中含碳水化合物 9.5%，而黑麦草青贮饲料中仅为 2%，粗纤维含量相对提高。青贮饲料中蛋白氮比例显著提高，例如，苜蓿青贮饲料干物质中非蛋白质含量为 62%，青饲料中为 22.6%，干草中为 26%，低水分青贮饲料中为44.6%。三种主要处理法可消化氮回收率：田间晒制干草为67%，直接切制制作青贮饲料为 60%，低水分青贮饲料为 73%。

青贮饲料饲喂肉羊时，在日粮中应当与干草类、秸秆类和精料类合理搭配，不宜过多。尤其是对初次饲喂青贮饲料的肉羊，要经过短期的过渡期适应，开始饲喂时少喂勤添，以后逐渐增加喂量。

六、矿物质饲料

矿物质是一类无机营养物质，存在于动物体内的各组织中，广泛参与体内各种代谢过程。除碳、氢、氧和氮 4 种元素主要以有机化合物形式存在外，其余各种元素无论含量多少，统称为矿物质或矿物质元素。

羊日粮组成主要是植物性饲料，而大多数植物性饲料中的矿物质不能满足肉羊快速生长的需要。矿物元素在机体生命活动过程中起十分重要的调节作用，尽管占体重很小，且不供给能量、蛋白质和脂肪，但缺乏时易造成肉羊生长缓慢、抗病能力减弱，以致威胁生命。因此，生产中必须给肉羊补充矿物质，以达到日粮中的矿物质平衡，满足肉羊生存、生长、生产、高产的需要。目前，羊常用的矿物质饲料主要是含钠和氯元素的食盐，含钙、磷饲料的骨粉、磷酸氢钙、蛋壳粉、贝壳粉等。

（一）钙磷饲料

1. 饲料级磷酸氢钙　饲料级磷酸氢钙为工业磷酸与石灰乳或碳酸钙中和生产的饲料级产品，可作为饲料工业中钙和磷的补充剂。本品为白色、微黄色、微灰色粉末或颗粒状，主成分分子式为 $CaHPO_4 \cdot 2H_2O$。按生产工艺不同分成 Ⅰ 型、Ⅱ 型、Ⅲ 型三种型号。

2. 饲料级磷酸二氢钙　磷酸二氢钙也叫磷酸一钙，分子式为 $Ca(H_2PO_4)_2 \cdot H_2O$，含钙量为 15.90%，含磷量为 24.58%。纯品为白色结晶粉末。

3. 石粉　石粉也称石灰石、白垩、方解石、白云石等，都是天然碳酸钙，来源广、价廉、利用率高，含钙量在 33% 以上。国标规定了砷、铅、汞、氟、镉等的最高限量，用作饲料的原料其重金属不允许超过这个标准。

4. 贝壳粉　贝壳粉是丰富的钙补充饲料，其含钙量为 32%～35%。它的质地比较坚硬，在饲料工业中常用不同粒度的贝壳粉喂不同的动物，特别是对产蛋期的禽类，贝壳粉可作为沉积蛋壳所需要的钙质来源。

（二）食盐

食盐的成分是氯化钠，是肉羊饲料中钠和氯的主要来源。在植物性饲料中钠和氯含量都很少，故需以食盐方式添加。精制的食盐含氯化钠 99% 以上，粗盐含氯化钠 95%，加碘盐含碘0.007%。纯净的食盐含钠 39%，含氯 60%，此外尚有少量的钙、镁、硫。食用盐为白色细粒，工业用盐为粗粒结晶。

饲料中缺少钠和氯元素会影响羊的食欲，长期摄取食盐不足，可引起活力下降、精神不振或发育迟缓，降低饲料利用率。缺乏食盐的肉羊往往表现为舔食棚、圈的地面、栏杆，啃食土块或砖块等异物。但饲料中盐过多而饮水不足时，则会发生中毒。中毒主要表现为口渴，腹泻，身体虚弱，重者可引起死亡。

动物性饲料中食盐含量比较高，一些食品加工副产品如甜菜渣、酱渣等中的食盐含量也较高，故用这些饲料配合日粮时，要考虑它们的食盐含量。食盐容易吸潮结块，要注意捣碎或经粉碎过筛。饲用食盐的粒度应全部通过 30 目（目为非法定计量单位，表示每平方英寸上的孔数）筛，含水量不得超过 0.5%，氯化钠纯度应在 95% 以上。

羊需要钠和氯较多，对食盐的耐受性也大，很少发生羊食盐中毒的报道。肉羊育肥饲料中食盐添加量为 0.4%～0.8%。最好通过盐砖补饲食盐，即把盐块放在固定的地方，让羊自行舔食，如果在盐砖中添加微量元素则效果更佳。

（三）天然矿物质饲料

天然矿物质饲料是大自然经过成千上万年筛选、积累下来的宝贵财富。它们含有多种矿物元素和营养成分，可以直接添加到饲料中去，也可以作为添加剂的载体使用。

常见的天然矿物质主要有膨润土、沸石、麦饭石、海泡石、稀土等。膨润土含有 11 种以上元素，大都是羊生长发育必需的常量和微量元素，它还能使酶和激素的活性或免疫反应发生显著变化，对羊生长有明显的生物学价值。沸石不仅含有多种元素，而且可以吸收和吸附一些有害元素和气体，具有很高的活性和抗毒性，可调整肉羊瘤胃的酸碱性，对肝、肾功能有良好的促进作用。沸石在羊饲料中用量为 2%～7%。麦饭石富含肉羊生长发育所必需的多种微量元素和稀土元素，如硅、钙、铝、钾、镁、铁、钠、锰、磷等，有害成分含量少，是一种优良的天然矿物质营养饲料，在羊日粮中用量为 1%～8%。

七、维生素饲料

维生素饲料包括工业合成或由原料提纯精制的各种单一维生素和混合多种维生素，富含维生素的天然饲料则不属于维生素饲料。例如，鱼肝富含维生素 A、维生素 D，种子的胚富含维生素 E，酵母富含各种维生素 B，水果与蔬菜富含维生素 C，它们都不是维生素饲料，可以根据其特性给予充分利用。

在生产实际中，为了适应不同生长阶段羊对维生素的营养需要，添加剂预混料生产厂家生产各种针对性的系列复合维生素产品，用户可以根据养羊生产需要直接选用。在此不对有关维生素的机制和配制进行赘述。

八、饲料添加剂

添加剂在配合饲料中占的比例很小，但其作用则是多方面的。对动物方面所起作用包括：抑制消化道有害微生物繁殖，促进饲料营养消化、吸收，抗病、保健、驱虫，改变代谢类型、定向调控营养，促进动物生长和营养物质沉积，减少动物兴奋，降低饲料消耗，改进产品色泽，提高商品等级等。在饲料环境方面所起作用有疏水、防霉、防腐、抗氧化、抗黏结、防静电、增加香味、改变色泽、除臭、防尘等。

（一）营养性添加剂

1. 维生素添加剂　它是由合成或提纯方法生产的单一或复合维生素。常用的有维生素 A、维生素 D、维生素 E、维生素 K、B 族维生素及氯化胆碱等。

2. 微量元素添加剂　家畜常常容易缺乏的微量元素有铜、锌、锰、铁、钴、碘、硒等。一般制成复合添加剂进行添加。

3. 氨基酸添加剂　用于家畜饲料的氨基酸添加剂，一般是植物性饲料中最缺的必需氨基酸，如甲硫氨酸与赖氨酸。

4. 尿素　尿素为非蛋白氮物质，可添加于羊等反刍动物的日粮中，用以对氮的补充。常用的有尿素、缩二脲、磷酸二氢铵、氯化铵等。

【提示】尿素不宜单喂，应与淀粉多的精料搭配使用，也可调制成尿素溶液喷洒或浸泡粗饲料，或调制成尿素青贮饲料，或制成尿素颗粒料、尿素精料砖等。

（二）非营养性添加剂

这类添加剂本身在饲料中不起营养作用，但具有刺激代谢、驱虫、防病等功能，也有部分是对饲料起到保护作用的。

1. 抗生素　饲料中添加少量抗生素，可防病抗病，但应按照有关规定要求使用。

2. 助长剂　助长剂具有促进生长、提高饲料利用率的作用。如生长激素、雄激素、玉米赤霉醇、砷制剂、铜制剂等。

3. 保护剂　凡含油脂多的饲料，由于脂肪及脂溶性维生素在空气中极易氧化变质（尤其在高温季节会发生酸败），在饲喂这些物质时会影响饲喂效果，故常常加入抗氧化剂予以保护。常用的抗氧化剂有丁基羟基苯甲醚、二丁基羟基甲苯、乙氧喹等。

此外，还有防霉剂如丙酸、丙酸钙等，以及着色剂、调味剂等。

第二节　羊日粮的配制

一、日粮配方设计方法

（一）精料补充料配方的设计方法

不同生长阶段和生产性能的羊，对饲料要求明显不同，但任何情况下，粗饲料应是日粮主体，精饲料只作为必要的补充。由于反刍动物饲料变异大且食性习惯特殊，因此设计羊的配合饲料配方比较困难。

1. 不同羊精料补充料配方设计特点

（1）生长羊精料补充料：生长羊饲料配方设计的主要目的，是通过控制营养水平，使羊在适宜时间达到适宜体重，为以后的配种、繁殖、产奶打下良好基础。

配方设计时，首先要清楚生长羊的种类、年龄、体重，在规定时间内达到规定体重所要求的日增重；其次要认真研究饲料间的组合效应，确定精粗饲料的比例，一般粗饲料应占日粮干物质的 40%~60%；再次是调查粗饲料的来源、种类、质量和一般用量，估算出平均每天需提供生长羊的主要营养成分的数量；最后根据生长羊的日采食量及饲养标准，确定达到规定日增重必须由精料补充料提供的营养成分的数量，拟定出生长羊精料补充料的配方。

（2）产奶羊精料补充料：产奶是饲养奶羊的主要目的。设计配方应根据产奶量和奶的品质要求，确定合理的精粗饲料的比例。在产奶高峰期，适当增加饲粮营养浓度，以提高产奶量；产奶高峰期后，在饲料法规允许下，可适当使用特殊生长促进剂，尽量延缓产奶量的下降。若给产奶羊饲喂大量粗饲料且粗蛋白质含量低时，精料补充料中粗蛋白质应达到或超过 20%，不用或尽可能少用非蛋白氮。选择原料时尽量少用可能影响奶品质的饲料，如菜籽粕、糟渣类饲料原料、鱼粉、蚕蛹粉等；缺乏优质粗饲料或精料喂量过高时，应添加碳酸氢钠（小苏打）、氧化镁等缓冲剂，或添加醋酸钠、双醋酸钠，以提高乳脂率。

（3）育肥肉羊精料补充料：一般采用高能、高精料饲喂育肥肉羊。育肥肉羊精料补充料配方设计时，应合理拟定精粗饲料比例，一般育肥肉羊粗饲料占日粮的 45%～55%，精料补充料设计以粗纤维含量不低于 10% 为宜。育肥肉羊精料补充料用量大，应尽可能选用可以维护瘤胃功能的饲料原料，如适当增加大麦、糠麸类饲料、糟渣类饲料和高纤维饼粕类饲料原料的用量。在育肥后期应适当降低日粮的能量，适当限制日粮中的不饱和脂肪酸的含量，严格控制含叶黄素多的饲料的比例，可添加瘤胃缓冲剂、瘤胃素、尿素等添加剂。

2. 羊精料补充料配方设计方法

（1）设计步骤：羊除采食大量粗饲料外，还需饲喂一定量的精料补充料。羊精料补充料配方设计包括以下基本步骤。

第一步：首先计算出羊每天采食的粗饲料可为其提供各种营养物质的数量。

第二步：根据饲养标准计算出达到规定的生产性能尚需的营养物质的数量，即必须由精料补充料提供的营养物质的量。

第三步：由羊每天采食的精料补充料的量，计算精料补充料中应含各种营养物质的含量。

第四步：根据配合精料补充料的营养物质的含量，拟定羊精料补充料配方。

（2）设计举例：

【示例】为体重 35 千克、预期日增重 200 克的生长肥育绵羊设计精料补充料配方。精料补充料可以选择玉米、麸皮、棉籽粕、豆粕、磷酸氢钙、食盐、添加剂为原料，粗饲料可选用青贮玉米秸、野干草。

第一步：查肉羊饲养标准与饲料成分表，列出其养分需要量，见表4-2、表4-3。

表4-2　肉羊每只每天的饲养标准

干物质/千克	消化能/兆焦	粗蛋白质/克	钙/克	磷/克	食盐/克
1.05 ~ 1.75	16.89	187	4.0	3.3	9

表4-3　饲料成分表

饲料名称	干物质/%	消化能/（兆焦/千克）	粗蛋白质/%	钙/%	磷/%
青贮玉米秸	26	2.47	2.1	0.18	0.03
野干草	90.6	7.09	8.9	0.54	0.09
玉米	88.4	15.4	8.6	0.04	0.20
麸皮	88.6	11.09	14.4	0.18	0.78
棉籽粕	92.2	13.72	33.8	0.31	0.64
豆粕	90.6	15.94	43.0	0.32	0.50
磷酸氢钙				23	16

第二步：确定粗饲料的采食量。一般羊粗饲料采食量为体重的2%~3%，选择2.5%，35千克体重的肉羊需要粗饲料干物质为0.875千克，其中1/2为玉米秸青贮饲料（0.875×1/2≈0.44千克），其余为干草0.44千克，计算出粗饲料提供的养分，见表4-4。

表4-4　粗饲料的采食量

饲料名称	干物质/千克	消化能/兆焦	粗蛋白质/克	钙/克	磷/克
青贮玉米秸	0.44	4.17	35.5	3.06	0.50
野干草	0.44	3.88	43.25	2.62	0.44
合计	0.88	8.05	78.75	5.66	0.95
与标准差	0.18 ~ 0.87	8.84	108.25	1.66	−2.35

第三步：拟定各种精料用量并计算出养分含量，见表4-5。

表4-5　各种精料的用量及养分含量

饲料名称	用量/千克	干物质/千克	消化能/兆焦	粗蛋白质/克	钙/克	磷/克
玉米	0.36	0.32	5.544	20.96	0.14	0.75
麸皮	0.14	0.124	1.553	20.14	0.25	1.09
棉籽粕	0.08	0.07	1.098	27.04	0.25	0.50
豆粕	0.04	0.036	0.538	17.20	0.13	0.21
尿素	0.005	0.005		14.40		
食盐	0.009	0.009				
合计	0.634	0.564	8.733	99.74	0.77	2.55

由表4-5可见，日粮中的消化能和粗蛋白质已基本符合要求，如果消化能高（或低），应相应减少（或增加）能量饲料，粗蛋白质也是如此。能量和蛋白质符合要求后再看钙和磷的水平，两者都已超出标准，且钙磷比为1.78∶1，属正常范围〔（1.5～2）∶1〕，不必补充相应的饲料。

第四步：制定饲料配方。此育肥羊日粮配方：青贮玉米秸1.69（0.44／0.26）千克，野干草0.49（0.44／0.906）千克，玉米0.36千克，麸皮0.14千克，棉籽粕0.08千克，豆粕0.04千克，尿素5克，食盐9克，添加剂、预混料另加。精料混合料配方：玉米56.8%，麸皮22%，棉籽粕12.6%，豆粕6.4%，尿素0.8%，食盐1.4%，添加剂、预混料另加。

（二）羊浓缩饲料的配制方法

根据选择蛋白质饲料的种类不同，羊的浓缩饲料可分为常规蛋白质浓缩饲料和尿素浓缩饲料。

1. 常规蛋白质浓缩饲料的配制方法　一般首先设计精料补充料配方，然后推算出浓缩饲料配方。

【示例】给奶山羊设计浓缩饲料配方。

第一步：根据奶山羊饲养标准及饲料原料的营养特点，设计奶山羊的精料补充料配方，见表4-6。

表4-6　奶山羊的精料补充料配方

原料名称	玉米	大豆粕	麸皮	糖蜜	脂肪	食盐	碳酸钙	磷酸氢钙	预混料
比例/%	57.0	23.0	10.0	5.0	2.0	0.5	1.0	1.0	0.5

第二步：确定浓缩饲料的配方。从精料补充料配方中去掉57 份玉米和 10 份的麸皮，剩余部分除以 33%（100%-57%-10%），即得 33% 用量的奶山羊浓缩饲料配方，见表4-7。

表4-7　奶山羊的浓缩料配方

原料名称	大豆粕	糖蜜	脂肪	食盐	碳酸钙	磷酸氢钙	预混料
比例/%	69.7	15.15	6.05	1.52	3.03	3.03	1.52

2. 以尿素补充蛋白的配制方法　浓缩饲料尿素可以代替成年反刍动物饲料中一部分蛋白质，并能提高低蛋白饲料中粗纤维的消化率，增加动物的体重和氮素沉积量，降低饲料成本，提高养殖业的经济效益。所以，配制反刍动物浓缩饲料时，可用一定量的尿素或其他高效非蛋白氮饲料替代浓缩饲料中的常规蛋白质饲料，但使用时要严格按照反刍动物对非蛋白氮的利用方法与原则进行。

【注意】使用浓缩饲料时，必须严格按照产品说明中补充能量饲料的种类和比例，使用前各种原料必须混合均匀。储藏浓缩饲料时，要注意通风、阴凉、避光，严防潮湿、雨淋和暴晒。超过保质期的浓缩饲料要慎用。

（三）全价配合饲料配方设计方法

1. 全价配合饲料配制的原则

（1）营养原则：羊的日粮是指一只羊一昼夜所采食的各种饲料的总量，是按照饲养标准和饲料的营养价值配制出的完全满足羊在基础代谢和增重、繁殖、产乳、肥育等阶段需要的全价日粮。配制营养全、成本低的日粮是实现高效养羊的基础条件。日粮配合时应掌握如下原则：一是合理地设计饲料配方的营养水平。设计饲料配方的营养水平必须以饲养标准为基础，同时要根据动物生产性能、饲养技术水平与饲养设备、饲养环境条件、市场行情等及时调整饲粮的营养水平，还要考虑外界环境与加工条件等对饲料原料中活性成分的影响。设计配方时要特别注意各养分之间的平衡，也就是全价性，重点考虑能量与蛋白质、氨基酸、矿物元素、抗生素及维生素之间的相互平衡。各养分之间的相对比例比单种养分的绝对含量重要。二是合理选择饲料原料，正确评估和决定饲料原料营养成分含量。饲料配方平衡与否，很大程度上取决于设计时所采用的原料营养成分值。条件允许的情况下，应尽可能多地选择原料种类。原料营养成分值尽量有代表性，要注意原料的规格、等级和品质特性。选择饲料原料时除要考虑其营养成分含量和营养价值，还要考虑原料的适口性、原料对畜产品风味及外观的影响、饲料的消化性及容重等。三是正确处理配合饲料配方设计值与配合饲料保证值的关系。配合饲料中的某一养分往往由多种原料共同提供，且各种原料中养分的含量与其真实值之间存在一定的差异，同时饲料加工过程中还存在偏差，生产的配合饲料产品往往有一个合理的储藏期，储藏过程中某些营养成分还要受外界各种因素的影响而损失。配合饲料的营养成分设计值通常应略大于配合饲料保证值，保证商品配合饲料营养成分在有效期内不低于产品标签中的标示值。

（2）经济性原则：经济性即经济效益和社会效益。在养羊生产中，饲料费用占很大比例，一般要占养羊成本的 70% ~ 80%。因此，设计配合饲料时，应充分利用饲料的替代性，就地取材，选用营养丰富、价格低廉的饲料原料来配合日粮，以降低生产成本，提高经济效益。一般来说，饲料原料种类越多，越能起到饲料原料营养成分的互补作用，有利于配合饲料的营养平衡，但原料种类过多，会增加加工成本。设计配方时，应掌握使用适度的原料种类和数量的方法。

（3）安全性原则：饲料安全关系到食品安全和人民健康，关系到羊群健康。配合饲料对动物自身必须是安全的，发霉、酸败、被污染和未经处理含毒素等的饲料原料不能使用。采食配合饲料而生产的动物产品对人类必须既富营养而又健康安全。设计配方时，某些饲料添加剂（如抗生素等）的使用量和使用期限应符合安全标准。

2. 全价饲料配方设计的方法 全价配合日粮配制首先要设计日粮配方，有了配方，然后"照方抓药"。如果配方设计不合理，再精心的制作也生产不出合格的饲料。配方设计的方法很多，主要有试差法、四角形法、线性规划法、计算机法等。

试差法是根据经验和饲料营养含量，先大致确定各类饲料在日粮中所占的比例，然后通过计算查看与饲养标准还差多少后进行调整。这种方法简单易学，但计算量大、烦琐，不易筛选出最佳配方。具体步骤如下。

第一步：确定每只羊每天的营养需要量，根据羊群的平均体重、生理状况及外界环境等，计算出各种营养需要量。

第二步：确定各类粗饲料的喂量。根据当地粗饲料的来源、品质及价格，最大限度地选用粗饲料。一般粗饲料的干物质占体重的 2% ~ 3%，其中青饲料和青贮饲料可按 3 千克折合 1 千克青干草和干秸秆计算。

第三步：计算由精饲料提供的养分。每天总营养需要与粗饲料的差就是精饲料提供的养分。

第四步：初步确定各种精饲料的用量，并计算其养分含量，然后将各种饲料中的养分含量相加，并与饲养标准对照比较。

第五步：确定日粮配方。在完成粗、精饲料所提供的养分及数量计算后，将所有饲料提供的养分进行汇总。如果实际提供量与其需要量相差在 5% 以内，说明配方合理；如果超出此范围，应适当调整个别精料的用量，以便充分满足各种养分需要而又不致造成浪费。

【示例】一体重 25 千克的育成母绵羊，日增重 60 克，采用中等品质青贮玉米、苜蓿干草、羊草和玉米、大豆饼、棉籽粕、麦麸、磷酸氢钙、食盐、预混料等原料配制日粮。

第一步：查阅羊的饲养标准表，找出育成母绵羊的营养需要量，见表 4-8。

表4-8　育成母绵羊每只每天的营养需要量

体重/千克	日增重/千克	日进食量/千克	代谢能/（兆焦／天）	粗蛋白质/（克／天）	钙/（克／天）	磷/（克／天）	食盐/（克／天）
25	0.06	0.8	5.86	90	3.6	1.8	3.3

第二步：查饲料营养价值表，列出所用几种饲料原料的营养成分，见表 4-9。

表4-9　饲料营养价值表

原料	干物质/%	代谢能/（兆焦/千克）	粗蛋白质/%	钙/%	磷/%
苜蓿干草	92.4	8.03	6.8	1.95	0.28
羊草	92.0	7.84	7.3	0.22	0.14
青贮玉米	23.0	1.81	2.8	0.18	0.05
玉米	86.0	11.67	9.4	0.09	0.22
麦麸	87.0	9.99	15.7	0.11	0.92
大豆饼	89.0	11.51	41.8	0.31	0.50
棉籽粕	90.0	10.23	43.5	0.28	1.04
磷酸氢钙	98.0			23.3	18.0

第三步：确定粗饲料的用量。设定该阶段育成母绵羊日粮精粗比为 40：60，即粗饲料占日粮的 60%，精饲料占日粮的 40%。则羔羊粗饲料干物质进食量为 0.8×60%＝0.48（千克），精饲料

干物质进食量为 0.8×40%＝0.32（千克）。

假设粗饲料中青贮玉米日给干物质 0.24 千克，羊草 0.12 千克，苜蓿干草 0.12 千克。计算出粗饲料提供的总养分，与标准相比，确定需由精料补充的差额部分，见表 4-10。

表 4-10　日粮粗饲料所提供的养分

日粮组成	干物质/（千克/天）	代谢能/（兆焦/天）	粗蛋白质/%	钙/%	磷/%
苜蓿干草	0.12	0.96	20.16	2.34	0.34
羊草	0.12	0.94	8.76	0.26	0.16
青贮玉米	0.24	0.44	6.72	0.44	0.12
合计	0.48	2.34	35.64	3.04	0.62
差额（精料标准）	0.32	3.52	54.36	0.56	1.18

第四步：用试差法制定精饲料日粮配方。由以上饲料原料组成日粮的精料部分，按经验和饲料营养特性，将精料应补充的营养配成精料配方，再与饲养标准相对照，对过剩和不足的营养成分进行调整，最后达到符合饲养标准的要求。见表 4-11。

表 4-11　精料配方及营养含量

原料	比例/%	干物质/%	代谢能/（兆焦/天）	粗蛋白质/%	钙/%	磷/%
玉米	62	198.4	2.32	18.63	0.18	0.44
麦麸	15	48.0	0.48	7.54	0.05	0.44
大豆饼	15	48.0	0.55	20.06	0.15	0.24
棉籽粕	6	19.2	0.20	8.35	0.05	0.20
食盐	1	3.2				
预混料	1	3.2				
合计	100	320	3.55	54.58	0.43	1.32

续表

原料	比例/%	干物质/%	代谢能/（兆焦/天）	粗蛋白质/%	钙/%	磷/%
精料标准		320	3.52	54.36	0.56	1.18
差额		0	+0.09	+0.24	−0.13	+0.14

第五步：调整矿物质和食盐含量。能量和蛋白均满足需要，钙稍有不足，可补充石粉 0.13 / 0.35≈0.37（克/天）。添加食盐 3.2 克/天，添加预混料 3.2 克/天。

第六步：列出日粮配方。全面调整后的育成母绵羊的日粮配方见表 4-12。

表4-12　育成母绵羊的日粮配方

原料	干物质/%	比例/%
玉米	198.4	24.79
麦麸	48.0	6.00
大豆饼	48.0	6.00
棉籽粕	19.2	2.40
苜蓿干草	120	14.99
羊草	120	14.99
青贮玉米	240	29.98
石粉	0.37	0.05
食盐	3.2	0.40
预混料	3.2	0.40
合计	800.37	100

二、羊的饲料配方举例

（一）精料配方举例

1. 种公羊精料配方　见表 4-13。

表4-13 种公羊精料配方

组成/%	配方1	配方2	配方3	配方4	配方5	配方6	配方7	配方8	配方9	配方10	配方11	配方12	配方13	配方14	配方15	配方16
玉米	50	50	52	50	55	50	50	25	45	46	40	40	40	45	50	50
大麦(裸)									15							
高粱													15			
碎米										10(燕麦)	10(燕麦)	12				
大豆粕	30	20	20	20	16	18	20	13.5	30	30	25	25	25	20	20	25
菜籽粕		6	5		7			10	6		5	6				
小麦麸	16	15	15	16	5	10	12	25			6(玉米皮)				10	
麦芽根															10	
棉籽粕		5														
向日葵粕					7								5			6
亚麻籽粕					6								5			

续表

组成/%	配方1	配方2	配方3	配方4	配方5	配方6	配方7	配方8	配方9	配方10	配方11	配方12	配方13	配方14	配方15	配方16
花生粕			4	10（或饼）		6									6	
米糠										10		8	6	14		15（米糠粕）
啤酒糟						12	14	23（或米糠）			10			12		
干啤酒酵母														5		
玉米胚芽饼												5				
磷酸氢钙	1	1	1	1	1	1	1	1.5	1	1	1	1	1	1	1	1
石粉	1	1	1	1	1	1	1	1	1	1	1	1	1	1	1	1
食盐	1	1	1	1	1	1	1	1	1	1	1	1	1	1	1	1
预混料	1	1	1	1	1	1	1		1	1	1	1	1	1	1	1
合计	100	100	100	100	100	100	100	100	100	100	100	100	100	100	100	100

续表

营养水平	配方1	配方2	配方3	配方4	配方5	配方6	配方7	配方8	配方9	配方10	配方11	配方12	配方13	配方14	配方15	配方16
干物质/%	86.84	86.95	86.91	87.44	86.99	87.02	86.90	87.17	86.89	87.53	87.71	87.27	87.14	87.25	87.17	86.90
粗蛋白/%	19.76	19.75	19.32	20.13	19.80	19.44	18.48	18.58	20.01	19.35	19.19	19.86	19.72	19.84	20.22	19.39
粗脂肪/%	2.99	2.88	2.96	3.85	2.76	3.25	3.37	6.07	2.74	4.57	4.62	3.68	3.11	4.99	2.79	3.57
粗纤维/%	3.75	4.37	4.03	3.52	4.19	4.59	4.70	5.80	3.08	3.85	4.63	3.54	3.30	4.30	4.38	3.73
钙/%	0.71	0.73	0.72	0.68	0.75	0.72	0.72	0.68	0.71	0.72	0.75	0.73	0.74	0.72	0.79	0.71
磷/%	0.64	0.67	0.64	0.62	0.67	0.59	0.61	0.81	0.59	0.66	0.69	0.71	0.64	0.73	0.63	0.76
食盐/%	0.98	0.98	0.98	1.04	0.98	0.98	0.49	0.98	0.98	0.98	0.98	0.98	0.98	0.98	0.98	0.98
消化能/(兆焦/千克)	13.13	13.00	13.09	13.39	12.95	13.38	12.3	11.35	12.25	11.99	11.72	12.23	11.74	13.22	12.46	12.90

2. 母羊混合精料配方

（1）泌乳母羊混合精料配方：泌乳母羊前期混合精料配方见表 4-14，泌乳母羊后期混合精料配方见表 4-15。

表4-14　泌乳母羊前期混合精料配方

	配方 1	配方 2	配方 3	配方 4	配方 5	配方 6	配方 7	配方 8
组成/%								
玉米	60	55	55	55	54	50	55	55.5
大豆粕	12	11			15	9		12
菜籽粕			15	10		10	9	
小麦麸	8	15	12	11	12	12	8	
棉籽粕	15	15	14	14			12	9
玉米胚芽饼								10
花生粕				6	6			
DDGS					9	15	12	10
磷酸氢钙	2	1	1	1	1	1	1	
石粉	1	1.5	1.5	1.5	1.5	1.5	1.5	1.5
食盐	1	0.5	1	1	1	1	1	1
预混料	1	1	0.5	0.5	0.5	0.5	0.5	1
合计	100	100	100	100	100	100	100	100
营养水平								
干物质/%	87.64	86.97	87.09	87.09	87.09	97.39	87.36	87.49
粗蛋白/%	18.21	17.98	17.67	18.39	18.03	17.68	17.20	17.94
粗脂肪/%	3.87	2.88	2.76	3.08	4.26	4.63	4.15	4.60
粗纤维/%	2.78	4.29	5.13	4.81	3.64	4.57	4.72	3.72
钙/%	0.87	0.86	0.92	0.90	0.87	0.91	0.90	0.86
磷/%	0.79	0.67	0.72	0.69	0.61	0.68	0.69	0.70
食盐/%	1.02	0.49	0.49	0.49	0.49	0.49	0.49	0.49
消化能/（兆焦/千克）	13.34	13.02	12.88	12.64	13.01	13.21	13.15	13.50

注：舍饲母羊混合精料量为0.4～1.0千克，哺乳高峰期应加大精饲料喂量，粗饲料喂量为0.8～2.0千克。

表4-15 泌乳母羊后期混合精料配方

	配方1	配方2	配方3	配方4	配方5	配方6	配方7	配方8
组成/%								
玉米	60	60	57	55	55	55	55	55
大豆粕	8	8			9	8	5	9
菜籽粕		12	14	9			9	
小麦麸	16	16	15	12	10	10	12	7
棉籽粕	12		10	5	7			7
玉米胚芽饼					6	8		6
米糠饼					9			
DDGS				15		15	15	12（啤酒糟）
磷酸氢钙	1	1	1	1	1	1	1	1
石粉	1.5	1.5	1.5	1.5	1.5	1.5	1.5	1.5
食盐	1	1	1	1	1	1	1	1
预混料	0.5	0.5	0.5	0.5	0.5	0.5	0.5	0.5
合计	100	100	100	100	100	100	100	100
营养水平								
干物质/%	86.86	86.86	87.01	87.38	87.13	87.48	87.38	87.16
粗蛋白/%	16.05	15.57	16.35	15.82	15.44	15.11	16.01	16.56
粗脂肪/%	3.02	3.10	2.90	4.66	3.90	5.35	4.72	3.69
粗纤维/%	4.00	4.21	4.90	4.58	3.99	3.75	4.33	4.66
钙/%	0.85	0.90	0.90	0.89	0.85	0.85	0.89	0.87
磷/%	0.64	0.65	0.70	0.68	0.77	0.69	0.66	0.64
食盐/%	0.49	0.49	0.40	0.49	0.49	0.40	0.49	0.49
消化能/（兆焦/千克）	13.08	13.08	12.89	13.21	12.59	13.51	13.26	12.36

注：舍饲母羊混合精料量逐渐减少为前期的70%，同时，增加青草和普通干草的数量。

（2）妊娠母羊混合精料配方：见表4-16～表4-18。

表4-16 妊娠母羊混合精料配方（一）

组成/%	空怀或妊娠前期				妊娠后期			
	配方1	配方2	配方3	配方4	配方1	配方2	配方3	配方4
玉米	57.5	59.5	58.5	55.3	55	60	60	50
大豆粕	20	16	15	16	20	19	14	
菜籽粕							5	20
小麦麸	18	20	10	16	21	12	12	11.5
棉籽粕						5		
花生饼							5	
玉米胚芽饼								15
啤酒糟			12	8				
磷酸氢钙	1	1	1.5	1.2	1	0.5	0.5	
石粉	1.5	1.5	1	1.5	1.5	1.5	1.5	2
食盐	1	1	1	1	0.5	1	1	0.5
预混料	1	1	1	1	1	1	1	1
合计	100	100	100	100	100	100	100	100

表4-17　妊娠母羊混合精料配方（二）

组成/%	空怀或妊娠前期				妊娠后期			
	配方5	配方6	配方7	配方8	配方5	配方6	配方7	配方8
玉米	58	56	65.5	60.5	60	55	60	58
大豆粕	5				19			8
菜籽粕		8.5	8	5.5		12		
小麦麸	10		13	15	12			6.5
棉籽粕	13	12	10	10	5	14	12	16
花生饼				6			12	
米糠	10	20				15.5	12.5	8
磷酸氢钙	0.5		0.5		0.5		0.5	0.5
石粉	2	2	1.5	1.5	1.5	2	1.5	1.5
食盐	0.5	0.5	0.5	0.5	1	0.5	0.5	0.5
预混料	1	1	1	1	1	1	1	1
合计	100	100	100	100	100	100	100	100

表4-18　妊娠母羊混合精料配方（三）

组成/%	空怀或妊娠前期				妊娠后期			
	配方9	配方10	配方11	配方12	配方9	配方10	配方11	配方12
玉米	50	25.2	24.5	35	31.5		55.4	55
燕麦	20	30	25	40	30	30		
稻谷	10	20	10	10		20		
亚麻籽饼	5	10	10		15	16	15	25
向日葵饼			10	5	10		16.1	
小麦麸			15		10	9		
菜籽粕	11.5	11.3	2	6.5		11.5		5
米糠						10	10	11.5
磷酸氢钙	0.5		0.5	1	0.5			
石粉	1.5	2	1.5	1	1.5	2	2	2
食盐	0.5	0.5	0.5	0.5	0.5	0.5	0.5	0.5
预混料	1	1	1	1	1	1	1	1
合计	100	100	100	100	100	100	100	100

3. 羔羊的精料配方　早期断奶羔羊精料配方见表4-19，断奶羔羊精料配方见表4-20，羔羊肥育精料配方见表4-21。

表4-19 早期断奶羔羊精料配方

	配方1	配方2	配方3	配方4	配方5	配方6	配方7	配方8
组成/%								
玉米	75	55	61	14	34	54	52	58
大豆粕	15	37	32	80 (饼)	60	22	20	18
花生粕						6		6
小麦麸	7	5	4			14	16	9
棉籽粕							4	
菜籽粕							4	
干啤酒酵母								4.5
磷酸氢钙	0.5	0.5	0.5	1	1	1	1	1
石粉	1	1	1	2.5	2.5	1	1	1.5
食盐	0.5	0.5	0.5	1.5	1.5	1	1	1
预混料	1	1	1	1	1	1	1	1
合计	100	100	100	100	100	100	100	100
营养水平								
干物质/%	86.86	87.52	87.37	89.13	88.52	86.96	86.90	87.09
粗蛋白/%	13.39	21.04	19.38	14.66	28.04	19.22	18.70	19.43
粗脂肪/%	2.64	4.32	4.21	5.14	4.7	2.99	2.96	2.90
粗纤维/%	2.52	3.1	2.94	4.06	3.42	3.60	4.15	3.15
钙/%	0.52	0.59	0.57	1.34	1.29	0.70	0.72	0.97
磷/%	0.42	0.46	0.45	0.6	0.56	0.60	0.66	0.61
食盐/%	0.52	0.53	0.52	1.51	1.5	0.98	0.98	0.98
消化能/ (兆焦/千克)	13.68	13.68	13.70	13.28	13.32	13.19	13.14	13.25

注：配方1适用于早期断奶羔羊，粗饲料为优质牧草；配方2适用于体重35～40千克断奶羔羊育肥，精料550克/天，野干草1200克/天；配方3适用于体重40～45千克断奶羔羊，精料670克/天，野干草1200克/天；配方4适用于体重35～40千克断奶羔羊育肥，精料360克/天；配方5适用于体重40～45千克断奶羔羊，精料180克/天。

表4-20　断奶羔羊精料配方

	配方1	配方2	配方3	配方4	配方5	配方6	配方7
组成/%							
玉米	40	40		65	81	46	55
小麦							
燕麦	26	36	66			40	
大豆粕	10	10	10	2.5	15	10	15
花生粕							
小麦麸	20	10	21	15			11
棉籽粕				7			
酵母							15
鱼粉							1
菜籽粕				2			
向日葵粕				5			
磷酸氢钙	1	1			1	1	
石粉	1	1	1	1.5	1	1	
食盐	1	1	1	1	1	1	1
预混料	1	1	1	1	1	1	1
合计	100	100	100	100	100	100	100
营养水平							
干物质/%	88.63	89.28	91.63	86.81	86.31	89.56	88
粗蛋白/%	14.06	13.66	15.25	14.17	13.45	13.11	20.6
粗脂肪/%	4.23	4.51	5.54	3.10	3.20	4.65	
粗纤维/%	5.58	5.68	8.95	4.19	2.06	5.37	
钙/%	0.69	0.7	0.74	0.60	0.65	0.69	0.3
磷/%	0.86	0.59	0.70	0.47	0.49	0.56	0.4
食盐/%	0.98	0.70	0.98	0.98	0.99	0.90	
消化能/（兆焦/千克）	11.15	10.71	11.11	12.97	13.59	12.26	11.12（代谢能）

注：使用配方7，20日龄到1月龄每只羔羊日喂量为50～70克，1～2月龄为100～150克，2～3月龄为200克，3～4月龄为250克，4～5月龄为350克，5～6月龄为400～500克，粗饲料为自由采食。

表4-21　羔羊肥育精料配方

	配方1	配方2	配方3	配方4	配方5	配方6	配方7
组成/%							
玉米	65.5	64	66.5	59.5	54.5	60	54
大豆粕	15	8	8	6	5		
花生粕			3	6		6	
小麦麸	15	17.5	15	24	24	14	18
棉籽粕		4				8	14
菜籽粕		2	3		4		
向日葵粕					4		
亚麻籽粕					4		
干甜菜渣						8	10
饲料酵母							
磷酸氢钙	1	1	1	1	1	1	1
石粉	1.5	1.5	1.5	1.5	1.5	1.5	1.5
食盐	1	1	1	1	1	0.5	0.5
预混料	1	1	1	1	1	1	1
合计	100	100	100	100	100	100	100
营养水平							
干物质/%	86.74	86.82	86.79	86.90	86.95	86.75	86.78
粗蛋白/%	14.19	14.05	14.17	14.44	14.98	14.11	13.82
粗脂肪/%	3.80	3.19	3.32	3.29	3.08	2.99	2.80
粗纤维/%	3.09	3.62	3.35	3.77	4.66	5.51	6.54
钙/%	0.84	0.85	0.85	0.94	0.87	0.90	0.91
磷/%	0.56	0.61	0.58	0.62	0.69	0.58	0.62
食盐/%	0.98	0.98	0.98	0.49	0.49	0.49	0.49
消化能/（兆焦/千克）	13.29	13.08	13.16	13.10	12.74	13.00	12.80

4.育成羊精料配方　育成绵羊精料配方见表4-22，育成山羊精料配方见表4-23。

表4-22 育成绵羊精料配方

	配方1	配方2	配方3	配方4	配方5	配方6	配方7
组成/%							
玉米	60	55.5	56	70.5	68.5	50	60
小麦						9	
大豆粕	5（饼）	30		25		10	
花生粕	5（饼）						
小麦麸	18	10	20			15	16
棉籽粕	7.5						
菜籽粕						7	
向日葵粕			20		27		20
酵母						5	
尿素				1.5	1.5		
磷酸氢钙	1	1	0.5	0.5	0.5	0.5	1
石粉	1.5	1.5	1.5	1	1	1.5	1.5
食盐	1	1	1	0.5	0.5	1	0.5
预混料	1	1	1	1	1	1	1
合计	100	100	100	100	100	100	100
营养水平							
干物质/%	87.27	86.94	87.00	86.66	86.95	87.16	86.91
粗蛋白/%	15.6	18.67	15.31	20.66	19.34	17.36	14.4
粗脂肪/%	3.55	4.10	3.0	3.96	2.74	2.85	2.96
粗纤维/%	3.88	3.19	4 70	2.30	5.09	3.67	5.34
钙/%	0.82	0.88	0.73	0.56	0.55	0.70	0.85
磷/%	0.62	0.56	0.65	0.40	0.55	0.61	0.69
食盐/%	1.03	0.98	0.98	0.49	0.49	0.98	0.49
消化能/（兆焦/千克）	13.13	11.33	12.54	13.58	12.07	12.48	12.21

注：配方1、2适用于舍饲绵羊，每天混合精料0.4千克，苜蓿干草0.7千克；配方3适用于肉用育成绵羊；配方4、5适用于中国美利奴羊；配方6适用于杂交育成肉羊；配方7适用于育成肉用细毛羊。

表4-23　育成山羊精料配方

组成/%	配方1	配方2	配方3	配方4	配方5	配方6	配方7	配方8
玉米	60.5	50	45	50	50	30		50
燕麦						30	30	
高粱							20	
米糠			18	10	10	5		
大豆粕	20							
向日葵粕					20	20		
小麦麸	15	13					30	15
棉籽粕		15			16	11		
菜籽粕		18	18				15	
亚麻籽粕			15	36				
玉米DDGS								30
尿素							1	1
磷酸氢钙	1	0.5						
石粉	1.5	1.5	2	2	2	2	2	2
食盐	1	1	1	1	1	1	1	1
预混料	1	1	1	1	1	1	1	1
合计	100	100	100	100	100	100	100	100

5. 生长肥育羊精料配方　育肥前期精料配方见表4-24～表4-26，绵羊中期精料配方见表4-27，山羊中期精料配方见表4-28，育肥后期精料配方见表4-29～表4-31，育肥羊精料配方见表4-32。

表4-24　育肥前期精料配方（一）

	配方1	配方2	配方3	配方4	配方5	配方6	配方7	配方8
组成/%								
玉米	46	51	50	45	59	60	60	55
大豆粕	30	20						
向日葵粕						30		

续表

	配方 1	配方 2	配方 3	配方 4	配方 5	配方 6	配方 7	配方 8
小麦麸	20	25	16	20	5	5	15	10
棉籽粕			30					
菜籽粕				31	31			
亚麻籽粕								30
花生饼							20	
尿素						1	1	1
磷酸氢钙	0.5	0.5	0.5	1	1	0.5	0.5	
石粉	1.5	1.5	1.5	1	2	1.5	1.5	2
食盐	1	1	1	1	1	1	1	1
预混料	1	1	1	1	1	1	1	1
合计	100	100	100	100	100	100	100	100
营养水平								
干物质/%	86.90	86.85	87.16	87.23	87.06	87.14	87.14	87.20
粗蛋白/%	20.04	18.33	18.26	19.82	17.38	18.96	20:00	19.67
粗脂肪/%	3.00	3.09	2.63	2.83	4.02	2.66	3.08	2.90
粗纤维/%	4.65	3.87	5.25	6.16	3.33	5.95	3.54	4.23
钙/%	0.77	0.76	0.74	0.93	0.75	0.74	0.73	0.85
磷/%	0.58	0.56	0.66	0.62	0.49	0.64	0.50	0.56
食盐/%	0.98	0.98	0.99	0.98	0.98	0.98	0.98	0.98
消化能/（兆焦/千克）	13.05	13.08	12.82	12.56	13.36	11.72	13.09	12.81

表4-25 育肥前期精料配方（二）

组成/%	配方 9	配方 10	配方 11	配方 12	配方 13	配方 14	配方 15	配方 16
玉米	25	40	37	46	40	50	40	32.5
稻谷	25							
苜蓿草粉			30	30	30	26	20	20	30
玉米秸	20							

续表

组成/%	配方 9	配方 10	配方 11	配方 12	配方 13	配方 14	配方 15	配方 16
向日葵粕			30	15				
小麦麸				5		5		
棉籽粕	15						8（或菜籽粕）	
亚麻籽粕	9.5	27						
玉米 DDGS					30	20	28	34
尿素	1			1	1	1.5		
磷酸氢钙	1	1	1	1	1	0.5	1	1
石粉	1.5	0.5	0.5	0.5	0.5	1	1	0.5
食盐	1	0.5	1	0.5	0.5	1	1	1
预混料	1	1	0.5	1	1	1	1	1
合计	100	100	100	100	100	100	100	100

表4-26 育肥前期精料配方（三）

组成/%	配方 17	配方 18	配方 19	配方 20	配方 21	配方 22	配方 23	配方 24
玉米	50	46	45	45	56	51	50	46
稻谷		17						
芝麻粕	28							
向日葵粕		10				25		15
小麦麸	18	7	24.5	25				14
棉籽粕				12			10	
菜籽粕		16	12		20		8	
胡麻籽粕			15	15				
玉米 DDGS					20	20	28	20
尿素								1
磷酸氢钙	0.5	0.5	0.5	0.7	0.5	0.5	0.5	0.5
石粉	1.5	1.5	1	1	1.5	1.5	1.5	1.5
食盐	1	1	1	0.3	1	1	1	1

组成/%	配方 17	配方 18	配方 19	配方 20	配方 21	配方 22	配方 23	配方 24
预混料	1	1	1	1	1	1	1	1
合计	100	100	100	100	100	100	100	100

表4-27　绵羊中期精料配方

	配方 1	配方 2	配方 3	配方 4	配方 5	配方 6	配方 7	配方 8
组成/%								
玉米	30	55	60	57	58.8	60.8	55	60.8
稻谷	20							
碎米	20							
大豆粕		5				10		12
向日葵粕	12							
小麦麸		11	10	15	18	8	16	9
棉籽粕			13	19	10	10	25	10
菜籽粕	15			5				
胡麻籽粕		25	13			7		4
花生饼					9			
尿素								
磷酸氢钙		1	1	0.5	1.2	1.2	0.5	1.2
石粉	1.5	1	1	1.5	1	1	1.5	1
食盐	0.5	1	1	1	1	1	1	1
预混料	1	1	1	1	1	1	1	1
合计	100	100	100	100	100	100	100	100
营养水平								
干物质/%	87.23	88.04	87.00	87.03	96.96	87.20	87.06	87.05
粗蛋白/%	16.07	16.84	16.25	16.64	16.04	16.96	16.80	16.9
粗脂肪/%	2.17	3.98	3.64	2.84	3.01	3.12	2.78	3.04
粗纤维/%	5.89	4.56	4.84	4.76	4.10	3.89	4.83	3.79
钙/%	0.68	0.77	0.68	0.75	0.72	0.76	0.73	0.75
磷/%	0.50	0.64	0.68	0.61	0.68	0.65	0.62	0.65

	配方1	配方2	配方3	配方4	配方5	配方6	配方7	配方8
食盐/%	0.49	0.98	0.98	0.98	0.98	0.98	0.98	0.98
消化能/（兆焦/千克）	12.50	13.57	13.57	12.92	13.04	13.27	12.91	13.22

表4-28 山羊中期精料配方

组成/%	配方1	配方2	配方3	配方4	配方5	配方6	配方7	配方8
玉米	43.3	45	40.5	25		25	31.5	54.3
稻谷				25	20	22		
燕麦		4			30			
苜蓿草粉	15	15	13				32	
玉米秸	14.3	15		20	20	20		
米糠			10					
小麦麸			20				10	19
棉籽粕	8	9	5	15	15	15		24（或菜粕）
亚麻籽饼				10	10	9.5		
菜籽粕	5.7	4.5	3					
玉米蛋白粉	6.2	5.5	5			4		
玉米DDGS								23
甜菜渣	4							
尿素				0.5	0.5			
磷酸氢钙	1	1	0.5	1	1	1	1	
石粉	0.5		1.5	1.5	1.5	1.5	0.5	1
食盐	1		0.5	1	1	1	1	0.7
预混料	1	1	1	1	1	1	1	1
合计	100	100	100	100	100	100	100	100

注：配方8适用于育肥中间20天，每只每天供料0.8~1.2千克。

表4-29　育肥后期精料配方（一）

	配方1	配方2	配方3	配方4	配方5	配方6	配方7	配方8
组成/%								
玉米	39	57.5	65	70	61.5	77.5	60.8	64.7
稻谷	36.5							
大豆粕			5			17		
向日葵粕		18			18		13	
小麦麸	10	20	16		16		15	13
棉籽粕							7	20（或菜籽粕）
胡麻籽粕			10	24.5				
花生饼	9							
尿素	1			1		1		
磷酸氢钙	1	1	1	1	1	1.5	1	
石粉	1.5	1.5	1	1	1.5	1	1.2	1.0
食盐	1	1	1	1.5	1	1	1	0.3
预混料	1	1	1	1	1	1	1	1.0
合计	100	100	100	100	100	100	100	100
营养水平								
干物质/%	86.81	87.0	87.10	88.01	86.95	86.69	86.95	87.91
粗蛋白/%	14.71	14.19	13.63	14.2	13.01	13.76	15.06	14.1
粗脂肪/%	3.03	3.03	3.57	3.78	3.36	3.79	2.96	3.75
粗纤维/%	5.04	5.36	3.70	3.53	6.01	2.04	4.38	3.27
钙/%	0.82	0.86	0.69	0.75	0.84	0.78	0.78	0.76
磷/%	0.55	0.69	0.60	0.55	0.63	0.55	0.69	0.58
食盐/%	0.98	0.98	0.98	1.47	0.99	0.98	0.98	0.99
消化能/（兆焦/千克）	13.15	12.17	13.37	13.59	13.32	13.45	12.75	13.62

注：配方8适用于育肥期的后20天，每只每天供给精料0.9～1.0千克。

表4-30 育肥后期精料配方（二）

组成/%	配方9	配方10	配方11	配方12	配方13	配方14	配方15	配方16
玉米	46.5	31.5	19	23.5	48.1	41.2	23	31
羊草					17	30		30
苜蓿草粉	32	32		9				
玉米秸			15.5	9	2.4	8.8	33	9
槐叶							20	
小麦麸	10	10			14.0	9	10	12
大豆粕	8		3		14.5	7		14
棉籽粕			5	2				
亚麻籽饼							10	
玉米蛋白粉		23	3	1				
玉米DDGS			50	50				
尿素				1				
磷酸氢钙	1	1	1	1.5	1	1	1	1
石粉	0.5	0.5	2	1	1	1	1	1
食盐	1	1	0.5	1	1	1	1	1
预混料	1	1	1	1	1	1	1	1
合计	100	100	100	100	100	100	100	100

表4-31 育肥后期精料配方（三）

组成/%	配方17	配方18	配方19	配方20	配方21
高粱	54.5	66.5	19.5	30.5	43.8
苜蓿草粉	18	15	14	16	15
棉籽壳	10		40	30	20
棉籽粕	9	10	17	14	11.5
糖蜜	5	5	6	6	6
磷酸氢钙	1.2	1.2	1.2	1.2	1.2
石粉	0.3	0.3	0.3	0.3	0.5

组成/%	配方17	配方18	配方19	配方20	配方21
食盐	1	1	1	1	1
预混料	1	1	1	1	1
合计	100	100	100	100	100

表4-32　育肥羊精料配方

类型	精料配方	使用方法
羔羊育肥	玉米62%，麸皮12%，豆粕8%，棉籽粕12%，石粉1.8%，磷酸氢钙1.2%，尿素1%，食盐1%，预混料1%	禾本科干草或秸秆0.5千克，青贮玉米4千克，精料0.5千克；禾本科干草或秸秆1千克，青贮玉米0.5千克，精料0.7千克
舍饲强度育肥	前期20天：玉米46%，麸皮20%，棉籽粕或菜籽粕30%，石粉1%，磷酸氢钙1%，食盐1%，预混料1% 中期20天：玉米55%，麸皮16%，棉籽粕或菜籽粕25%，石粉1%，磷酸氢钙1%，食盐1%，预混料1% 后期20天：玉米66%，麸皮10%，棉籽粕或菜籽粕20%，石粉1%，磷酸氢钙1%，食盐1%，预混料1%	

6. 不同类型羊精料配方

（1）毛用羊精料配方：见表4-33、表4-34。

表4-33　毛用羊精料配方（一）

组成/%	羔羊					育成羊				
	配方1	配方2	配方3	配方4	配方5	配方1	配方2	配方3	配方4	配方5
玉米	60	56	86	40	60	61	55	67	75.2	47.5
大麦				36	26					
大豆粕	20	30	10	10	10	5	20		20	8.0

组成/%	羔羊					育成羊				
	配方1	配方2	配方3	配方4	配方5	配方1	配方2	配方3	配方4	配方5
小麦麸	6.3	10		10		10	15			20
菜籽粕	5					10				
棉籽粕							5.5	29		
向日葵粕	5					10				20
石粉	1.2	1	1	1	1	1.2	1	1	2	1.5
磷酸氢钙	1	1	1	1	1	1	1.5	1	1	0.5
食盐	1	1	1	1	1	1	1	1	1	1
预混料	0.5	1	1	1	1	0.8	1	1	0.8	1
尿素										0.5
合计	100	100	100	100	100	100	100	100	100	100

表4-34　毛用羊精料配方（二）

组成/%	妊娠母羊				哺乳母羊				种公羊	
	配方1	配方2	配方3	配方4	配方1	配方2	配方3	配方4	配方1	配方2
玉米	56	64		60.5	60	57	60	60	36	
小麦（或燕麦、大麦）										60.5
炒黑豆（或黄豆）									40	
大麦			80							

组成/%	妊娠母羊				哺乳母羊				种公羊	
	配方1	配方2	配方3	配方4	配方1	配方2	配方3	配方4	配方1	配方2
大豆粕	10		6		10	29	14	26		15
小麦麸	14	10			10	9		10	20	
苜蓿草粉		17	5							
花生粕					10					
大豆油						1				
菜籽粕	6	6	5							21
亚麻籽饼					6		16			
向日葵粕	10			10						
粉渣				10						
酱油渣				10						
糖蜜				5						
玉米胚芽饼							6			
石粉	1.2		1	1.5	1.2	1	1.2	1	1.5	0.5
磷酸氢钙	1	1	1	1	1	1	1	1	0.5	1
食盐	0.8	1	1	1	1	1	1	1	1	1
预混料	1	1	1	1	0.8	1	0.8	1	1	1
合计	100	100	100	100	100	100	100	100	100	100

（2）绒山羊精料配方：见表 4-35。

表4-35 绒山羊精料配方

组成/%	羔羊		育成羊		空怀期	怀孕前期		泌乳期	非生绒期	种公羊
	配方1	配方2	配方1	配方2	配方1	配方1	配方2	配方1	配方1	配方1
玉米	60	55	65	50	56.5	67	63	65	61	50.5
大豆粕	20	22	15	18		14	18	16	9.5	23
小麦麸	7	10	7	28	30	15.5	15.5	15.5	25	18
干啤酒糟	9	9	9							4
豌豆					5					
亚麻籽粕					5					
石粉	1	1	1	1	1.5	1.5	1.5	1.5	1.5	1.5
磷酸氢钙	1	1	1	1	0.5	0.5	0.5	0.5	1	1
食盐	1	1	1	1	0.5	0.5	0.5	0.5	1	1
预混料	1	1	1	1	1	1	1	1	1	1
合计	100	100	100	100	100	100	100	100	100	100

（3）奶山羊精料配方：见表 4-36。

表4-36 奶山羊精料配方

组成/%	配方1	配方2	配方3	配方4	配方5	配方6	配方7	配方8	配方9	配方10
玉米	58	45.5	60.5	49.5	30	64	54	41	40	17
大麦（裸）	10				27					
大豆粕	10	6	10	18	10	13	9		5	11
小麦麸	15	30	15	19	7	20	25	30	3	11.5

续表

组成/%	配方1	配方2	配方3	配方4	配方5	配方6	配方7	配方8	配方9	配方10
高粱	3		．							
豌豆		4			6		8（黑豆）	15（黑豆）		
棉籽粕		10		3	10					
麦芽根					6					
向日葵粕			10							
甘薯干				7						
糖蜜								10		
花生蔓									49	58
石粉	1	1.5	1.5	1	1	1	1.5	1.5		
磷酸氢钙	1	1	1	0.7	1	0.5	1	1	1	1
食盐	1	1	1	0.8	1	0.5	0.5	0.5	1	0.5
预混料	1	1	1	1	1	1	1	1	1	1
合计	100	100	100	100	100	100	100	100	100	100

（二）全价饲料配方

1. 种公羊全混合日粮配方　种公羊非配种期全混日粮配方见表 4-37，种公羊配种期全混日粮配方见 4-38。

表4-37　种公羊非配种期全混日粮配方

组成/千克	配方1	配方2	配方3	配方4	配方5	配方6	配方7	配方8
野干草或秸秆类	2	1.2			1.5	1	1.5	1
苜蓿干草		0.5				0.5		
胡萝卜或其他多汁饲料	0.3	0.3	0.3					

	配方1	配方2	配方3	配方4	配方5	配方6	配方7	配方8
青贮玉米				2	2	2	1	
青贮草木樨								2
羊草			2	1.4				
精料	0.5	0.5	0.5	0.4	0.5	0.4	0.5	0.5
合计	2.8	2.5	2.8	3.8	4.0	3.9	3.0	3.5
营养水平								
干物质/%	2.17	1.96	2.29	2.08	2.23	2.12	2.01	1.91
粗蛋白/%	238.9	268.5	250.9	215.40	220.50	227.47	203.13	269.76
粗脂肪/%	37.3	35.0	87.30	74.0	40.0	40.96	37.54	45.72
粗纤维/%	571.9	499.4	609.9	564.6	530.25	487.93	496.96	497.89
钙/%	12.35	18.82	11.55	10.19	5.75	4.75	5.0	18.47
磷/%	9.64	8.58	7.04	6.28	4.40	3.80	4.10	7.89
食盐/%	4.90	4.90	4.90	3.92	4.90	4.90	4.90	4.90
消化能/ (兆焦/千克)	25.54	22.06	20.27	19.00	23.57	22.03	19.87	21.85

表4-38 种公羊配种期全混日粮配方

	配方1	配方2	配方3	配方4	配方5	配方6
组成/千克						
野干草或秸秆类	1.2	1.2	1.2			1
花生蔓					2	1

续表

	配方 1	配方 2	配方 3	配方 4	配方 5	配方 6
苜蓿干草				1		
胡萝卜或其他多汁饲料	2	1		1	1	
青贮饲料		3（玉米）	2	3		2
羊草			0.5			
精料	1.2	1.2	1.4	1.4	1.2	1.4
合计	4.4	6.4	5.1	6.4	4.2	5.4
营养水平						
干物质/%	2.27	2.9	3.20	2.93	2.96	3.42
粗蛋白/%	341.04	368.52	419.80	518.97	469.72	490.00
粗脂肪/%	53.30	66.25	81.40	78.56	67.43	78.60
粗纤维/%	396.20	561.40	636.30	581.18	647.60	761.50
钙/%	16.58	13.33	14.35	33.0	59.53	41.20
磷/%	13.00	10.28	11.04	13.56	9.28	13.66
食盐/%	11.76	11.76	13.72	13.72	11.76	13.72
消化能/（兆焦/千克）	29.55	33.67	35.69	33.45	35.62	40.95

2. 母羊全混合饲料配方

（1）哺乳母羊全混合饲料配方：见表 4-39 ~ 表 4-41。

表4-39　哺乳母羊全混合饲料配方（一）

	配方1	配方2	配方3	配方4	配方5	配方6	配方7	配方8	配方9	配方10
组成/%										
玉米	50	40	44	36	24	40	26	40.5	30	40
玉米秸秆	29			34		12		16	29	32
青干草					33	25	33	25		
青贮玉米秸秆		36	28							
高粱	10	10	10	10	11	8	10	10	10	8
大豆粕		3	4			6	2			6
菜籽粕							6			
小麦麸	6		6	10	28		10	6	26	5
棉籽粕	1		4.5	7	1	6			1	6
米糠		7					10			
磷酸氢钙	1.5	1.5	1	0.5	0.5	0.5	0.5	1	1.5	0.5
石粉	1	1	1	1	1		1		1	1
食盐	0.5	0.5	0.5	0.5	0.5	0.5	0.5	0.5	0.5	0.5
预混料	1	1	1	1	1	1	1	1	1	1
合计	100	100	100	100	100	100	100	100	100	100
营养水平										
干物质/%	90.28	90.96	90.14	90.82	90.64	90.68	90.70	88.74	90.28	90.68

	配方1	配方2	配方3	配方4	配方5	配方6	配方7	配方8	配方9	配方10
粗蛋白/%	9.73	8.72	11.02	10.62	9.95	11.32	10.98	10.58	9.73	11.32
钙/%	0.72	0.70	0.61	0.50	0.50	0.50	0.50	0.75	0.72	0.50
磷/%	0.61	0.50	0.44	0.38	0.46	0.40	0.40	0.47	0.61	0.40
食盐/%	0.55	0.52	0.52	0.53	0.55	0.52	0.54	0.98	0.55	0.52
消化能/（兆焦/千克）	11.35	11.48	12.85	11.44	10.21	11.77	11.50	10.54	11.35	11.77
粗脂肪/%	2.70	2.37	2.51	2.17	2.46	6.26	4.10	2.83	2.70	6.26
粗纤维/%	10.26	10.10	9.03	10.81	11.35	3.26	10.02	12.52	10.26	3.26

注：每天需补喂青饲料2～4千克。

表4-40 哺乳母羊全混合饲料配方（二）

组成/%	配方11	配方12	配方13	配方14	配方15
玉米	40.14	24.33	42.34	40.74	32.09
高粱	10.03	10.02	10.02	10.12	10.03
米糠					
小麦麸	6.71	26.22		15.85	
高粱糠					14.59
秸秆	33.64		22.64	8.39	33.64
青干草		33.64	20（苜蓿）	15.36	
大豆饼	3.4	3.41	3.4	3.54	1.17
棉籽粕	4.48	0.78			4.48
向日葵饼				4.4	2.4

组成/%	配方 11	配方 12	配方 13	配方 14	配方 15
磷酸氢钙	1.1	1.1	1.1	1.1	1.1
食盐	0.5	0.5	0.5	0.5	0.5
合计	100	100	100	100	100

注：配方12～15适用于哺乳单羔的母羊。混合粗料与精料的比为3：1，每只母羊每天需要补充胡萝卜等富含青饲料2～4千克。

表4-41　哺乳母羊全混合饲料配方（三）

组成/%	配方 16	配方 17	配方 18	配方 19	配方 20	配方 21
玉米	37.68	21.41	31.78	35.80	39.45	25.6
高粱	9.17	11.45	9.17	9.10	9.17	9.17
米糠					5.54	9.93
小麦麸	11.13	28.84	7.93	9.56		10.12
大麦		10				
秸秆	32.27		32.27		31.27	
青干草		32.27		32		32.27
大豆饼			0.5	5.2	6.22	4.56
棉籽粕	6.75	4.43	6.75		6.75	
菜籽粕	1.40			6.74		6.75
磷酸氢钙	1.1	1.1	1.1	1.1	1.1	1.1
食盐	0.5	0.5	0.5	0.5	0.5	0.5
合计	100	100	100	100	100	100

注：配方16～21适用于哺乳双羔的母羊，每只母羊每天需要补充胡萝卜等富含青饲料2～4千克。

（2）妊娠母羊全混合饲料配方：见表4-42。

表4-42　妊娠母羊全混合饲料配方

	配方1	配方2	配方3	配方4	配方5	配方6	配方7	配方8
组成/%								
玉米秸秆		0.5	1	1.2	0.8		0.3	
羊草	1	0.8	0.8					
苜蓿草粉				0.5	0.5	0.3		0.5
青贮玉米	2	1.5			2	0.5	0.5	
野干草								
胡萝卜					0.5			0.5
精饲料	0.4	0.3	0.3	0.2	0.6	0.4	0.4	0.5
合计	3.4	3.1	2.1	1.9	4.4	1.2	1.2	1.5
营养水平								
干物质/%	1.73	1.70	1.89	1.69	2.21	0.72	0.73	0.77
粗蛋白/%	170.00	160.70	166.20	188.89	264.06	129.30	89.70	136.86
钙/%	8.9	6.86	5.36	9.27	17.32	7.90	3.70	
磷/%	5.4	4.14	3.24	2.30	6.60	4.23	2.70	
食盐/%	2.00	1.54	1.50	1.00	3.00	2.00	2.00	1.50
消化能/（兆焦/千克）	16.4	17.16	18.04	17.75	24.39	9.57	9.16	8.96
粗脂肪/%	41.38	52.26	47.76	30.44	46.95	23.18	18.89	17.79
粗纤维/%	447.94	474.48	445.48	434.32	512.56	117.64	124.24	164.08

注：配方6、7、8适用于山羊。

3. 羔羊的全混合饲料配方

（1）羔羊的代乳品配方：见表4-43。

表4-43　羔羊的代乳品配方

	配方1	配方2	配方3	配方4	配方5	配方6	配方7	配方8
组成/%								
玉米	20			11	10	5		
黄面粉					15	5	6.85	13.5
脱脂奶粉	30	7	8					70
全脂奶粉		30	25	47	27	40	39.4	
乳清粉		20	20	5	5	5	11.9	
大豆	30	30	40				33.1（脱皮）	
大豆粕				24.5	27	26	7.5	
小麦麸	10.5				3	3		
油脂	5	6	5	10	9	12		15
酵母	2	5						
磷酸氢钙		0.5	0.5	0.5	1	1		
石粉	1				1	1		
食盐	0.5	0.5	0.5	1	1	1	0.25	0.5
预混料	1	1	1	1	1	1	1	1
合计	100	100	100	100	100	100	100	100
营养水平								
干物质/%	61.39	57.06	60.22	37.96	56.30	42.40	63.88	57.39
粗蛋白/%	25.08	23.40	23.49	23.99	21.86	23.36	27.28	25.10
钙/%	0.83	0.96	0.91	1.39	1.20	1.40	0.59	0.93
磷/%	0.63	0.72	0.68	0.61	0.67	0.70	0.69	0.77
食盐/%	0.40	0.49	0.49	0.98	0.96	0.98	0.35	0.40
消化能/（兆焦/千克）	15.14	18.08	17.70	16.26	12.17	12.37	18.9	15.09
粗脂肪/%	2.69	1.46	1.79	1.40	2.09	1.70	1.09	0.40
粗纤维/%	11.67	11.21	11.95	10.86	10.22	12.89	19.97	16.0

（2）羔羊补饲饲料配方：羔羊补饲饲料配方见表4-44，羔羊育肥全混合饲料配方见表4-45、表4-46。

表4-44　羔羊补饲饲料配方

	配方1	配方2	配方3	配方4
组成/%				
玉米	48	48	40	38
混合牧草	15	15		35
玉米秸			18	
菜籽粕	12			11
棉籽粕	8		11	
干甜菜渣	8	8	8	8
小麦麸	5	4	11	4
玉米DDGS		20	7	
石粉	1.5	1.5	1	0.5
磷酸氢钙	0.5	1	1.5	1.5
食盐	1	1	0.5	1
预混料	1	1	1	1
尿素		0.5	1	
合计	100	100	100	100
营养水平				
干物质/%	87.73	88.21	87.89	87 71
粗蛋白/%	14.86	14.12	12.34	13.84
钙/%	0.82	0.89	0.76	0.99
磷/%	0.47	0.49	0.56	0.56
食盐/%	0.98	0.98	0.49	0.98
消化能/（兆焦/千克）	12.38	12.78	11.24	11.61
粗纤维/%	9.64	8.75	10.44	13.54
粗脂肪/%	2.90	5.38	2.41	2.96

表4-45　羔羊育肥全混合饲料配方（一）

	配方1	配方2	配方3	配方4	配方5	配方6	配方7	配方8
组成/%								
玉米	44	44	44	44	32.3	48	25.5	31.5
小麦	4	4						
苜蓿草粉	15	15	15	15			18	15
玉米秸	15	15	15	15			35	30
米糠					27.7			
麸皮						10	5	8
菜籽粕		5.8		5.7	6.7	5	5	12
棉籽粕	8	8	8	8	6.7	5	8	
豆粕	7		7.5		21.6	27.3		
玉米蛋白粉	4	6	4.2	6				
甜菜渣			4	4				
石粉	1	0.7	0.6	0.6	1.0	1.0	0.5	0.5
磷酸氢钙	0.5		0.2	0.2	2.3	2	1.5	1.5
食盐	0.5	0.5	0.5	0.5	0.7	0.7	0.5	0.5
预混料	1	1	1	1	1	1	1	1
合计	100	100	100	100	100	100	100	100
营养水平								
干物质/%	89.14	88.94	85.98	85.95			88.19	87.97
粗蛋白/%	17.19	17.45	17.02	16.90	16.6	16.5	13.33	12.98
钙/%	0.73	0.53	0.52	0.58	0.7	0.7	0.87	0.86
磷/%	0.44	0.38	0.38	0.30	0.35	0.35	0.54	0.57
食盐/%	0.52	0.52	0.51	0.51	0.5	0.5	0.49	0.49
消化能/（兆焦/千克）	12.14	12.57	11.98	11.99	12.4	12.4	10.56	10.90
粗脂肪/%	9.14	9.48	8.12	9.39	15.4	15.7	15.27	13.94
粗纤维/%	2.52	2.93	2.48	2.85			2.02	2.27

注：配方1~4适用于陶塞特和藏羊杂交的羔羊；配方5、6分别适用于冬季和春季的湘东黑山羊肥育羔羊。

表4-46　羔羊育肥全混合饲料配方（二）

组成/%	配方9	配方10	配方11	配方12	配方13	配方14	配方15	配方16
玉米	31.5	31	70	56	46	46	51	50
苜蓿草粉	15			20	30		25	
玉米秸	30	35				28		28
胡麻籽饼			25.5					
花生粕								18
棉籽粕							20	
豆粕				20	20	22		
玉米DDGS	20	30						
石粉	0.5	1	1.5	1	1	1	1	1
磷酸氢钙	1.5	1.5	1	1	1	1	1	1
食盐	0.5	0.5	1	1	1	1	1	1
预混料	1	1	1	1	1	1	1	1
合计	100	100	100	100	100	100	100	100

4. 育成羊全混合饲料配方　见表4-47、表4-48。

表4-47　育成羊全混合饲料配方（一）

组成/%	山羊				绵羊			
	配方1	配方2	配方3	配方4	配方1	配方2	配方3	配方4
玉米	45.5	41.5	48	45	36	50	25	37
小麦麸					8	16	10	

续表

组成/%	山羊				绵羊			
	配方1	配方2	配方3	配方4	配方1	配方2	配方3	配方4
大豆粕							8	4
玉米秸							40	20
混合夏牧草		15						
苜蓿草粉	30	15	30	20				30
米糠				12				
干啤酒糟						30		2
胡麻籽饼			18	18				
向日葵粕	21	25					6.5	
棉籽壳					40		0	
菜籽粕					12		7	5
尿素			1	1				
石粉	0.5	0.5		1	1	1.5	1	
磷酸氢钙	1	1	1	1	1	1	1	0.5
食盐	1	1	1	1	1	0.5	0.5	0.5
预混料	1	1	1	1	1	1	1	1
合计	100	100	100	100	100	100	100	100

表4-48　育成羊全混合饲料配方（二）

组成/%	山羊				绵羊			
	配方5	配方6	配方7	配方8	配方5	配方6	配方7	配方8
精料	60	55	60	58	28.6	20.3	47	40
羊草	40	15		15				
棉籽壳					52.3	58.4		
玉米秸			20	12				36
野干草		10	20				53	18
苜蓿草粉		20		15	19.1	21.3		6
合计	100	100	100	100	100	100	100	100

注：绵羊栏内配方5～7适用于中国美利奴羊，配方8适用于杂交育成羊。

5. 不同类型羊全混合饲料配方

（1）毛用羊全混合饲料配方：见表4-49。

表4-49　毛用羊全混合饲料配方

组成/%	断奶羔羊		育成羊		空怀		哺乳
	配方1	配方2	配方3	配方4	配方5	配方6	配方7
玉米	22	38.5	40	20	38	20	33
青贮玉米							40
大豆粕		8	17	4	8	8	
苜蓿草粉	15						25
玉米秸	55			60		66.5	
羊草		50	40		50		
麸皮	1.5			7			
亚麻籽粕				6		2	

组成/%	断奶羔羊		育成羊		空怀		哺乳
	配方 1	配方 2	配方 3	配方 4	配方 5	配方 6	配方 7
棉籽粕	2.5						
尿素	1	1			1	1	
石粉	0.5	0.5	0.5	0.5	0.5	0.5	
磷酸氢钙	1	0.5	1	1	1	0.5	0.5
食盐	0.5	0.5	0.5	0.5	0.5	0.5	0.5
预混料	1	1	1	1	1	1	1
合计	100	100	100	100	100	100	100

（2）绒山羊全混合饲料配方：见表 4-50。

表 4-50　绒山羊全混合饲料配方

组成/%	配方 1	配方 2	配方 3	配方 4	配方 5
玉米	22	20	19	8.7	10
大豆粕	6	4	3	2	3
小麦麸	6	2	3	12	6.4
向日葵粕	4				
羊草		70	70	75	71
玉米蛋白粉					7
玉米秸	58				
胡麻籽饼			1		
干啤酒糟		2			
尿素			1		0.15
石粉	1		0.5	0.2	0.1

组成/%	配方 1	配方 2	配方 3	配方 4	配方 5
磷酸氢钙	1.5	0.5	1	0.1	0.35
食盐	0.5	0.5	0.5	1	1
预混料	1	1	1	1	1
合计	100	100	100	100	100

三、饲料的加工调制

(一) 精饲料的加工调制

籽实类饲料有较硬的种皮、颖壳，含有非淀粉多糖，豆类饼粕中含有抗营养因子，阻碍了饲料中养分的消化利用，因此，需采取适当的加工调制措施，以提高对现有饲料资源的利用率。

1. 物理加工

（1）粉碎：粉碎是籽实饲料使用最多的一种加工调制方法，籽实及大颗粒的饼类等在饲用前都应经过粉碎。粉碎后的饲料表面积增大，进入瘤胃后能够与消化液充分接触，使饲料充分浸润，尤其对小而硬的籽实，可提高动物对饲料的利用率。

饲料磨碎的程度根据饲料的性质、动物种类、年龄、饲喂方式、加工费用等因素来确定。养羊生产中饲料粉碎粒度不能太细，粉碎过细的饲料，羊来不及咀嚼即行吞咽，容易引起消化障碍，特别是小麦粉类等含非淀粉较多的饲料，极易糊口，并在消化道中形成不利消化的很黏的面团状物，羊饲料粉碎粒度应在 2 毫米左右。饲料粉碎后，含脂量高的玉米、燕麦等不易长期保存，因此一次粉碎不宜过多。

（2）压扁：将玉米、大麦、高粱等去皮并加水，经 120 ℃左右的蒸汽软化，压为片状后干燥冷却而成。此加工过程改变了精料中的营养物质结构，如淀粉糊化、纤维素松软化，可有效提高饲料消化率。

（3）制粒：将饲料粉碎后，经蒸汽加压处理、颗粒机压制成大小、粒度和硬度不同的颗粒。育肥羔羊尤为喜食。制粒后可增加动物采食量，减少浪费，增加了饲料密度，降低了灰尘，并且破坏了部分有毒有害物质。

（4）浸泡与湿润：浸泡多用于坚硬的籽实或油饼的软化，或用来溶去饲料原料中的有毒有害物质。豆类、油饼类、谷类籽实等经水浸泡后，因吸收水分而膨胀，所含有毒物质减少，异味减轻，适口性提高，也容易咀嚼，有利于动物的消化。浸泡时的用水量随浸泡饲料的目的不同而异。如以泡软为目的，通常料水比为 1:（1~1.5），即手握饲料指缝浸出水滴为准；若为溶去有毒物质，料水比为 1:2 左右。饲喂前应滤去未被饲料吸收的水分。浸泡时间长短也应随环境温度及饲料种类不同而异。湿润一般多用于粉尘较多的饲料，用湿拌料喂羔羊等效果较好。

（5）蒸煮与焙炒：蒸煮或高压蒸煮可进一步提高饲料的适口性，对某些有毒、有害成分及豆类籽实，采用蒸煮处理可破坏其有毒成分。例如大豆有豆腥味，适口性不好，经适当热处理，可破坏其中抗胰蛋白酶，提高蛋白质的消化率、适口性和营养价值。对蛋白质含量高的饲料，加热时间不宜过长，一般为 130 ℃不超过 20 分钟，否则会因温度过高、时间过长引起蛋白质变性、消化性降低、维生素被破坏等不良反应。禾本科籽实蒸煮后反而会降低消化率。

焙炒加工原理与蒸煮基本相似。对谷类籽实等饲料，经130~150 ℃短时间的高温焙炒，可使部分淀粉转化为糊精而产生香味，提高适口性。焙炒时通过高温破坏了某些有毒物质和部分细菌的活性，但也破坏了某些蛋白质和维生素。

（6）膨化：目前饲料膨化技术或热喷技术在饲料加工调制中

应用比较广泛。将搅拌、剪切和调制等加工环节结合成完整的工序，恰当地选择并控制膨化条件，可获得较高营养价值的产品。

当前主要用干化法膨化谷物和全脂大豆，用湿化法膨化颗粒饲料。膨化饲料的优点主要有：使淀粉颗粒膨胀并糊精化，提高了饲料的消化率；热处理使蛋白酶抑制因子和其他抗营养因子失活；膨化过程中摩擦作用使细胞壁破碎并释放出油，增加食糜的表面积，提高了消化率；破坏了饲料中的粗纤维。

（7）辐射处理：利用辐射技术可消除饲料中的有害微生物，改善饲料品质，扩大饲料资源。辐射技术适用于消灭动物性饲料中的病原菌和霉菌。在辐射饲料时，采用能杀灭沙门氏菌和大肠杆菌等病原菌的剂量即可，且饲料为粉状时效果最好。

（8）微波热处理：微波热处理是近年来发展起来的一项饲料加工调制技术。将谷物经过波长 4～6 微米的红外线辐射（干热处理），使禾谷类籽实中的淀粉颗粒膨胀，易被酶分解，提高了消化率。经此法处理，玉米、大麦的可消化能值可分别提高 4.5% 和 6.5%；大豆经 90 秒处理，可使甲硫氨酸、胱氨酸的分解酶失活，从而提高蛋白质的利用率。使用微波处理后的饲料，可提高动物的消化率、生长速度和饲料转化率。

2. 生物调制

（1）发芽：发芽是指通过酶的作用，将淀粉转化为麦芽糖，并产生胡萝卜素及其他维生素的过程。对于种羊、泌乳羊来说，在冬春季节缺乏青饲料的情况下，为了使日粮具有青饲料的特性，可适当使用发芽饲料。常用的是大麦发芽饲料，发芽后部分蛋白质分解为氨化物，而糖分、维生素 A 原、B 族维生素与各种酶增加，纤维素也增加，无氮浸出物减少。

大麦发芽饲料的制作方法：先将大麦用清水浸泡 1～2 天，然后撒在能滤水的容器内（最好是平底），厚度不超过 5 厘米，置于 20～25 ℃的较暗环境中，每天用水冲洗 1～2 次，经过 3～5

天开始发芽，当长到 3 厘米左右时即可饲喂，此为短芽。当继续长到 6 厘米左右时，麦芽变成绿色，此为长芽，主要用以提供维生素。

（2）糖化：将富含淀粉的谷物饲料粉碎后，经饲料本身或麦芽中淀粉酶的作用将饲料中一部分淀粉转变为麦芽糖。蛋白质含量高的豆类籽实和饼类等则不易糖化。谷类籽实糖化后糖的含量可提高 8%～12%，同时产生少量的乳酸，具有酸、香、甜的味道，可显著改善适口性，提高消化率。饲料糖化可提高动物的食欲，提高采食量，使动物体内脂肪增加。

糖化饲料的制作方法：经粉碎的谷类籽实与 80～85 ℃的水以 1:（2～2.5）的比例分次装入容器，充分搅拌成糊状，再在表面撒一层厚 5 厘米左右的干料，盖上容器盖，温度保持在 60～65 ℃，经 2～4 小时即可完成。可向内加入料重 2%的麦芽曲（大麦经 3～4 天发芽脱水干制粉碎而成），以增加糖化酶，加速糖化过程。糖化饲料存放时间不宜超过 10 小时，否则易发生酸败变质。

（3）发酵：发酵是目前使用较多的一种饲料加工方法，利用酵母菌等菌种的作用，增加饲料中 B 族维生素、各种酶及酸、醇等芳香性物质，从而提高饲料的适口性和营养价值。发酵的关键是满足酵母菌等菌种活动需要的环境条件，同时供给充足的富含碳水化合物的原料，以满足其活动需要，提高动物的生产性能和繁殖性能。

籽实类饲料发酵方法：每 100 千克粉碎的籽实加酵母 0.5～1.0 千克，用 150～200 千克的温水（30～40 ℃）稀释酵母，一面搅拌，一面倒入饲料，并搅拌均匀，以后每隔 30 分钟搅拌一次，经 6～9 小时发酵即可完成。发酵容器内饲料厚度应在 30 厘米左右，温度保持在 20～27 ℃，并且通气良好。

利用发酵法可提高一些植物性蛋白质饲料的利用率，如将豆饼（粕）、棉籽饼、菜籽饼、血粉、麸皮等按一定比例混合，加上酵母菌、纤维分解菌、白地霉等微生物菌种，在一定温度、湿度、时间条件下完成发酵。

（二）粗饲料的加工调制

1. 物理处理　物理处理方法比较简单，能提高饲料的适口性，增加羊的采食量，但不能提高粗饲料的营养价值和消化率。常见的物理处理方法有以下几种。

（1）切碎：切碎是调制秸秆等粗饲料最简便、重要的方法。秸秆切短后可增加饲料与瘤胃微生物的接触面积，便于降解发酵。秸秆切短后可以减少咀嚼饲料时能量的消耗，减少饲料的浪费，便于与其他饲料配合利用，增加采食量。秸秆切短的程度视动物种类与年龄而异，饲喂成年羊可切成 1.5~2.5 厘米长，饲喂老弱幼畜时可切得稍短些。

（2）粉碎：在羊日粮中使用适当比例粉碎的秸秆，可以提高饲料采食量，以补充粗料中能量的不足。但粉碎过细，动物咀嚼不全，唾液不能充分混合，易引起羊反刍停滞，饲料通过瘤胃的速度加快，粗料在瘤胃停留时间缩短，发酵不全，导致秸秆的消化利用率降低。秸秆经粉碎后，羊采食量可增加 20%~30%，吃净率提高，消化吸收的总养分增加，日增重可提高 20% 左右，秸秆的浪费大大减少。

（3）揉搓：秸秆揉搓主要是使用秸秆揉搓机将秸秆揉搓成短条状。秸秆揉搓机的工作原理：将物料送进喂入槽，在锤片和空气流的作用下，秸秆进入揉搓室，受到锤片、定刀、斜齿板及抛送叶片的综合作用，把物料切短，揉搓成丝状，经出料口送出机外。这种丝状秸秆柔软，适口性好，家畜的吃净率高，减少了秸秆的浪费。该方法代替切碎法，为农区秸秆饲料化提供了有利条件。

（4）制成颗粒或压块：将粗饲料粉碎后直接制成颗粒饲料，或与其他较好的草粉、精饲料混合成平衡饲粮制成颗粒饲料，有利于机械化饲养或自动食槽的使用，并可减少浪费，利于咀嚼，改善适口性。秸秆压粒或压块后密度可增加 10 倍以上，储存和运输更方便，也使储存和运输过程中的损失减少 20%~30%，家畜采食量增加 30%~50%。王家启（1989）报道，压粒的玉米秸秆体外消化率可高达 64%，压粒的大麦秸秆的体外消化率达 70%，压粒的过程中可通过碱处理、高温高压使半纤维素溶解，从而提高消化率。

（5）浸泡：把切碎的秸秆，加水浸湿拌上精料饲喂，是常用的秸秆调制法。以盐水浸泡秸秆喂羊，用 0.3% 左右的食盐水浸泡秸秆 24 小时，用糠麸或精料调味，再加入 10%~20% 优质豆科或禾本科干草粉、酒糟、甜菜渣等效果会更好。

（6）秸秆碾青：将麦秸等秸秆铺在打谷场上，厚度约 30 厘米，再铺上 30 厘米左右的青苜蓿，苜蓿上再铺上一层同样厚的麦秸，用石磙碾压，苜蓿压扁流出的汁液被麦秸吸收，经压扁的苜蓿在晴天中只需半天到一天的暴晒就可干透。这种方法的好处是可较快制成干草，茎叶干燥速度均匀，叶片脱离损失少，同时还提高了麦秸的适口性和营养价值。

（7）蒸煮和膨化：蒸煮和膨化处理的效果因处理条件不同而异。在压力为 $2.06×10^6$ 帕的条件下处理稻草 1.5 分钟可获得最佳的体外消化率，更高强度的处理会引起饲料干物质损失过多和消化率的下降。在 $4.9×10^5$~$8.82×10^5$ 帕的压力下处理 30~60 分钟，秸秆中的细胞壁成分含量下降，而消化率得到显著提高。

秸秆在热喷处理过程中，由于热蒸汽的作用，使植物细胞壁的木质素融化，纤维素的结晶度降低，同时发生高分子物质的分解反应，再经高压突放的机械效应，饲料颗粒骤然变小，密度变大，总表面积增加，从而为提高采食量、消化率、利用率创造有利条件。

（8）蒸汽处理：通过高温水蒸气对秸秆化学键的水解作用，

可达到提高消化率的目的。用蒸汽处理玉米秸，可提高能量利用率和有机物消化率，绵羊干物质进食量也得到改善。麦秸经蒸汽处理后，体外降解率达到中等牧草水平。但蒸汽处理耗能太多，在生产中难以推广应用。

（9）辐射处理：小麦秸、稻草、燕麦秸和大麦秸等植物秸秆在一定的射线照射下，能提高秸秆的体外或体内消化率，细胞壁的纤维素成分发生改变。用于辐射处理的射线有 γ 射线、X 射线。辐射处理对家畜健康有无影响尚需验证。

2. 化学处理　化学处理是指使用化学制剂作用于作物秸秆，使秸秆内部结构发生改变。如切断了秸秆细胞壁中的半纤维素与木质素之间的连接键，增加了木质素部分溶解，使纤维素变得易消化；使秸秆细胞壁膨胀，增加了纤维之间的孔隙度，表面积和吸水能力增加，有利于消化酶的接触和消化；还可以减少秸秆细胞壁中酚、醛、酸类物质，有利于瘤胃微生物的分解，从而达到提高消化率和秸秆营养价值的目的。

用于秸秆处理的化学制剂很多，碱性制剂有氢氧化钠、氢氧化钙、氢氧化钾、氨、尿素等，酸性制剂有甲酸、乙酸、丙酸、丁酸、硫酸等，盐类制剂有碳酸氢铵、碳酸氢钠等，氧化还原剂有氯气及次氯酸盐、过氧化氢（双氧水）、二氧化硫等。在生产中被广泛应用的是氢氧化钠处理和氨化处理。

按照使用化学试剂的不同，粗饲料的化学处理可分为碱化处理、氨化处理、碱化氨化复合处理、酸化处理、酸碱处理和氧化剂处理六大类。

（1）碱化处理：碱类物质能使饲料纤维物质内部的氢键变弱，使纤维素分子膨胀，还能皂化糖醛酸和乙酸的酯键，中和游离的糖醛酸，使细胞壁成分中的纤维素与木质素间的联系变弱，可溶解半纤维素，有利于反刍动物前胃中的微生物作用。碱处理的主要目的是提高干物质的消化率。用碱性试剂处理秸秆，不仅使木质素溶解或使其与纤维素分离，还可中和秸秆潜在的酸性，通过这些途径来为纤维素分解菌的生命活动创造良好的条件。碱化处理主要包括碱的湿法处理、碱的干法处理及其他处理法。

（2）氨化处理：秸秆中加入一定比例的氨水、液氨、尿素等，促使木质素与纤维素、半纤维素分离，使纤维素及半纤维素部分分解，细胞膨胀，结构疏松，破坏木质素与纤维素之间的联系，从而提高秸秆的消化率、营养价值和适口性。秸秆消化率可提高 20%～30%，粗蛋白质含量提高 1.5 倍，能够直接饲喂羊，是经济简便实用的秸秆处理方法之一。氨化处理方法应本着因地制宜、就地取材、经济实用的原则来选用，常见的氨化处理方法有堆垛氨化法、窖贮氨化法、塑料袋氨化法、缸贮氨化法和抹泥氨化法等。

氨化处理的原理是氨化作用和中和作用。氨遇到秸秆时，与秸秆中的有机物质发生化学反应，形成铵盐（醋酸铵），可提供反刍家畜蛋白质需要量的 25%～50%，是反刍家畜瘤胃微生物的氮素营养源；氨与秸秆中有机酸结合，消除了醋酸根，中和了秸秆中潜在的酸度。中和作用使瘤胃微生物更活跃，可有效提高消化率，同时铵盐改善了秸秆的适口性，从而提高了家畜的采食量和消化率。下面介绍两种常用的氨化处理方法。

1）堆垛氨化法。选择新鲜、干净、干燥、色鲜的秸秆。储藏过的秸秆也可氨化，但应保证干净、干燥。要将切碎的秸秆含水量调整为 20%，再混匀打垛。氨化剂最好使用氨水或无水氨。塑料薄膜选用无毒、抗老化和气密性好的聚乙烯塑料薄膜，厚度不小于 0.2 毫米，严禁使用聚氯乙烯薄膜。氨水或无水氨需用注氨管注入秸秆垛中。用尿素溶液进行氨化作业时，还应配备水桶、喷壶及秤等设备。

处理步骤：检查塑料薄膜是否有破损，漏气者应及时修补好。对堆垛场地应进行清理、整平，中部微凹陷，以储集氨水。

将塑料薄膜就地铺好，将长度方向折叠 3/5，置于上风头，余下的 2/5 铺在场地地面上。将秸秆堆垛在用塑料薄膜铺底的场地上，薄膜四周各留出 45～75 厘米的边，用于上下折叠压封，用氨水处理时可一次垛到顶，顶部呈凸形或脊形，以防积水。用无水氨处理时，在堆垛过程中将塑料注氨管放于垛中，以备注氨。如插注氨钢管，可先放置一根木棒，待抽出后插入钢管，用尿素溶液处理。采用注氨管氨化时，垛好秸秆，上盖薄膜，除上风头一面，另外三面用土压严，把里面的空气压挤出去，氨罐车可停在秸秆垛的上风头，将注氨管从未封的一面插入麦秸垛内。可同时用三根注氨管插注。盖上塑料薄膜，打开开关注氨。注氨可在半小时内完毕，注氨量由氨罐车上的流量计显示。也有压力注氨，氨的流速可以调节。注氨完毕即抽出注氨管，将注氨面上塑料薄膜折叠后用湿土压严或用泥抹封严。氨水的化学反应比较缓慢，环境温度越低，氨贮时间越长。温度 30 ℃以上需要 5～7 天，20～30 ℃需要 7～14 天，10～20 ℃需要 14～28 天，0～10 ℃需要 28～56 天；使用尿素处理，一般需比用氨水延长 5～7 天，而且夏季应在荫蔽条件下进行，防止阳光暴晒直射，避免由于高温限制脲酶活性，不利于尿素的分解。在整个氨化过程中，应加强全程管理，防范人畜和冰雹雨雪的破坏。要注意密封，防止漏入雨水。氨化好的秸秆开垛时有强烈的氨味，放净余氨，氨化秸秆有糊香或酸香味。放氨方法是在自然条件下日晒风吹。开垛放氨要选择晴天，气温越高越好。注意勿使氨化秸秆受到雨水浇淋。

2）窖贮氨化法。窖贮氨化法是我国目前推广应用较普遍的一种秸秆氨化方法。窖的大小可根据需要确定，通常每立方米储存切碎的风干秸秆 150 千克左右。窖的形式多种多样，可建在地上、地下或半地上，以长方形为宜。可在窖的中间砌一隔墙，建成双联窖，双联窖可轮换处理秸秆。用水泥制成的窖进行秸秆氨化，可以节省塑料薄膜的用量，降低氨化成本，容易测定秸秆的重量，便于确定氨源（如尿素）的用量。

处理方法：先将秸秆切成 2 厘米左右，粗硬的秸秆如玉米切得更短些，较柔软的可稍长些。每 100 千克秸秆配用 5 千克尿素（或碳酸氢铵），40～60 升水。把尿素（或碳酸氢铵）溶于水中，搅拌至完全溶化后，分数次喷洒在秸秆上拌匀，入窖前后喷洒均可。如果在入窖前将秸秆摊开喷洒则更为均匀。边装窖边踩实，装满后用塑料薄膜覆盖密封，再用细土压好。氨化所需时间可参考堆垛氨化法。

氨化饲料喂羊要预防氨中毒。①中毒原因：一是氨化饲料开封后未经散氨而直接饲喂引起羊中毒；二是未断奶的羊羔因瘤胃中微生物区系尚未形成，进食氨化饲料过多引起中毒，以碳酸氢铵、尿素作氨源时，氨化时间过短，碳酸氢铵、尿素分解不完全而发生中毒；三是阴雨天气，饲料中余氨散发不彻底喂羊而引起中毒。②中毒症状：羊轻微的氨中毒表现为精神呆滞和沉郁，反刍减少或停止，食欲减退或废绝，唾液分泌过多，步态不稳。严重者表现为不安、呻吟、呼吸急促、肌肉震颤、动作失调、腹胀、口吐白沫、出汗不止，倒地直至窒息而死。慢性中毒时，羊还表现出肺水肿、肾炎或尿道炎及代谢紊乱，其特征是尿频而疼痛，从尿道排出脓性黏液。③治疗方法：发现有中毒现象时，要立即停喂氨化饲料，检查分析中毒原因，及时加以防治。消化道受害时，可灌服食醋 1.5 千克，同时灌服 1 升清水或白糖水，并服 1.5 千克生鸡蛋清或 2.5 千克牛奶；对尿素中毒者，可用硫代硫酸钠静脉注射，同时应用高渗葡萄糖、葡萄糖酸钙、水合氯醛等对症治疗，以提高疗效；对慢性中毒者，除选用上述药物外，有炎症的可选用青霉素、链霉素，恢复期可服健胃剂，以利瘤胃微生物生态区系的恢复。④预防措施：根据当地气候条件，掌握好氨化成熟的时间；采用尿素作氨源时，要使其完全溶解。掌握好散氨的时间,一般晴天在 10 小时以上,阴雨天在 24 小时以上,以饲料稍有氨味但不刺鼻和眼为度。晾晒的时间过长,会影响氨化效果。氨化窖要建在饲养舍外干燥处,或与饲养舍邻近的房间内。未断奶的羊羔,严禁饲喂氨化饲料。

(3)碱化氨化复合处理:氨化处理的秸秆消化率提高不如氢氧化钠处理的秸秆明显,而且在氨化处理结束后,在开包干燥过程中,所用氮源约有 2/3 会挥发损失掉,且氨氮的损失比例随用量的增加而上升。将碱化处理和氨化处理联合起来能够取得较好的效果。

(4)酸化处理:用甲酸、乙酸、丙酸、丁酸、稀盐酸、稀硫酸及稀磷酸等处理秸秆。利用 1% 的稀硫酸和 1% 的稀盐酸喷洒秸秆,消化率可提高到 65%;用氯化氢蒸汽处理稻草和麦秸,保持浸润 5 小时,然后风干,室温 30 ℃保持 70 天,消化率可以提高 1 倍;用稀磷酸处理秸秆,可有效提高秸秆的含磷量,满足家畜对磷的需要。酸处理秸秆的原理与碱化处理基本相同,但处理效果不如碱化处理。

(5)酸碱处理:把切碎的秸秆放在木桶或水泥池内,用 3% 氢氧化钠溶液浸透,转入水泥窖或壕内压实,过 12～24 小时取出,仍放回木桶或水泥池,再用 3% 的盐酸溶液浸泡,随后堆放在滤架上,滤去溶液即可饲喂。经此法处理的秸秆干物质消化率可由 40% 提高到 60%～70%,秸秆利用率可由 30% 提高到 90%以上。

(6)氧化剂处理:主要是指用二氧化硫（SO_2）、臭氧（O_3）及碱性过氧化氢（AHP）处理秸秆的方法。氧化剂能破坏木质素分子间的共价键,溶解部分半纤维素和木质素,使纤维基质中产生较大间隙,从而增加纤维素酶和细胞壁成分的接触面积,提高饲料的消化率。

3. 微生物处理 农作物秸秆经机械加工和微生物制剂发酵处

理，并将其储存在一定设施内的技术，称为农作物秸秆微生物发酵储存技术（微贮技术）。

（1）原理：菌剂经溶解复活后，加入食盐水，喷洒到作物秸秆上压实，在厌氧条件下繁殖发酵而成为高效活性微生物复合菌剂。秸秆在微贮过程中，由于秸秆内发酵活干菌的厌氧发酵作用，大量的木质纤维素类物质被降解为易发酵糖类，糖类又经有机酸发酵菌转化为乳酸和挥发性脂肪酸，使贮料 pH 值降到 4.5 ~ 5.0，抑制丁酸菌、腐败菌等有害微生物的繁殖。

（2）特点：一是消化率高。微贮过程中由于高效复合活干菌的作用，木质纤维素类物质大幅度降解，并转化为乳酸和挥发性脂肪酸，加之酶和其他生物活性物质的作用，提高了羊瘤胃微生物区系的纤维素酶和解脂酶活性，干物质体内消化率提高了 24.1%，粗纤维体内消化率提高了 43.8%，有机物体内消化率提高了 29.4%。二是适口性好，采食量高。秸秆经微贮处理，可使粗硬秸秆变软，并具有酸香味，刺激了羊的食欲，从而提高了采食量。三是秸秆利用率高。稻麦秸秆、青黄玉米秸秆、高粱秆、土豆秧、甘薯秧、甜菜叶、豆秸、无毒野草及青绿水生植物等，都可用秸秆发酵活干菌制成优质微贮饲料。四是制作季节长。秸秆发酵活干菌处理秸秆的温度为 10 ~ 40 ℃，在我国北方地区，除冬季外，春、夏、秋三季都可制作，南方大部分地区全年都可制作。五是保存期长。秸秆发酵活干菌在秸秆中生长迅速，成酸作用强。由于挥发性脂肪酸中丙酸与醋酸未离解分子的强力抑菌杀菌作用，微贮饲料不易发霉腐败，因而能长期保存。另外，秸秆微贮饲料取用方便，随需随取随喂，无须晾晒。六是无毒无害，制作简便。秸秆微贮饲料无毒无害，安全可靠，其制作技术简便，与传统青贮相似，易学易懂，容易普及推广。

（3）处理方法：见表 4-51。

表4-51 处理方法

方法	操作
水泥窖微贮法	窖壁、窖底采用水泥砌筑,农作物秸秆铡切后入窖,按比例喷洒菌液,分层压实,窖口用塑料薄膜盖好,然后覆土密封。这种方法的优点是,一次性投入,经久耐用,窖内不易透气进水,密封性好,适合大中型窖和每年都连续制作微贮的窖
土窖微贮法	在窖的底部和四周铺上塑料薄膜,将秸秆铡切入窖,分层喷洒菌液压实,窖口盖上塑料薄膜后覆土密封。这种方法的优点是成本较低,简便易行
塑料袋窖内微贮法	根据塑料袋的大小先挖一个圆形的窖,然后把塑料袋放入窖内,再放入秸秆,分层喷洒菌液压实,将塑料袋口扎紧,覆土密封。这种方法适合处理100~200千克的秸秆
压捆窖内微贮法	秸秆经压捆机打成方捆,喷洒菌液后入窖,填充缝隙,封窖发酵,出窖时揉碎饲喂。这种方法的优点是开窖取料方便

(4) 微贮的工艺流程:

第一步:菌种的复活。在处理前,先将菌剂倒入200毫升水中充分溶解,然后在常温下放置1~2小时,使菌种复活,复活好的菌剂一定要当天用完,不可隔夜使用。

第二步:菌液的配制。将复活好的菌剂倒入充分溶解的0.8%~1.0%食盐水中拌匀。菌种、食盐和水用量为:处理1吨稻麦秸秆,用秸秆发酵活干菌3克、食盐9~12克、自来水1200~1400克;处理1吨黄玉米秸秆,用秸秆发酵活干菌3克、食盐6~8克、自来水800~1000克。

第三步:玉米秸秆的切短。用于微贮的秸秆一定要切短,一般羊用为3~5厘米。

第四步:秸秆入窖。在窖底铺放20~30厘米厚的秸秆,均匀喷洒菌液水,压实后再铺放20~30厘米厚秸秆,喷洒菌液压实，直到高于窖口40厘米再封口。如果窖内当天未装满，可盖上塑料薄膜，第二天装窖时揭开薄膜继续装填。

第五步：封窖。将秸秆分层压实直到高出窖口30~40厘米，充分压实后在最上面一层均匀撒上食盐粉，再压实后盖上塑料薄膜。食盐的用量为每平方米250克，其目的是确保微贮饲料上部不发生糜烂变质。盖上塑料薄膜后，在上面撒20~30厘米厚稻草或麦秸秆，覆土15~20厘米，密封。

（5）使用注意事项：秸秆微贮饲料，一般需在窖内储存12~30天，才能取用。取料时要从一角开始，从上到下逐段取用，每次取出量应以当天喂完为宜，每次取用后必须立即将口封严。微贮饲料由于在制作时加入了食盐，这部分食盐应在饲喂牲畜时从日粮中扣除。

（三）青贮

青贮是将青饲料放在密闭的青贮容器内经乳酸发酵、采用化学制剂调制或降低水分后储存的过程。青绿多汁饲料经青贮后，可保存大部分养分，特别是蛋白质和维生素，营养物质损失率仅为3%~10%。青贮饲料具有青饲料营养全面、丰富、易消化和适口性强等特点，可在一年四季保证供给，解决了羊冬季安全越冬的问题，消除了季节性营养供给的不平衡；青贮是保存青饲料经济安全的方法，青贮饲料储存时间长、成本低、不怕雨淋，不会发生火灾；青贮可消灭害虫和杂草，将害虫的幼虫杀死，使杂草的种子失去发芽能力；青贮保鲜性好，特别对块茎作物，青贮后不易霉烂变质，饲料经青贮可提高其适口性。

1. 青贮的原理　青贮是利用微生物的乳酸发酵作用，达到长期保存青绿多汁饲料营养特性的目的。其实质是将新鲜植物紧实地堆积在不透气的容器中，通过乳酸菌等微生物的厌氧发酵，使原料中所含的糖分转化成有机酸——主要是乳酸，当酸度降到pH值为3.8~4.0时，会抑制其他微生物的活动，制止原料中养分被微生物分解破坏，从而将原料中养分很好地保存下来。乳酸发酵过程中产生了大量热能，当青贮原料温度达到 50 ℃时，乳酸菌停止活动，发酵结束。青贮饲料是在密闭和微生物活动停止的条件下储存的，因此可以长期保存不变质。

2. 青贮条件

（1）原料：除有毒有害的草类外，可利用全部的多汁饲料，也可利用谷物、蔬菜、瓜类及多汁副产品等，因此，原料来源广、成本低。原料的含水量要求在 60%～67% 最好，若含水量超过 70% 以上，可添加干料来调节。

（2）青贮设施：主要有青贮窖、青贮壕、青贮塔，另外还有塑料青贮（包括塑料袋青贮、草捆青贮、地面青贮等形式）。挖建青贮窖要选择土质坚硬、干燥向阳、地下水位较低、距羊舍较近的平坦地段；不透气、不漏水，密封性好；建造简便、造价低。塑料青贮要求选用 0.8～1.0 毫米的无毒塑料薄膜，可用白色塑料、外白内黑塑料、棕色或蓝色塑料等。青贮窖内适宜温度为 30 ℃。

3. 常规青贮饲料的制作

（1）青贮设备的准备：旧窖（壕、塔）在使用前要清理出杂物，修补并消毒。也可在使用前选择地下水位低、干燥、土质坚硬的地方挖建青贮窖。窖壁要光滑略倾斜，窖口要略大于底部。

（2）原料收割：要求尽量保持原料新鲜和青绿，水分含量在 70%～75% 的情况收割最好。一般专用青贮玉米或兼用玉米多在乳熟期至蜡熟期收割，禾本科牧草在孕穗期至抽穗期，豆科牧草可在现蕾期至开花初期收割，薯秧类要在收薯或霜前 1～2 天收割。收割后应尽快加工青贮。

（3）铡短：铡短有利于踩实、压紧，沉降均匀，养分损失少；汁液渗出原料表面，有利于草料发酵时乳酸菌的繁殖。养羊时铡短的长度：一般禾本科和豆科类牧草及叶菜类为 2～3 厘米，玉米和向日葵等粗茎植物以 0.5~2.0 厘米为宜。

（4）装填和压实：装窖前在窖底铺一层 15~20 厘米厚的麦秸或其他秸秆，窖壁四周可铺一层塑料薄膜，加强密封，防止透水漏气。菜叶类、水生饲料等含水量大的青贮原料，在装填时要加入适量的糠麸以调节含水量。装填青贮原料时，应逐层装填，每层装 15~20 厘米，边装边压实。添加糠麸、谷实等进行混合青贮时，要在压紧前分层混合。小型窖可用人力踩踏，大型长壕可用履带拖拉机等，同时要压紧窖的边缘和四角。这样层层装填、压实，直至高出窖口 50~60 厘米为止。

（5）密封和管理：原料装填完毕，要立即密封和覆盖塑料薄膜，以隔绝空气与原料的接触，并防止雨水进入。窖口中间可高一些，并在原料的上面盖一层 10~20 厘米切短的秸秆或牧草，覆上塑料薄膜后再覆上 30~50 厘米的土，踏踩成馒头形。封埋后要随时注意因青贮饲料下沉引起的盖土裂缝或下降，发现后应立即重新压实埋好。

4. 特殊青贮饲料的制作

（1）低水分青贮：又叫半干青贮，是利用控制水分的方法，造成对微生物的生理干燥，使其处于抑制状态，从而使养分保存下来。

半干青贮原理：青饲料刈割后，经风干原料含水量达到 45%~55% 时，植物细胞的渗透压达 557 万~608 万帕，使腐败细菌、丁酸菌及乳酸菌等处于生理干燥状态，生长繁殖受到限制，在高度厌氧的环境下将原料保存下来。青贮过程中，微生物发酵微弱，蛋白质不被分解，有机酸形成数量少，霉菌等在风干植物体上仍可大量繁殖，在切短压实的厌氧条件下，其活动很快停止，这种半干青贮的方式仍需在高度厌氧条件下进行。半干青贮饲料的特点是具有干草和一般青贮饲料的优点，含水分较少；干物质含量比一般青贮饲料多 1 倍；有果香味，不含丁酸，味微酸或不酸，适口性好；半干青贮饲料营养损失较少。

（2）添加剂青贮：在青贮饲料中加入各种饲料添加剂，可提高青贮成功率及其营养价值，降低饲喂成本，增加效益。根据其作用性质（表4-52），青贮饲料添加剂可分为发酵促进剂、发酵抑制剂、营养性添加剂和防腐添加剂等。其中发酵促进剂可促进乳酸产生，从而调节青贮过程。

表4-52 青贮饲料常用添加剂

种类	特性
发酵促进剂	发酵促进剂是通过添加有机酸、无机酸等，降低青贮饲料的pH值，形成适宜乳酸菌生长的环境，从而抑制其他有害微生物繁殖，促进乳酸发酵，达到保鲜储存的目的。常用的发酵促进剂有富含碳水化合物的原料，例如糖蜜、葡萄糖、蔗糖、甜菜渣、柠檬渣等，另外还有乳酸菌制剂、酶制剂等
发酵抑制剂	目的是减少腐败菌等不利因素的影响，可分为酸类添加剂（有机酸类主要有甲酸、乙酸、乳酸、柠檬酸、山梨酸等；无机酸类主要有硫酸、盐酸、磷酸等）和其他抑制剂两类
营养性添加剂	目的是改善青贮饲料营养价值。常用的有非蛋白氮类添加剂，如尿素、磷酸脲、缩二脲、氨水、硫酸铵、硫酸钠和矿物质等
防腐添加剂	主要有甲醛、焦亚硫酸钠、双醋酸钠和苯甲酸

（3）草捆青贮：是将用捆草机打捆的青刈牧草码垛堆放、压实、用塑料薄膜密封，或将草捆直接放入塑料袋中密封制作青贮饲料的方法。草捆青贮不需要青贮窖，制作时选择地势较高、平坦的地方，铺一层破旧的塑料薄膜，再将一块完整的、稍大于青贮堆积面积的塑料薄膜铺好，然后将草捆紧实地堆码于塑料薄膜上，将垛顶和四周用一块完整的塑料薄膜盖严，四周与堆底铺的塑料薄膜重叠，用泥土压住重合的部分，防止空气进入。塑料薄膜的外面再用草帘等对塑料薄膜无损伤的物品覆盖，用以保护、防冻等。

（4）混合青贮：有些青饲料由于含糖量低或水分含量过高或过低，在一般条件下不适合单独青贮，这时可用多种原料混合青贮，以保证青贮成功并提高青贮饲料的品质。豆科牧草、马铃薯茎叶等含糖量少的原料，可搭配青贮玉米、禾本科牧草等含糖量多的原料；块根、块茎、瓜类、蔬菜副产品等含水量多的原料，可搭配谷糠、草粉等含水量少的原料；质地坚硬的原料，可与质地较软的原料混贮。

5. 品质鉴定

（1）感官鉴定：根据青贮饲料的着色、气味、口味、质地和结构等指标，用感官（捏、看、闻）评定品质好坏，见表4-53。

表4-53 青贮饲料的感官鉴定

品质等级	颜色	气味	酸味	质地、结构
优等	青绿或黄绿色，有光泽，近似原来颜色	近似香水味、酒酸味，给人以舒适感觉	浓	湿润、紧密、叶脉明显，结构完整
中等	黄褐色或暗褐色	有刺鼻醋酸味、香味淡	中等	茎、叶、花保持原状，柔软，水分稍多
低等	黑色、褐色或暗墨绿色	有特殊刺鼻腐臭味或霉味	淡	腐烂、污泥状，黏滑或黏成块，无结构

（2）pH测定：从被测定的青贮饲料中，取出具有代表性的样品，切断，在烧杯中装入半杯，加入蒸馏水或凉开水，浸没青贮饲料，然后用玻璃棒不断搅拌，使水和青贮饲料混合均匀，放置15~20分钟后，将水浸物经滤纸过滤。吸取滤得的浸出液滴到比色试纸卡上，判断近似的pH值，用以评定青贮饲料的品质。优等的呈红、乌红或紫红（pH 1.8~4.1），中等的呈紫、紫蓝或深蓝（pH 4.6~5.2），低等的呈蓝绿、绿或黑（pH 5.4~6.0）。

（3）氨含量的测定：在粗试管中加2毫升盐酸乙醇乙醚混合液（相对密度为1.19的盐酸、96%的乙醇、乙醚按体积1：3：1

的比例混合），取中部有一铁丝的软木塞，铁丝的尖端弯成钩状，钩一块青贮饲料放入试管中，青贮饲料块距离试液 2 厘米，如有氨存在，则生成氯化铵，在青贮饲料周围出现白雾。青贮饲料中有游离氨存在，说明青贮饲料已有腐败发生。

6. 青贮饲料的取喂　饲料青贮 1 个月后，便可开窖取用，但应避开高温和高寒季节，以免二次发酵或冰冻。取用时窖口最好搭棚遮阴，以防日晒雨淋而引起发霉变质。每次取出的数量要依饲喂量而定，随用随取，避免取出过多而变质。圆形青贮窖从上部开始取料，沟形青贮壕从一端开口取料，要一层层地向下取而不要掏洞取料，取料后应随即用草帘或塑料薄膜盖严料面。

第五章 生态养羊羊的管理

【提示】羊群管理好坏直接关系到养羊效益。做好羊的繁殖和饲养管理，获得更多更好的羊产品，降低生产成本，才能取得较好的养殖效益。

第一节 羊的繁殖管理

一、羊的繁殖规律

（一）性成熟

羔羊生长到一定年龄，生殖机能达到比较成熟的阶段，此时生殖器官已经发育完全，并出现第二性征，能产生成熟的繁殖细胞（精子或卵子），而且具有繁殖后代的能力，此时称为性成熟。由于绵、山羊的品种、遗传、营养、气候和个体发育等因素，性成熟的年龄也有较大的差异。一般绵、山羊公羊在 6～10 月龄，母羊在 6～8 月龄，体重达成年体重的 70% 左右时达到性成熟。早熟品种 4～6 月龄性成熟，晚熟品种 8～10 月龄达到性成熟。

公羊性成熟的年龄要比母羊稍大一些。我国的地方绵、山羊品种 4 月龄时就出现性活动，如公羊爬跨、母羊发情等。但由于公、母羊的生殖器官尚未完全发育成熟，过早交配对本身和后代的生长发育都不利。

（二）适宜初配年龄

绵、山羊的一般初配年龄在 12 月龄左右，早熟的品种、饲养条件较好的母羊可以提前配种。因此，羔羊断奶以后，公、母羊要分开饲养，防止早配或近亲交配。

（三）母羊的发情

发情是母羊的一种性活动现象。发情时母羊的精神状态、生殖道及卵巢等发生一系列变化。

1. 正常发情 母羊发情时由于卵泡分泌雌激素，并在少量孕酮的协同作用下，刺激神经中枢，引起兴奋，使母羊表现出兴奋不安，对周围外界的刺激反应敏感，常咩叫，举尾弓背，频频排尿，食欲减退，放牧的母羊离群独自行走，喜主动寻找和接近公羊，愿意接受公羊交配，并摆动尾部，后肢叉开，后躯朝向公羊，当公羊追逐或爬跨时站立不动。泌乳母羊发情时，泌乳量下降，不再愿意照顾羔羊。

母羊在发情周期中，在雌激素和孕激素的共同作用下，其生殖道发生周期性的生理变化，所有这些变化都是为交配和受精做准备。发情母羊由于卵泡迅速增大并发育成熟，雌激素分泌增多，强烈刺激生殖道，使血流量增加，母羊外阴部充血、肿胀、松软，阴蒂充血勃起。阴道黏膜充血、潮红、湿润并有黏液分泌，发情初期黏液分泌量少且稀薄透明，中期黏液增多，末期黏液稠如胶状且量较少。子宫颈口较松弛，开张并充血肿胀，腺体分泌增多。

母羊发情开始前，卵巢卵泡已开始生长，至发情前 2～3 天卵泡发育迅速，卵泡内膜增生，到发情时卵泡已发育成熟，卵泡液分泌不断增多，使卵泡容积增大，此时卵泡壁变薄并凸出卵巢表面，在激素的作用下促使卵泡壁破裂，致使卵子被挤压而排出。

2. 异常发情 母羊异常发情多见于初情期后、性成熟前及繁殖季节开始阶段，也有因营养不良、内分泌失调、疾病及环境温度突然变化等引起异常发情。常见有以下几种。

（1）安静发情：也称静默发情，由于雌激素分泌不足，发情时缺乏明显的发情表现，卵巢上卵泡发育成熟但不排卵。

（2）短促发情：由于发育的卵泡迅速成熟并破裂排卵，也可能卵泡突然停止发育或发育受阻而缩短发情期。如不注意观察，极容易错过配种期。

（3）断续发情：母羊发情延续时间很长，且发情时断时续，常发生于早春及营养不良的母羊。其原因是排卵机能不全，以致卵泡交替发育，先在某一侧卵巢内卵泡发育，产生雌激素使母羊发情，但当卵泡发育到一定程度后又萎缩退化，而另一侧卵巢又有卵泡发育，产生雌激素，母羊又出现发情，形成断续发情现象。调整饲养管理并加强营养，母羊可以恢复正常发情，就有可能正常排卵，配种也可受孕。

（4）孕期发情：有 3% 左右怀孕中期的绵羊母羊有发情现象，主要是由于激素分泌失调，怀孕黄体分泌孕酮不足而胎盘分泌雌激素过多所致。母羊在怀孕早期发情，卵泡虽然发育，但不发生排卵。

3. 母羊的发情周期 发情周期是指母羊性活动表现周期性。母羊出现第一次发情以后，其生殖器官及整个机体的生理状态有规律地发生一系列周期性变化，这种变化周而复始，一直到停止繁殖的年龄为止，称为发情的周期性变化。相邻两次发情的间隔时间为一个发情周期。绵羊的发情周期平均为 17 天，山羊的发情周期平均为 21 天。

一个发情周期可分为发情前期、发情期、发情后期和休情期四个时期。在发情前期，母羊卵巢上开始有卵泡发育，但母羊并不表现发情征状，无性欲表现。发情期，又叫发情持续期，此期卵泡发育很快并能达到成熟，母羊表现强烈的性兴奋，食欲减退，喜接近公羊或在公羊追逐与爬跨时站立不动，外阴充血肿胀，有黏液从阴门流出，母山羊发情表现尤为明显。此期持续时间绵羊为 30 小时左右，山羊为 24～48 小时。母羊排卵一般在发情开始后 12～24 小时，故发情后 12 小时左右配种最适宜。发情持续期受品种、年龄、繁殖季节的时期等因素影响。发情后期，卵子排出并开始形成黄体，母羊性欲减退，生殖器官发情征状逐渐消失，不再接受公羊交配。休情期为下次发情到来之前的一段时期，母羊精神状态正常，生殖器官的生理状态稳定。

4. 发情鉴定 通过发情鉴定，确定适宜的配种时间，提高母羊的受胎率。鉴定母羊发情主要有以下几种方法。

（1）外观观察：母羊发情时表现不安，目光滞钝，食欲减退，咩叫，外阴部红肿，流露黏液，发情初期黏液透明，中期黏液呈牵丝状、量多，末期黏液呈胶状。发情母羊被公羊追逐或爬跨时，往往叉开后腿站立不动，接受交配。处女羊发情不明显，要认真观察，不要错过配种时机。

（2）用试情公羊鉴定发情：试情公羊即用来发现发情母羊的公羊。要选择身体健壮，性欲旺盛，没有疾病，年龄 2～5 岁，生产性能较好的公羊。为避免试情公羊偷配母羊，对试情公羊可系试情布，布长 40 厘米，宽 35 厘米，四角系上带子，每当试情时拴在试情羊腹下，使其无法直接交配；也可采用输精管结扎或阴茎移位手术。

试情公羊应单独喂养，加强饲养管理，远离母羊群，防止偷配。对试情公羊每隔 1 周应本交或排精一次，以刺激其性欲。试情应在每天清晨进行。试情公羊进入母羊群后，用鼻去嗅母羊，或用蹄子去挑逗母羊，甚至爬跨到母羊背上，母羊不动，不拒绝，或叉开后腿排尿，这样的母羊即为发情羊。应从羊群中挑出发情羊，做上记号。初配母羊对公羊有畏惧心理，当试情公羊追逐时，不像成年发情母羊那样主动接近。但只要试情公羊紧跟其后，即为发情羊。试情时公、母羊比例以（2～3）：100 为宜。

（3）阴道检查法：是通过观察阴道黏膜、分泌物和子宫颈口的变化来判断是否发情的方法。进行阴道检查时，先将母羊保定，外阴部冲洗干净。将开腟器清洗、消毒、烘干后，涂上灭菌润滑剂或用生理盐水浸湿。检查人员将开腟器前端闭合，慢慢插入阴道，轻轻打开开腟器，通过反光镜或手电筒光线检查阴道变化。发情母羊阴道黏膜充血，表面光亮湿润，有透明黏液流出，子宫颈口充血、松弛、开张，有黏液流出。检查完毕后稍微合拢开腟器，抽出。

（四）排卵与受精

1. 排卵　排卵是卵泡破裂排出卵子的过程。绵羊和山羊均属自发性排卵动物，即卵泡成熟后自行破裂排出卵子。一次发情时，两侧卵巢排卵的比率称为排卵率，其高低取决于成熟卵细胞的数目。排卵率决定母羊所怀胎儿的数量。一般而言，山羊的排卵率高于绵羊。影响排卵率的主要因素有遗传、体况、营养水平、年龄和季节。例如，同群内体重大的母羊排卵多，膘情差的母羊排卵少，甚至不排卵。3～5 岁的母羊是一生中排卵的最高峰时期，为母羊的最佳繁殖年龄。大多数母羊的排卵率从配种季节开始逐渐增加，发情中期达到最高峰，而后逐渐下降。养羊生产中，对配种母羊提前 1 个月补饲高水平的日粮，有助于同期发情并增加排卵数，提高产羔率。排卵时间，绵羊在发情开始后20～39 小时，山羊为 24～36 小时。

2. 适时配种　公羊在交配或输精后 15 分钟即可在输卵管壶腹部发现精子，在配种或输精后 12～24 小时在输卵管内可找到大量的精子，精子在子宫和输卵管内保持有受精能力的时间为24～48 小时。卵子在排出后 6～12 小时可到达受精部位，在此部位保持有受精能力的时间为 12～16 小时。在精子和卵子均具有旺盛受精能力的时间内受精，胚胎发育可能正常；若二者任何一个逾期到达受精部位，都很难完成受精，即使受精，胚胎发育也会异常。如胚胎活力不强，有的能够附植，有的不能附植，胎儿可能在发育的早期被吸收，或者在出生前死亡。

卵子到达受精部位以后，如果没有精子与其结合，则继续运行，此时除卵子已接近衰老外，由于它外面包着一层输卵管分泌物而形成一层薄膜，阻碍精子进入，因此使卵子不能再受精。所以在配种实践中，最好在排卵前某一时刻交配，使受精部位有活力旺盛的精子等待新鲜的卵子，以提高受胎率。羊适宜配种时间一般在发情开始后 12~24 小时。在实际生产中，一般上午发现发情的母羊，在 16:00~17:00 进行第一次交配或输精，第二天上午进行第二次交配或输精；如果是下午发现发情的母羊，则在第二天 8:00~9:00 进行第一次交配或输精，下午进行第二次交配或输精。

3. 受精　受精是精子和卵子相融合，形成一个新的二倍体细胞——合子，即胚胎。受精部位在输卵管壶腹部。卵子排出后落入输卵管，沿着输卵管伞部通过漏斗部进入壶腹部。自然交配时，公羊精液可射到阴道前部近子宫颈端，人工输精时将精液直接输入子宫颈内，精子主要依靠子宫和输卵管肌层收缩而完成由输精部位到达受精部位的运行。卵子在第一极体排出后开始受精。当精子进入卵子时，卵子进行第二成熟分裂。受精时，精子依次穿透放射冠、透明带和卵黄膜，而后构成雄原核、雌原核。2 个原核同时发育，几小时内体积可达原体积的 20 倍，二者相向移动，彼此接触，体积缩小合并，染色体合为一组，完成受精过程。绵、山羊从精子入卵到完成受精的时间为 16~21 小时。

（五）繁殖季节

一般来说，母羊为季节性多次发情动物，每年秋季随着光照从长变短，羊便进入了繁殖季节。我国牧区、山区的羊多为季节性多次发情类型，而某些农区的羊品种，经长期舍饲驯养，如湖羊、小尾寒羊等往往终年可发情，或存在春秋两个繁殖季节。羊的繁殖受季节的影响实际上是光照时间、温度和饲料等因素的综合作用。

受环境因素的调节，母羊一般在夏、秋、冬三个季节有发情表现。从晚冬到第二年夏天的这段时间，母羊一般不表现发情，但在大多数情况下，卵巢中都存在有正常发育的中型至大型的卵泡，这些卵泡通常不持续发育，不能达到排卵。若在此时对母羊进行生殖调控处理，存在的卵泡可能继续发育，并出现发情和排卵。粗放条件下饲养的绵、山羊，其发情季节性明显；饲养条件好的绵、山羊，一年四季都可以发情。公羊性活动以秋季最高，冬季最低。精液品质除受季节影响外，与温度和昼夜长短也有关系，持续或交替的高温、低温变化，都会降低精子的总数、活动精子和正常精子的比例。因此，公羊的利用期最好选择秋季和春季。

二、羊的配种

（一）制定配种计划

羊的配种计划安排一般根据地区和每个羊场每年的产羔次数和时间来决定。一年一胎产的情况下，有冬季产羔和春季产羔两种。产冬羔时间在 1～2 月间，需要在 8～9 月配种；产春羔时间在 4～5 月，需要在 11～12 月配种。一般产冬羔的母羊配种时期膘情较好，对提高产羔率有好处；同时，由于母羊妊娠期体内供给营养充足，羔羊的初生重大，存活率高。此外，冬羔利用青草期较长，有利于抓膘。但产冬羔需要有足够的保温产房，要有足够的饲草饲料储备，否则母羊容易缺奶，影响羔羊发育。春季产羔，气候较暖和，不需要保暖产房。母羊产后很快就可吃到青草，奶水充足，羔羊出生不久，也可吃到嫩草，有利于羔羊生长发育。但产春羔的缺点是母羊妊娠后期膘怀最差，胎儿生长发育受到限制，羔羊初生重小。同时羔羊断奶后利用青草期较短，不利于抓膘育肥。

随着现代繁殖技术的应用，密集型产羔体系技术越来越多地应用于各大羊场。在两年三胎的情况下，第一年 5 月配种，10 月产羔；第二年 1 月配种，6 月产羔；9 月配种，第二年 2 月产羔。在一年二胎的情况下，第一年 10 月配种，第二年 3 月产羔；4 月配种，9 月产羔。

(二) 配种方法

羊的配种方法有自由交配、人工辅助交配（前两种统称为本交）和人工授精。

1. 自由交配　自由交配是最简单也是最原始的交配方式。将选好的种公羊放母羊群中，任其自行与发情母羊交配。该法简单易行，节省劳力，适合于小型分散的羊场。其缺点：一是不能充分发挥优秀种公羊的作用，1 只种公羊只能配 20～30 只的母羊；二是无法掌握具体的产羔时间；三是公、母羊混群，公羊追逐母羊，不安心采食，消耗公羊体力，不利于母羊抓膘；四是无法掌握交配情况，羔羊系谱混乱，不能进行选配工作，又容易早配或近亲交配。

为克服上述缺点，在非配种季节，公、母羊要分群管理，配种期可按 1:（20～30）的比例将公羊放入母羊群内，配种结束后即将公羊隔离出来。为了防止近交，羊群间要定期调换种公羊。

2. 人工辅助交配　人工辅助交配是将公、母羊分群隔离饲养，在配种期用试情公羊试情，将发情母羊与指定的种公羊进行配种。采用这种交配方式，可有目的地进行选种选配，提高后代生产性能。在配种期内每只公羊与交配母羊数可增加到 60～70 只，因此提高了种公羊的利用率。

3. 人工授精 人工授精是借助于器械将公羊的精液输入母羊的子宫颈内或阴道内，达到受孕的一种配种方式。人工授精能够准确登记配种时间。由于精液的稀释，一只种公羊精液在三个配种季节可使 400～500 只母羊受孕，从而大大提高了优秀种公羊的利用率，减少了种公羊的饲养量。同时冷冻精液制作，可达到远距离的异地配种，使某些地区在不引进种公羊的前提下，就能达到杂交改良和育种的目的。人工授精也使生殖器类疾病大大减少。

（三）交配时间

交配时间一般是早晨发情的母羊傍晚配种，下午或傍晚发情的母羊于第二天早晨配种。为确保受胎，最好在第一次交配后，间隔 12 小时左右再交配一次。

（四）人工授精

1. 器材用具的准备 人工授精用的器材用具主要有假阴道、输精器、阴道开张器、集精瓶、玻璃棒、镊子、烧杯、磁盘等。凡采精、输精及与精液接触的一切器材都要求清洁、干燥、消毒、存放于消毒柜内，柜内不再放其他物品。

安装假阴道时，要注意假阴道内部的温度和压力，使其与母羊阴道相仿。灌水量占内胎和外壳空间的 1/2～2/3，以 150～180 毫升为宜。水温 45～50 ℃，采精时内胎腔内温度保持在 39～42 ℃。为保证一定的润滑度，用清洁玻璃棒蘸少许灭菌凡士林均匀涂抹在内胎前 1/3 处。通过气门活塞吹入气体，以内胎壁的采精口一端呈三角形为宜。

2. 采精 采精前应选好台羊，台羊的选择应与采精公羊的体格大小相适应，且发情明显。将台羊外阴道用 2% 甲酚皂溶液（来苏儿）消毒，再用温水冲洗干净并擦干。将公羊腹下污物擦洗干净。采精时采精人员必须精力集中，动作敏捷准确。采精员蹲在母羊右后方，右手握假阴道，贴靠在母羊尾部，入口朝下，与地面呈 35~45 度角。当种公羊爬跨时，用左手轻托阴茎包皮，将阴茎导入假阴道中，保持假阴道与阴茎呈一直线。当公羊向前一冲时即为射精。随后采精员应随同公羊从台羊身上跳下时将阴茎从假阴道中退出。把集精瓶竖起，拿到处理室内，放出气体，取下集精瓶，盖上盖子，做好标记，准备精液检查。

3. 精液品质检查　对采出的精液，首先通过肉眼和嗅觉检查，公羊精液为乳白色，略带腥味，肉眼可见云雾状运动，射精量 0.8~1.8 毫升，平均 1 毫升。其次通过显微镜检查精液的活率、密度及精子形态等情况。检查时以灭菌玻璃棒蘸取一滴精液，滴在载玻片上，再加上盖片，置于 400 倍显微镜下观察。检查时温度以 38~40 ℃为宜。全部精子都做直线运动的活率评为 1 分，80% 做直线运动的活率评为 0.8 分，60% 做直线运动的评为 0.6 分，其余依此类推。活率在 0.8 分以上时方可用来输精。精子密度分四个等级：密、中、稀、无。"密"为视野中精子密集、无空隙，看不清单个精子运动；"中"为视野中精子间距相当于 1 个精子的长度，可以看清单个精子运动；"稀"为视野中精子数目较少，精子间距较大；"无"为视野中无精子。精子形态检查是通过显微镜，检查精液中是否有畸形精子，如头部巨大、瘦小、细长、圆形、双头，颈部膨大、纤细、带有原生质滴、中段膨大、纤细、带有原生质滴等，尾部弯曲、双尾、带有原生质滴等。如精液中畸形精子较多，也不宜输精。

4. 精液的稀释　精液稀释一方面是为了增加精液容量，以便为更多的母羊输精；另一方面还能使精液短期甚至长期保存起来，继续使用，且有利于精液的长途运输，从而大大提高种公羊的配种效能。精液在采好以后应尽快稀释，稀释越早，效果越好，因而采精以前就应配好稀释液。常用的稀释液见表 5-1。

表5-1 常用的稀释液

稀释液	配制方法
牛奶或羊奶稀释液	将新鲜牛奶或羊奶用几层纱布过滤，煮沸消毒 10 ~ 15 分钟，冷却至 30 ℃，去掉奶皮即可。一般可稀释 2 ~ 4 倍
葡萄糖-卵黄稀释液	在 100 毫升蒸馏水中加入无水葡萄糖 3 克、柠檬酸钠 1.4 克，溶解后过滤 3 ~ 4 次，然后再蒸煮 30 分钟，降至 30 ℃左右加入蛋黄 20 毫升混匀即可。一般可稀释 2 ~ 3 倍
生理盐水稀释液	用注射用 0.9% 生理盐水或自行配制的 0.9% 氯化钠溶液作稀释液。此种稀释液只能作及时输精用，不能作保存和运输稀释液用。稀释倍数不宜超过 2 倍

新采集的精液温度一般在 30 ℃左右，如室温低于 30 ℃时，应把集精瓶放在 30 ℃的水浴箱里，以防精子因温度剧变而受影响。精液与稀释液混合时，二者的温度应保持一致，在 20 ~ 25 ℃室温和无菌条件下操作。把稀释液沿集精瓶壁缓缓倒入，为使混匀，可用手轻轻摇动。稀释后的精液应立即进行镜检，观察其活力。

精液的稀释倍数应根据精子的密度大小决定。一般镜检为"密"时精液方可稀释，稀释后的精液输精量（0.1 毫升）应保证有效精子数在 7500 万以上。

5. 精液的保存 按保存温度不同，精液保存可分为常温（10 ~ 14 ℃）保存、低温（0 ~ 5 ℃）保存、冷冻（-196 ~ -79 ℃）保存三种。

（1）常温保存：用于常温保存的精液，其稀释液可用含有明胶的稀释液。稀释液（RH 明胶液）配方：柠檬酸钠 3 克，磺胺甲基嘧啶钠 0.15 克，后莫氨磺酰 0.1 克，明胶 10 克，蒸馏水 100 毫升；明胶、牛奶液配方：牛奶 100 毫升，明胶 10 克。将稀释好的精液，盛于无菌的干燥试管中，然后加塞盖严封蜡，隔绝空气即可。该法保存 48 小时，活力为原精液的 70%。

（2）低温保存：低温保存要注意缓慢降温。可以将盛精液的试管外边包上棉花，再装入塑料袋内，然后放入冰箱中。一般此法可保存 1~2 天。

（3）冷冻保存：将采得的精液用乳糖、卵黄、甘油稀释液按 1~3 倍稀释后，放入冰箱 3~5℃下经 2~4 小时降温平衡。然后在装满液氮的广口保温瓶上，放一光滑的金属薄板或纱网，距液氮表面 1~2 厘米，几分钟后待温度降到恒温时，将精液用滴管或细管逐滴滴在薄板或纱网上，滴完后经 3~5 分钟，用小勺刮取颗粒，收集后立即放入液氮中保存。冷冻精粒在超低温条件下，可长年保存而不变质。

6. 输精　羊的输精最好使用横杠式输精架。地面埋两个木桩，木桩间距可根据母羊数量而定，一般可设 2 米，再在木桩上固定一根圆木（直径约 6 厘米），圆木距地面 50 厘米左右。输精母羊的后肋搭在圆木上，前肢着地，后肢悬空，几只母羊可同时搭在圆木上输精。

输精前所有的输精器材都要消毒灭菌，输精人员手指甲应剪短磨光，洗净双手，并用 75% 乙醇消毒。对母羊外阴部用甲酚皂溶液消毒，并用水洗净擦干，再将开膣器慢慢插入，寻找子宫颈口，之后轻轻转动 90 度，打开开膣器。子宫颈口的位置不一定正对阴道，但阴道附近黏膜颜色较深，容易找到。输精时，将吸好精液的输精器慢慢插入子宫颈口内 0.5~1.5 厘米处，将精液轻轻注入子宫颈内。注射完后，抽出输精器和阴道开膣器，随即消毒备用。输精量应保持有效精子数在 7500 万以上，即原精液 0.05~0.1 毫升。只能进行阴道输精的母羊，其输精量应加倍。

三、羊的妊娠和分娩

（一）妊娠

1. 妊娠期　受精结束后就是妊娠的开始。从精子和卵子在母羊生殖道内形成受精卵开始，到胎儿产出时所持续的日期称为妊娠期。妊娠期包括受精卵卵裂，形成桑椹胚、囊胚，囊胚后期的胚泡在子宫内的附植，建立胎盘系统，发育成胚胎，继而形成胎儿，最后娩出体外的全过程。妊娠期通常以最后一次配种或输精的那一天算起，至分娩之日止。绵羊的妊娠期为 146~157 天，平均为 150 天；山羊的妊娠期为 146~161 天，平均为 152 天。妊娠期因品种、年龄、胎次和单双羔等因素而有差异。湖羊的妊娠期为 146~161 天，小尾寒羊为 146~151 天，细毛羊平均为 133~154 天。妊娠期一般本地羊比杂种羊短些，青壮年羊比老、幼龄羊短些，产多羔母羊比产单羔母羊短些。

2. 妊娠母羊形态和生殖器官的变化 母羊妊娠后，随着胚胎的出现和生长发育，母体的形态和生理发生许多变化。主要包括：一是畜体的生长。母羊怀孕后，新陈代谢旺盛，食欲增进，消化能力提高。怀孕母羊由于营养状况的改善，表现为体重增加，毛色光亮。青年母羊除因交配过早或营养水平很低外，妊娠并不影响其继续生长，在适当的营养条件下尚能促进生长，若以同龄及同样发育的母羊试验，怀孕母羊的体重显著增加；营养不足，则体重降低，甚至造成胚胎早期死亡，尤其是在妊娠期的后两个月，营养水平的高低直接影响胎儿的发育。妊娠末期，母羊因不能消化足够的营养物质以供给迅速发育的胎儿需要，致使妊娠前期储存的营养物质大量消耗，在分娩前常常消瘦。因此，母羊在妊娠期要加强营养，保证母羊本身生长和胎儿发育的营养需要。二是卵巢的变化。母羊受孕后，胚胎开始形成，卵巢上的黄体成为妊娠黄体继续存在，从而中断发情周期。三是子宫的变化。随着怀孕时间的延长，在雌激素和孕酮的协同作用下，子宫逐渐增大，使胎儿得以伸展。子宫的变化有增生、生长和扩展三个时期。子宫内膜由于孕酮的作用而增生，主要变化为血管分布增加、子宫腺增长、腺体卷曲及白细胞浸润；子宫的生长是从胚胎附植后开始，主要包括子宫肌的肥大、结缔组织基质的广泛增长、纤维成分及胶原含量增加；子宫的扩展，首先是由子宫角和子宫体开始的。母羊在整个怀孕期，右侧子宫角要比左侧大得多。怀孕时子宫颈内膜的脉管增加，并分泌一种封闭子宫颈管的黏液，称为子宫颈栓，使子宫颈口完全封闭。四是阴户及阴道的变化。怀孕初期，阴唇收缩，阴户裂禁闭。随着妊娠期进展，阴唇的水肿程度增加，阴道黏膜的颜色变为苍白，黏膜上覆盖由子宫颈分泌出来的浓稠黏液；妊娠末期，阴唇、阴道水肿而变得柔软。五是子宫动脉的变化。由于子宫的生长和扩展，子宫壁内血管也逐渐变得较直，由于供应胎儿的营养需要，血量增加，血管变粗，同时由于动脉血管内膜的皱褶增高变厚，而且因它和肌肉层的联系疏松，使血液流过时造成的脉搏从原来清楚的跳动变成间隔不明显的颤动。这种间隔不明显的颤动，叫作怀孕脉搏。

3. 早期妊娠诊断　配种后的母羊应尽早进行妊娠诊断，以及时发现空怀母羊，并采取补配措施。对已受孕的母羊应加强饲养管理，避免流产。早期妊娠诊断有以下几种方法。

（1）表观征状观察：母羊受孕后，发情周期停止，不再表现有发情征状，性情变得较为温顺。同时，孕羊的采食量增加，毛色变得光亮润泽。仅靠表观征状观察不易早期确切诊断母羊是否怀孕，因此还应结合触诊法来确诊。

（2）触诊法：待检查母羊自然站立，然后用两只手以抬抱方式在腹壁前后滑动，抬抱的部位是乳房的前上方，用手触摸是否有胚胎包块。

（3）阴道检查法：妊娠母羊阴道黏膜的色泽、黏液性状及子宫颈口形状均有一些和妊娠相一致的规律变化。①阴道黏膜变化：母羊怀孕后，阴道黏膜由空怀时的淡粉红色变为苍白色，但用开膣器打开阴道后，很短时间内即由白色又变成粉红色。空怀母羊黏膜始终为粉红色。②阴道黏液变化：孕羊的阴道黏液呈透明状，而且量很少，因此也很浓稠，能在手指间牵成线。相反，如果黏液量多、稀薄、颜色灰白的母羊则为未孕。③子宫颈变化：孕羊子宫颈紧闭，色泽苍白，并有糨糊状的黏块堵塞在子宫颈口，人们称之为"子宫栓"。

（4）免疫学诊断：怀孕母羊血液、组织中具有特异性抗原，用以制备的抗体血清与母羊细胞进行血球凝集反应。如果母羊已怀孕，则红细胞会出现凝集现象；如果待查母羊没有怀孕，加入抗体血清后红细胞不会发生凝集。此法可判定被检母羊是否怀孕。

（5）超声波探测法：超声波探测仪是一种先进的诊断仪器，检查方法是将待查母羊保定后，在腹下乳房前毛稀少的地方涂上凡士林或液体石蜡，将超声波探测仪的探头对着骨盆入口方向探查。用超声波诊断羊早期妊娠的时间最好是配种 40 天以后，这时诊断准确率较高。

（二）分娩

1. 分娩前的表现　对接近产期的母羊，饲养员每天早上放牧时要进行检查，如发现母羊胘窝下塌，阴户肿胀，乳房胀大，乳头垂直发硬，即为当日产羔症状。如果发现母羊不愿走动，喜靠在墙角用前蹄刨地，时起时卧等症状时，即为临产现象，要准备接羔。初产母羊，因为没有经验，往往羔羊已经入阴道仍边叫边跟群，或站立产羔，这时要设法让它躺下产羔。

2. 接羔前的准备　在接羔工作开始前，应将羊舍、饲草、饲料、药品、用具等准备好。

（1）羊舍准备：接羔用的羊舍要彻底消毒，保持卫生和温度。同时要求阳光充足，通风良好，地面干燥，没有贼风。冬季舍内要铺垫草，注意保温。

（2）草料准备：要准备充足优质干草、多汁饲料和精料供母羊补饲，以保证母羊大量分泌乳汁。

（3）接羔用具、药品准备：如水桶、脸盆、毛巾、剪刀、手电筒、秤、记录表格，以及消毒药品，如甲酚皂溶液、乙醇、碘酊、高锰酸钾、消毒纱布、脱脂棉等都必须事先备好。

3. 接羔　母羊产羔时，一般不需助产，最好让它自行产出。接羔人员应观察分娩过程是否正常，并对产道进行必要的保护。正常接产时，首先剪净临产母羊乳房周围和后肢内侧的羊毛，然后用温水洗净乳房，并挤出几滴初乳，再将母羊的尾根、外阴部、肛门洗净，用1%甲酚皂溶液消毒。

一般情况下，羊膜破裂后几分钟至半小时羔羊就生出。先看到前肢的两个蹄，之后是嘴和鼻，到头露出后即可顺利产出。产双羔时先产出一只羔，可用手在母羊腹部推举，能触到光滑有胎儿。产双羔前后间隔5～30分钟，长的达几小时，要注意观察，若母羊疲倦无力，则需要助产。

羔羊生下后0.5～3小时胎衣脱出，要及时拿走，防止被母羊吞食。

羔羊生出后，先把其口腔、鼻腔及耳内黏液掏出擦净，以免误吞而引起窒息或异物性肺炎。羔羊生出后，脐带一般会自然扯断；也可以离羔羊脐窝部5～10厘米处用剪刀剪断，或用手拉断。为了防止脐带感染，可用5%碘酊在断端处消毒。母羊一般在产羔后，会将羔羊身上黏液自行舔干净。如果母羊不舔，可在羔羊身上撒些麸皮，促使母羊将它舔净。

4. 难产及假死羔羊的处理

（1）难产的一般处理：一般初产母羊因骨盆狭窄、阴道过窄、胎儿过大，或因母羊体弱无力、子宫收缩无力或胎位不正等，均会造成难产。

母羊分娩时，胎儿先露出前蹄和嘴，然后露出头部、全身，为顺产。若羊膜破水30分钟后羔羊仍未产出，或仅露蹄和嘴，母羊又无力努责时，需助产。胎儿不正的母羊，也需助产。助产人员应先将手指甲剪短磨光，手臂用肥皂洗净，再用甲酚皂溶液消毒，涂上润滑剂。如胎儿过大，可用手随着母羊的努责，握住胎儿的两前蹄，慢慢用力拉出；或随着母羊的努责，用手向后上方推动母羊腹部，这样反复几次，就能产出。如果胎位不正，则先将母羊后躯抬高，胎儿露出部分推回，手入产道摸清胎位，慢慢帮助纠正成顺胎位，然后随母羊有节奏地努责，将胎儿轻轻拉出。

（2）假死羔羊的处理：羔羊产出后，全身发育正常，但只有心脏跳动而没有呼吸时，称为假死。假死的原因主要是羔羊吸入羊水，或分娩时间较长、子宫缺氧等。假死羔羊的处理方法有两种：一种是提起羔羊两后肢，使羔羊悬空并拍击其背、胸部；另一种是让羔羊平卧，用两手有节律地推压胸部两侧。短时假死的羔羊，经过处理后，一般能复苏。

四、提高繁殖力的措施

（一）诱导发情

诱导发情即人工引起发情，是指母羊在发情期内，借助外源激素引起正常发情并进行配种，可缩短母羊的繁殖周期，变季节性发情配种为全年配种，实行密集产羔，达到一年二胎或两年三胎，提高母羊的繁殖力。

促性腺激素可以在母羊发情期内引起发情排卵。如连续12~16天给母羊注射孕酮，每次10~12毫克，随后1~2天内一次注射孕马血清促性腺激素（PMSG）750~1000国际单位，即可引起发情排卵。给母羊注射雌激素，亦可在发情期内引起发情，但不排卵；与此相反，施用孕马血清促性腺激素和绒毛膜促性腺激素（HCG）能引起排卵，但不确定有发情症状。为了使母羊既有发情表现，又发生排卵，必须每隔16~17天重复注射促性腺激素，或结合使用孕激素，这样能形成正常的发情周期。此外，使用氯地酚（每只10~15毫克）亦具有促进母羊发情排卵的效果。

（二）同期发情

同期发情是利用激素或药物处理母羊，使多数母羊在预定的时期集中发情，便于组织配种。同期发情配种时间集中，节省劳力、物力，有利于羊群抓膘，扩大优秀种羊利用率，使羔羊年龄整齐，便于管理及断奶育肥。具体方法如下。

1. 阴道海绵法　将浸有孕激素的海绵塞入子宫颈外口处，14～16 天后取出，当天注射孕马血清促性腺激素 400～750 单位，2～3 天后母羊即开始发情，发情当日和次日各输精 1 次。常用孕激素的种类及剂量为：孕酮 150～300 毫克，甲孕酮 50～70 毫克，甲地孕酮 80～150 毫克，18-甲基炔诺酮 30～40 毫克，氟孕酮 20～40 毫克。

2. 口服法　每天将一定数量（为阴道海绵法的 1/10～1/5）的孕激素均匀地拌在饲料中，连续 12～14 天，最后一次口服的当天，肌内注射孕马血清促性腺激素 400～750 单位。

3. 注入法　将前列腺素 F2α 或其类似物，在发情结束数日后向子宫内灌注或肌内注射，能在 2～3 天内引起母羊发情。

（三）超数排卵

在母羊发情周期的适当时间，注射促性腺激素，使卵巢出现比一般情况下更多的卵泡发育并排卵，这种方法即为超数排卵。它主要用于单胎的绵山羊。经过超数排卵处理，一次可排出数个甚至数十个卵子，使母羊的繁殖性能大大提高。超数排卵处理有两种情况。一种情况是为提高产羔数，处理后经配种，使母羊正常妊娠。一般要求是产双胎或三胎。另一情况是结合胚胎移植时进行，要求排卵数 10～20 个。

超数排卵的具体处理：在成年母羊预定发情到来前 4 天，即发情周期的第 12 或 13 天，肌内注射或皮下注射孕马血清促性腺激素 750～1000 国际单位，出现发情后或配种当日肌内注射或静脉注射绒毛膜促性腺激素 500～700 国际单位，即可达到超数排卵的目的。

（四）受精卵移植

受精卵移植简称卵移，是从一只母羊的输卵管或子宫内取出早期胚胎移植到另一母羊的相应部位，即"借腹怀胎"。胚胎移植结合超数排卵，能使优秀种羊的遗传品质更多地保存下来。这项技术主要用于纯种繁育。

（五）其他措施

1. 加强选种　选配母羊的产羔数受遗传的影响，因此，选用繁殖力高的公、母羊进行繁殖，可显著地提高羊群的产羔率。对种公羊应从多产母羊的后代中选育，并且要求其体质健壮，雄性特征明显，精液品质良好。对母羊应特别注意从多胎母羊的后代中选择，要求兼顾母羊的泌乳、哺乳性能。苏联对罗曼诺言夫羊进行多胎选种试验，用出生时单羔的母羊留种，其平均产羔率为217%，双羔的母羊为236%，三羔的母羊为263%，四羔的母羊为301%。上述说明，通过选种选配可大大提高羊群的繁殖力。

2. 改变不合理的羊群结构　我国养羊地区，尤其是牧区和部分农区，羊群结构一直处于不合理状态，繁殖母羊比例低，羯羊比例高，不利于羊群扩大再生产，羊群增殖慢，经济效益低。

羊群结构依其生产方向不同而有所差别。按年底存栏计，肉羊群中可繁殖母羊应占 70%，毛肉兼用羊群中可繁殖母羊应占60%～70%，毛用羊群中可繁殖母羊应占 50%～60%。

3. 利用多产品种　羊的繁殖率有很高的遗传性，导入多产品种血液，与繁殖性能较差的品种杂交，是提高繁殖力的有效途径。新疆紫泥泉种羊场通过引进湖羊导入杂交新疆细毛羊，培育出多胎细毛羊，其繁殖率提高 60%～70%。内蒙古引进小尾寒羊与蒙古羊杂交，其杂交后代繁殖率提高将近 1 倍。由此可见，导入多胎基因，是从根本上提高繁殖力的切实可行的技术措施。

第二节 羊的饲养管理

一、种公羊的营养特点和饲养管理

种公羊种用价值高，对后代影响大。俗话说："公羊好，好一坡，母羊好，好一窝。"对种公羊必须精心饲养管理，要求常年保持中上等膘情，有健壮的体质、充沛的精力、旺盛的精液品质，可保证和提高种羊的利用率。

（一）种公羊的营养特点

种公羊的营养应维持在较高的水平，以使其常年精力充沛，维持中等以上的膘情。配种季节前后，应加强种公羊的营养，保持上等体况，使其性欲旺盛，配种能力强，精液品质好，充分发挥作用。种公羊精液中含高质量的蛋白质，绝大部分必须直接来自于饲料，因此种公羊日粮中应有足量的优质蛋白质。另外，还要注意脂肪、维生素 A、维生素 E 及钙、磷等矿物质的补充，因为它们与精子活力和精液品质有关。秋冬季节种公羊性欲比较旺盛，精液品质好；春夏季节种公羊性欲减弱，食欲逐渐增强，这个阶段应有意识地加强种公羊的饲养，使其体况恢复，精力充沛。8 月下旬日照变短，种公羊性欲旺盛，若营养不良，则很难完成秋季配种任务。配种期种公羊性欲强烈，食欲下降，很难补充身体消耗，只有尽早加强饲养，才能保证配种季节种公羊的性欲旺盛，精液品质好，圆满地完成配种任务。

饲喂种公羊的草料要求营养价值高，品质好，容易消化，适口性好。种公羊的草料应因地制宜，就地取材，力求多样化。

（二）种公羊的饲养管理

1. 非配种期的饲养 种公羊非配种期的饲养，以恢复和保持其良好的种用体况为目的。配种结束后，种公羊的体况都有不同程度的下降。为使种公羊体况很快恢复，在配种刚结束的 1~2 个月，种公羊的日粮应与配种期基本一致，但对日粮的组成可做适当调整，增加优质青干草或青绿多汁饲料的比例，并根据种公羊体况的恢复情况，逐渐转为饲喂非配种期的日粮。在我国，绵、山羊品种的繁殖季节大多集中在 9~12 月，非配种期较长。在冬季，种公羊的饲养保持较高的营养水平，既有利于其体况恢复，又能保证其安全越冬度春。要做到精粗料合理搭配，补喂适量青绿多汁饲料（或青贮饲料）。在精料中应补充一定的矿物质微量元素，混合精料的用量不低于 0.5 千克，优质干草 2~3 千克。种公羊在春、夏季有条件的地区应以放牧为主，每天补喂少量的混合精料和干草。

2. 配种期的饲养 种公羊在配种期内要消耗大量的养分和体力，因配种任务或采精次数不同，不同种公羊个体对营养的需要量相差很大。对于体重 80~90 千克的种公羊，一般每天饲料定额如下：混合精料 1.2~1.4 千克，苜蓿干草或野干草 2 千克，胡萝卜 0.5~1.5 千克，食盐 15~20 克，骨粉 5~10 克，鱼粉或血粉 5 克。每天分 2~3 次给草料，饮水 3~4 次。每天放牧或运动约 6 小时。对于配种任务繁重的优秀种公羊，每天应补饲 1.5~2.0 千克的混合精料，并在日粮中增加部分动物性蛋白质饲料（如蚕蛹粉、鱼粉、血粉、肉骨粉、鸡蛋等），以保持其良好的精液品质。配种期种公羊的饲养管理要做到认真、细致，要经常观察羊的采食、饮水、运动及粪尿排泄等情况。

在配种前 1.5~2 个月，逐渐调整种公羊的日粮，增加混合精料的比例，同时进行采精训练和精液品质检查。开始时每周采精检查 1 次，以后增至每周 2 次，并根据种公羊的体况和精液品质来调节日粮或增加运动。对精液稀薄的种公羊，应增加日粮中蛋白质饲料的比例；当精子活力差时，应加强种公羊的放牧和运动。采精次数要根据种公羊的年龄、体况和种用价值来确定。

在我国农区的大部分地区，羊的繁殖季节有的表现为春、秋两季，有的可全年发情配种。因此，对种公羊全年均衡饲养较为重要。除搞好放牧、运动外，每天应补饲 0.5～1.0 千克混合精料和一定的优质干草。对舍饲饲养的公羊，每天应喂给混合精料 1.2～1.5 千克、青干草 2 千克左右，并注意矿物质和维生素的补充。

3. 种公羊的管理　在管理上，种公羊要与母羊分群饲养，以避免系谱不清、乱交滥配、近亲繁殖等现象的发生，使种公羊保持良好的体质、旺盛的性欲及正常的采精配种能力。如长期拴系或配种季节长期不配种，则会出现性情暴躁、顶人等恶癖，管理时应予以预防。

种公羊每天要保证充足的运动量，常年放牧条件下，应选择优良的天然牧场或人工草场放牧种公羊；舍饲羊场，在提供优质全价日粮的基础上，每天安排 4～6 小时的放牧运动，每天游走不少于 2 千米或运动 6 小时，并注意供给充足饮水。此外，种公羊配种采精要适度，一般 1 只公羊可承担 30～50 只母羊的配种任务。种公羊配种前 1～1.5 个月开始采精，同时检查精液品质。开始时一周采精 1 次，以后增加到一周 2 次，到配种时每天可采 1～2 次，不要连续采精。对 1.5 岁的种公羊，一天内采精不宜超过 2 次；对 2.5 岁种公羊，每天可采精 3～4 次。采精次数多的，其间要有休息；公羊在采精前不宜吃得过饱。

二、母羊的营养特点和饲养管理

母羊是羊群生产的基础，其生产性能的高低直接决定羊群的生产水平，因而要给予良好的饲养管理，以保证顺利地完成配种、妊娠和哺乳过程，实现母羊多胎、多产，羔羊全活、全壮。

（一）母羊的营养特点

根据生理状态，母羊一般处于空怀期、妊娠期或泌乳期。空怀期母羊所需的营养最少，不增重，只需要维持营养。妊娠期的前3个月，胎儿的生长发育较慢，需要的营养物质稍多于空怀期。妊娠期的后2个月，由于身体内分泌机能发生变化，胎儿的生长发育加快，羔羊初生重的80%~90%都是在母羊妊娠后期增加的，因此营养需要也随之增加。泌乳期要为羔羊提供乳汁，以满足哺乳期羔羊生长发育的营养需要，应在维持营养需要的基础上，根据产奶量高低和产羔数多少给母羊增加一定量的营养物质，以保证羔羊正常的生长发育。

（二）母羊的饲养管理

母羊数量多，个体差异大，必须根据母羊群体营养状况合理调整日粮，对少数体况较差的母羊，应单独组群饲养。对妊娠母羊和带仔母羊，要着重做好妊娠后期和哺乳前期的饲养和管理。舍饲母羊饲粮中饲草和精料比以7∶3为宜，以防止过肥。体况好的母羊，在空怀期，只给一般质量的青干草，保持体况，钙的摄食量应适当限制，不宜喂给钙含量过高的饲料，以免诱发产褥热。如以青贮玉米作为基础日粮，则每天应喂给60千克体重的母羊3~4千克青贮玉米，过多会造成母羊过肥。妊娠前期可在空怀期的基础上增加少量的精料，每只每天的精料喂量约为0.4千克；妊娠后期至泌乳期每只每天的精料喂量约为0.6千克，精料中的蛋白质水平一般为15%~18%。

1. 空怀期　空怀期饲养的重点是迅速恢复种母羊的体况，抓膘复壮，为下一个配种期做准备。饲养以青粗饲料为主，延长饲喂时间，每天喂3次，并适当补饲精料。空怀母羊这个时期已停止泌乳，但为了维持正常的消化、呼吸、循环，以及维持体况等生命活动，必须从饲料中吸收满足最低营养需要量的营养物质。

空怀母羊每天需要的风干饲料为体重的 2.4% ~ 2.6%。同时，应抓紧放牧，使母羊尽快复壮，力争满膘迎接配种。为保证母羊在配种季节发情整齐，缩短配种期，增加排卵数和提高受胎率，在配种前 2 ~ 3 周，除保证青饲料的供给、适当喂盐、满足饮水外，还要对空怀母羊进行短期补饲，每只每天饲喂混合精料 0.2 ~ 0.4 千克，这样做有明显的催情效果。

2. 怀孕期

（1）怀孕前期：在怀孕期的前 3 个月内胎儿发育较慢，母羊所需养分不太多，对放牧羊群，除放牧外，视牧场情况做少量补饲，要求母羊保持良好的膘情。管理上要避免吃霜草或霉烂饲料，不使羊受惊猛跑，不饮冰碴水。

（2）怀孕后期：在怀孕后期的 2 个月中，胎儿生长很快，羔羊 90% 的初生重在此期间完成。因此，如在此期间营养供应不足，就会产生一系列不良后果。在母羊怀孕后期，仅靠放牧一般难以满足母羊的营养需要，必须加强补饲，供给优质干草和精料，注意蛋白质、钙、磷的补充。能量水平不宜过高，不要把母羊养得过肥，以免对胎儿造成不良影响。要注意保胎，出牧、归牧、饮水、补饲都要慢而稳，防止拥挤、滑跌，严防跳崖、跨沟，最好在较平坦的牧场上放牧和运动；羊舍要保持温暖、干燥、通风良好。

（3）产前、产后：产前、产后是母羊生产的关键时期，应给予优质干草舍饲，多喂些优质、易消化的多汁饲料，保持充足饮水。产前 3 ~ 5 天，对接羔棚舍、运动场、饲草架、饲槽、分娩栏要及时修理和清扫，并进行消毒。母羊进入产房后，圈舍要保持干燥，光线充足，能挡风御寒。母羊在产后 1 ~ 7 天应加强管理，一般应舍饲或在较近的优质草场上放牧。产后 1 周内，母仔合群饲养，保证羔羊吃到充足初乳。产后母羊应注意保暖防潮，预防感冒。产后 1 小时左右应给母羊饮温水，第一次饮水不宜过多，切勿让产后母羊喝冷水。

3. 泌乳期 产后母羊的泌乳量逐渐增加，产后 4～6 周达到顶峰，14～16 周开始下降。在泌乳前期，母羊通过迅速利用体储来维持产乳，对能量和蛋白质的需要量很高。泌乳前期是羔羊生长最快的时期，羔羊出生后 2 周也是次级毛囊继续发育的重要时期，在饲养管理上要设法提高母羊产奶量。在产后 4～6 周应增加母羊的精料补饲量，多喂多汁饲料。放牧时间由短到长，距离由近到远，保持圈舍清洁、干燥。在泌乳后期的 2 个月中，母羊的泌乳能力逐渐下降，即使增加补饲量，母羊也难以达到泌乳前期的产奶量。羔羊在此时已开始采食青草和饲料，对母乳的依赖程度减小。从 3 月龄起，母乳只能满足羔羊营养需要的 5%～10%。此时，对母羊可取消补饲料，转为完全放牧。在羔羊断奶的前 1 周，要减少母羊的多汁料、青贮饲料和精料喂量，以防发生乳房炎。

三、羔羊的饲养管理

从初生到断奶（一般到 2～4 月龄断奶）的小羊称为羔羊。羔羊生长发育快、可塑性大，但羔羊体质较弱，缺乏免疫抗体，体温调节机能差，易发病。因此，合理地对羔羊进行科学饲养管理，既可促使羔羊发挥其遗传性能，又能加强羔羊对外界条件的同化和适应能力，有利于个体发育，提高生产力和羔羊成活率。在长期生产实践中，人们总结出"一专"到底（固定专人管理羔羊）、保证"四足"（奶、草、水、料充足）、做到"两早"（早补料、早运动）、加强"三关"（哺乳期、离乳期及第一个越冬期）的行之有效的饲养管理措施。

（一）羔羊胚胎期的管理

羔羊的饲养管理从妊娠后期母羊的饲养管理开始。母羊妊娠后期为 2 个月，胎儿的增重明显加快，90% 的初生重在此期间完成。只有母羊的营养状况良好，才能保证胚胎充分发育，羔羊的初生重大、体格健壮，母羊乳汁多、恋羔性强，最终保证羔羊以后发育良好。对怀孕的母羊，要根据膘情好坏、年龄大小、产期远近，对羊群做个别调整。母羊日粮在普通日粮的基础上能量饲料比例提高 20% ~ 30%，蛋白质饲料比例提高 40% ~ 60%，钙磷比例增加 1 ~ 2 倍。

产前 8 周精料比例提高 20%，产前 6 周精料比例提高 25% ~ 30%；妊娠后期，不要饲喂体积过大和含水量过高的饲料；产前 1 周要减少精料用量，避免胎儿过大引起难产。对那些体况差的母羊，要将其安排在草好、水足，有防暑、防寒设备的地方，放牧时间尽量延长，保证每天吃草时间不少于 8 小时，以利增膘保膘。冬季饮水的温度不要过低，尽量减少热量的消耗，增强抗寒能力。对个别瘦弱的母羊，早、晚要加草添料，或者留圈饲养，使群内母羊的膘情大体趋于一致。这种母羊群的产羔管理比较容易，而且羔羊健壮、整齐。对舍饲的母羊，要备足草料，夏季羊舍应有防暑降温及通风设施，冬季羊舍应利于保暖。另外，还应有适当运动场所供母羊及羔羊活动。产后哺乳母羊不能和妊娠羊同群管理和放牧运动，否则会影响产后哺乳母羊恋羔性，不利于羔羊的生长。这时应该单独组群放牧或分群舍饲，以免相互影响。

（二）羔羊的饲养

1. 尽早吃好、吃饱　初乳母羊产后 3 ~ 5 天分泌的乳，奶质黏稠，营养丰富，称为初乳。初乳容易被羔羊消化吸收，是任何食物或人工乳都不能代替的食料。初乳含镁盐较多，镁离子有轻泻作用，能促进胎粪排出，防止便秘；初乳含较多的抗体、溶菌酶，还含有一种叫 K 抗原凝集素的物质，几乎能抵抗各品系大肠杆菌的侵袭。初生羔羊在出生后 30 分钟以内，应该保证吃到初乳，吃不到自己母亲初乳的羔羊，最好能吃上其他母羊的初乳，否则较难成活。初生羔羊，健壮者能自己吸吮乳，不用人工辅助。弱者或初产母羊、保姆性的母羊，需要人工辅助，即把母羊保定住，把羔羊推到乳房前，羔羊就会吸乳。辅助几次，它就会自己找母羊吃奶了。对于缺奶羔羊，最好为其找保姆羊，就是把羔羊寄养给死了羔或奶特别好的单羔母羊喂养。开始时饲养员要帮助羔羊吃奶，先把保姆羊的奶汁或尿液抹在羔羊的头部和后躯，以混淆保姆羊的嗅觉，直到保姆羊奶羔为止。

2. 安排好吃奶时间　分娩后 3~7 天的母羊可以外出放牧或运动，羔羊留家。如果母羊早晨出牧，傍晚时归牧，会使羔羊产生严重饥饿感。母羊归牧时，羔羊往往狂奔迎风吃热奶，羔羊饥饱不均，易发病。哺乳期合理安排：母、仔舍饲 15~20 天，然后白天羔羊在羊舍饲养，母羊出牧，中午回来奶一次羔，加上出牧前和归牧后，一天喂奶 3 次。

3. 加强对缺奶羔羊的补饲和放牧

（1）补饲：对多羔母羊或泌乳量少的母羊的羔羊，由于母乳不能满足其营养的需要，应适当补饲。一般宜用牛奶或人工乳，在补饲时应严格掌握温度、喂量、次数、时间，并注意卫生消毒。

一般从出生后 15~20 天起训练羔羊吃草、吃料。这时，羔羊瘤胃微生物区系尚未形成，不能大量利用粗饲料，所以强调补饲高质量的蛋白质和纤维少、干净脆嫩的干草。把草捆成把子，挂在羊圈的栏杆上，让羔羊玩食。精料要磨碎，必要时炒香并混合适量的食盐和骨粉，以提高羔羊食欲。为了避免母羊抢吃，应为羔羊设补料栏。一般 15 日龄的羔羊每天补混合料 50~75 克，1~2 月龄 100 克，2~3 月龄 200 克，3~4 月龄 250 克，一个哺乳期（4 个月）每只羔羊需要补精料 10~15 千克。混合料以黑豆、黄豆、豆饼、玉米等为宜，干草以苜蓿干草、青野干草、花生蔓、甘薯蔓、豆秸、树叶等为宜。多汁饲料切成丝状，再和精料混合饲喂。羔羊补饲应该先喂精料，后喂粗料，而且应定时定量饲喂，否则不易上膘。

（2）放牧：羔羊生后 15～30 天即可单独外出放牧和运动。放牧应结合牧地青草生长状况、牧地远近程度及羔羊体质的强弱考虑。首先在优良草地和近处放牧，随着羔羊日龄的增长，逐渐延长放牧时间和距离。我国一般有两种羔羊放牧形式。

第一种是母、仔合群放牧，母羊出牧时把羔羊带上，昼夜不离。这种方法适合于规模较小的羊群，且牧地较近，羔羊健壮，单羔者居多。优点是羔羊可以随时哺乳，放牧员可随时观察母、仔的活动状况。缺点是羔羊一般跟不上母羊，疲于奔跑；母羊恋羔，放牧时往往吃不饱。

第二种是母、仔分群放牧。羔羊单独组群放牧，可以任意调节放牧中的行进速度，羔羊不易疲劳，能安心吃草。但放牧地要远离母羊，以免母羊和羔羊相互咩叫，影响吃草，甚至出现混群。母、仔分群放牧往往造成羔羊哺乳间隔时间过长，一顿饱，一顿饥，同时也不利于母仔建立感情。母羊归牧时往往急于奔跑、寻羔，要加以控制，然后母、仔合群。这时放牧员应检查母性不强的羊，这样的母羊乱奶羔、不奶羔，甚至不找羔，也要注意羔羊偷奶吃、不吃奶等现象。发现以上情况，应及时纠正，特别是帮助孤羔（或母羊）找到自己的母亲（或羔羊）。当大部分羔羊吃完奶后，可从羔羊分布和活动状况看出羔羊是否吃饱。吃饱的羔羊活蹦乱跳，精神百倍，或者静静地入睡；未吃饱的羔羊或是到处乱转，企图偷奶，或是不断围绕母羊做出想吃奶的动作。一般母、仔单独放牧，对羔羊以哺乳为主。

4. 无奶羔的人工喂养及人工乳的配制 人工喂养是用牛奶、羊奶、奶粉或其他流动液体食物喂养缺奶的羔羊。用牛奶、羊奶喂羊，要尽量用新鲜奶。鲜奶味道好，营养成分多，病菌及杂质较少。用奶粉喂羔羊时，应该先用少量冷开水或温开水，把奶粉溶开，然后再加热水，使总加水量达到奶粉量的 5～7 倍。羔羊越小，胃越小，奶粉对水的量应该越少。有条件的羊场，应再添加植物油、鱼肝油、胡萝卜汁及多种维生素、多种微量元素、蛋白质等。其他流动液体食物是指豆浆、小米汤、代乳粉或市售婴幼儿米粉等，这些食物在饲喂以前应加少量的食盐及骨粉，有条件的可添加鱼肝油、胡萝卜汁和蛋黄等。

（1）人工喂养：人工喂养的训练方法，是把配制好的人工奶放在小奶盆内（盆高 8～10 厘米），用清洁手指代替接触奶盆水面训练羔羊吸吮，一般经 2～3 天的训练，羔羊即会自行在奶盆内采食。人工喂养的关键技术是要做好"定人、定温、定量、定时和讲究卫生"几个环节，才能把羔羊喂活、喂强壮。不论哪个环节出差错，都可能导致羔羊生病，特别是胃肠道疾病。即使不发病，羔羊的生长发育也会受到不同程度的影响。因此，从一定意义上讲，人工喂养是下策。

人工喂养应注意：一是定人。人工喂养中的"定人"，就是从始至终固定专人喂养。这样可以使喂养人员熟悉羔羊的生活习性，掌握喂奶温度、喂量，以及羔羊食欲的变化、健康与否等。二是定温。定温是指要掌握好羔羊所食人工乳的温度。一般冬季喂 1 月龄内的羔羊，人工乳的温度应控制在 35～41 ℃，夏季温度可略低些。随着羔羊日龄的增长，人工乳的温度可以降低些。没有温度计时，可以把奶瓶贴在脸上或眼皮上，感到不烫也不凉时就可以喂羔了。人工乳温度过高，不仅烫伤羔羊，而且羔羊容易发生便秘；人工乳温度过低，羔羊往往容易发生消化不良、拉稀或胀气等。三是定量。定量是指每次喂量，掌握在七成饱的程度，切忌喂得过量。具体量是按羔羊体重或体格大小来定，一般全天给奶量以相当于初生重的 1/5 为宜。喂粥或汤时，应根据浓稠度进行定量。全天喂量应略低于喂奶量标准，特别是最初喂粥的 2～3 天，先少给，待慢慢适应后再加量。羔羊健康、食欲良好时，每隔 7～8 天喂量比前期增加 1/4～1/3；如果消化不良，应减少喂量，增大饮水量，并采取治疗措施。四是定时。定时是指固定喂料时间，尽可能不变动。初生羔羊每天应喂 6 次，每隔 3～5 小时喂 1 次，夜间可延长间隔时间或减少饲喂次数；10 天以后每天喂 4～5 次；到羔羊吃草或吃料时，可减少到 3～4 次。

（2）人工乳配制：条件好的羊场或养羊户，可自行配制人工乳，喂给 7～45 日龄的羔羊。人工乳配方见表 5-2。

表 5-2　人工乳配方

序号	配方组成
配方 1	羔羊出生后至 20 日龄，用玉米粉 11%、小麦粉 50%、炒黄豆粉 18%、脱脂奶粉 10%、酵母 4%、白糖 4.5%、钙粉 1.5%、食盐 0.5%、微量元素添加剂 0.5%（其配方可参照如下：硫酸铜 0.8 克、硫酸锌 2 克、碘化钾 0.8 克、硫酸锰 0.4 克、硫酸亚铁 2 克、氯化钴 1.2 克），鱼肝油 1～2 滴，加清水 5～8 倍搅匀，煮沸后晾至 37 ℃左右代替奶水饲喂羔羊 羔羊 20 日龄后，用玉米粉 35%、小麦粉 25%、豆饼粉 15%、鱼粉 12%、麸皮 7%、酵母 3%、钙粉 2%、食盐 0.5%、微量元素添加剂 0.5%，混合后加水搅拌饲喂羔羊
配方 2	代乳粉（配方为大豆、花生、豆饼类、玉米面、可溶性粮食蒸馏物、磷酸氢钙、碳酸钙、碳酸钠、食盐和氧化镁。每千克代乳粉所含营养成分为水分 12.0%，粗蛋白质 25.0%，粗脂肪 1.5%，无氮浸出物 43.0%，粗灰分 8.2%，粗纤维 10.3%；维生素 A 5 万国际单位，维生素 E 85 毫克、烟酸 50 毫克、胆碱 250 毫克，钴 1.6 毫克，铁 100 毫克，碘 2.5 毫克，镁 200 毫克，铜 33 毫克，锌 200 毫克）30%，玉米面 20%、麸皮 10%、燕麦 10%、大麦 30%，混合溶解后喂给羔羊
配方 3	面粉 50%，乳糖 24%，油脂 20%，磷酸氢钙 2%，食盐 1%，特制料 3%。将上述物品（不包括特制料）按比例标准（乳糖可用砂糖代替，油脂可用羊油、植物油各半），在热锅内炒制，使用时以 1∶5 的比例加入 40 ℃开水调成糊状，然后加入 3% 的特制料（主要成分为氨基酸、多种维生素）。新疆畜牧科学院研制的代乳品配制简单、经济，且饲喂效果与羊奶、牛奶相近

（三）羔羊寄养和分批哺乳

1. 羔羊寄养 母羊一胎多产羔羊（或母羊产后意外死亡），可将羔羊分一部分给产羔数少的母羊代养。为确保寄养成功，一般要求两只母羊的分娩日期相差在5天之内，两窝羔羊的个体体重差别不大。羔羊寄养宜在夜间进行，寄养前同时在两窝羔羊身上喷洒药水或乙醇等，或涂抹受寄养母羊的奶汁、尿液。

2. 分批哺乳 哺乳羔羊超过母羊的奶头数的，可将羔羊分成两组，轮流哺乳，将羔羊按大小、强弱分组。分批哺乳时，必须加强哺乳母羊的饲养管理，保证母羊中等偏上的营养水平，使母羊有充足的奶水。并做好对哺乳羔羊的早期补草引料工作，尽可能减轻母羊的哺乳负担，保证全窝羔羊均衡生长。

（四）羔羊的管理

1. 保持适宜的环境条件 初生羔羊，特别是瘦弱母羊所生羔羊体质较弱，生活力差，调节体温的能力尚低，对疾病的抵抗力弱，保持良好的环境有利于羔羊的生长发育。羔羊周围的环境应该保持清洁、干燥，空气应新鲜并无贼风。羊舍内最好铺一些干净的垫草，室温保持在5～10℃，不要有较大的变化。刚出生的羔羊，如果体质较弱，应安排在较温暖的羊舍或热炕上，但温度不能超过体温，等到羔羊能够吃奶、精神好转时，可逐渐降低室温至羊舍的常温。喂羔羊奶人员喂奶之前应洗净双手；平时不要接触病羊，要尽量减少或避免致病因素，出现病羔时应及时隔离，由单人分管。迫不得已将病羔和健康羔都由同一人管理时，应先哺喂健康羔，换过衣服后再哺喂病羔。喂完病羔应马上清洗、消毒手臂，脱下的衣服单独放置，并用开水冲洗进行消毒。羔羊的胃肠功能还不健全，消化机能尚待完善，最容易"病从口入"，因此羔羊所食的奶类、豆浆、粥类及水源、草料等都应注意卫生。例如，奶类在喂前应加热到62～64℃保持30分钟，或80～85℃瞬间，可以杀死大部分病菌。粥类、米汤等在喂前必须煮沸；羔羊的奶瓶应保持清洁卫生，健康羔与病羔的奶瓶应分开用，喂完奶后随即用温水冲洗干净。

2. 加强运动　运动能增加食欲，增强体质，促进生长和减少疾病，为提高羔羊肉用性能奠定基础。随着羔羊日龄的增长，应将其赶到运动场附近的牧地上放牧，加强运动。

3. 搞好圈舍消毒　应严格执行消毒隔离制度。羔羊出生7~10天后，羔羊痢疾增多，主要原因是圈舍肮脏、潮湿拥挤、污染严重。这一时期要深入检查，包括羔羊食欲、精神状态及粪便，做到有病及时治疗。对羊舍及周围环境要严格消毒，隔离病羔，及时处理死羔及其污染物，控制传染源。

4. 断奶　发育正常的羔羊2~3月龄即可断奶。羔羊断奶多采用一次性断奶法，即将母、仔分开，不再合群。断奶后母羊移走，羔羊继续留在原羊舍饲养，尽量让羔羊保持原来的环境。断奶后，根据羔羊的性别、强弱、体格大小等因素，加强饲养，力求不因断奶影响羔羊的生长发育。羔羊断奶后的适应期为5~7天，应饲喂优质新鲜的牧草和豆科干草，并逐渐增加精料，适应期结束时精料增加到40%以上。断奶后开始每天饲喂5~6次，经过3~7天后每天饲喂3~4次，以后可改为自由采食。

四、育成羊的饲养管理

育成羊是指羔羊断奶到第一次配种这一时期的公、母羊，多在3~18月龄，其特点是生长发育较快，营养物质需要量大。如果此期营养不良，就会显著地影响到生长发育，从而形成个头小、体重轻、四肢高、胸窄、躯干浅的体形。同时，还会使体形变弱、被毛稀疏且品质不良，性成熟和体成熟推迟，不能按时配种，会影响一生的生产性能，甚至失去种用价值。可以说育成羊是羊群的未来，其培育质量是羊群面貌能否尽快转变的关键。

（一）育成羊的生长发育特点

1. 生长发育速度快　育成羊全身各系统均处于旺盛生长发育阶段，与骨骼生长发育关系密切的部位仍然继续增长，如体高、体长、胸宽、胸深增长迅速，头、腿、骨骼、肌肉发育也很快，体形发生明显的变化。

2. 瘤胃的发育更为迅速　6月龄的育成羊，瘤胃容积增大，占胃总容积的75%以上，接近成年羊的容积比。

3. 生殖器官的变化　一般育成母羊6月龄以后即可表现正常的发情，卵巢上出现成熟卵泡，达到性成熟。育成公羊具有产生正常精子的能力。育成羊8月龄左右接近体成熟，可以配种。育成羊开始配种的体重应达到成年羊体重的65%～70%。

（二）育成羊的选种

选择合适的育成羊留种是羊群质量提高的基础和重要手段。生产中经常在育成期对羊只进行挑选，把品种优良的、高产的、种用价值高的公羊和母羊选出来留作繁殖用，不符合要求的或使用不完的公羊则转为商品生产使用。生产中常用的选种方法是根据羊本身的体形外貌、生产成绩进行选择，辅以系谱审查和后裔测定。

（三）育成羊的饲养

1. 合理分群　断乳以后，羔羊按性别、大小、强弱分群，加强补饲，按饲养标准采取不同的饲养方案，按月抽测体重，根据增重情况调整饲养方案。羔羊在断奶组群放牧后，仍需继续补喂精料，补饲量根据牧草情况决定。

2. 适当的精料水平　育成羊阶段仍需注意精料量，有优良豆科干草时，日粮中精料的粗蛋白质含量提高到15%或16%，混合精料中的能量水平应占总日粮能量的70%左右。混合精料日喂量以每只0.4千克为宜，同时还要注意矿物质如钙、磷和食盐的补给。育成公羊生长发育比育成母羊快，所以精料需要量多于育成母羊。

3. 合理的饲喂方法与饲养方式　饲料对育成羊的体形和生长发育影响很大，优良的干草和充足的运动是培育育成羊的关键。给育成羊饲喂大量优质的干草，不仅有利于消化器官的充分发育，而且可使育成羊体格高大，乳房发育明显，产奶多。充足的阳光照射和充分的运动可使其体壮胸宽，心肺发达，食欲旺盛。

4. 适时配种　一般育成母羊在 8~10 月龄，体重达到 40 千克或达到成年体重的 65% 以上时配种。育成母羊的发情不如经产母羊明显和规律，因此要加强发情鉴定，以免漏配。育成公羊须在 12 月龄以后，体重达 60 千克以上时再参加配种。

五、羔羊育肥期的饲养管理

从羔羊断奶至上市出栏的阶段称为育肥期。近年来，国外对肉类的要求由成畜肉转向幼畜肉，肥羔由于瘦肉多、脂肪少、肉质鲜嫩、易消化吸收、膻味少等优点而很受欢迎，因此，育肥羊常采用羔羊育肥方法。

（一）影响肉羊育肥效果的因素

1. 品种与类型　不同品种肉羊增重的遗传潜力不一样。在相同的饲养管理条件下，优良品种可以获得较好的育肥效果。最适宜育肥的肉羊品种应具备早熟性好、体重大、生长速度快、繁殖率高、肉用性能好、抗病性强等特征。肉用绵、山羊品种如杜泊羊、萨福克羊、夏洛莱羊、波尔山羊及其改良羊，育肥效果通常好于本地绵、山羊品种。杂种羊的生长速度、饲料利用率往往超过双亲品种。因此，杂种羊的育肥效果较好。小型早熟羊比大型晚熟羊，肉用羊比乳用羊及其他类型的羊，能较早地结束生长期，及早进入育肥阶段。饲养这类羊不仅能提高出栏率，节约饲养成本，而且还能获得较高的屠宰率、净肉率和良好的肉品品质。

2. 年龄与性别 肉羊在 8 月龄前生长速度较快，尤其是断奶前和 5～6 月龄时生长速度最快。10 月龄以后生长速度逐渐减缓。因此，当年羔羊当年屠宰比较经济。如果继续饲养，生长速度明显减缓，而且胴体脂肪比例上升，肉质下降，养殖效益越来越差。

羊的性别也影响其育肥效果。一般来说，羔羊育肥速度最快的是公羊，其次是羯羊，最后为母羊。阉割影响羊的生长速度，但可使脂肪沉积率增强。母羊（尤其是成年母羊）易长脂肪。

3. 饲养管理 饲养管理是影响育肥效果的重要因素。良好的饲养管理条件不仅可以增加产肉量，还可以改善肉质。

（1）营养水平：同一品种羊在不同营养水平条件下饲养，其日增重会有一定差异。高营养水平的肉羊育肥，日增重可达 300 克以上；而低营养水平条件下的羊，日增重可能还不到 100 克。

（2）饲料类型：以饲喂青粗饲料为主的肉羊与以谷物等精料为主的肉羊相比，不仅肉羊日增重不一样，而且胴体品质也有较大差异。前者胴体肌肉所占比例高于后者，而脂肪比例则远低于后者。

4. 季节 羊最适生长的温度为 25～26 ℃，最适季节为春、秋季。天气太热或太冷都不利于羔羊育肥。气温高于 30 ℃时，绵、山羊自身代谢快，饲料报酬低。但对短毛型绵羊来说，如果夏季所处的环境温度不太高，其生长速度可达到最佳状态。

5. 疾病 疾病严重影响肉羊的育肥效果。

（二）肉羊育肥的方式

1. 放牧育肥 放牧育肥是最经济、应用最普遍的一种育肥方法。放牧育肥是利用天然草场、人工草场或秋茬地放牧，羊采食青饲料种类多，易获得全价营养，能满足羊生长发育的需要，达到放牧抓膘的目的。由于放牧增加了羊的运动量，并能接受阳光中紫外线照射和各种气候的锻炼，有利于羊的生长发育和健康。

其优点是成本低，经济效益相对较高；缺点是常常要受到气候和草场等多种不稳定因素变化的干扰和影响，造成育肥效果不稳定和不理想。

把待育肥的羊，按年龄、体格大小、性别、体况分群，进行放牧育肥的准备。育肥前，先将不作种用的公羔及淘汰公羊去势，同时要驱虫、药浴和修蹄。育肥期一般在 8～10 月，此时牧草生长茂盛，营养丰富，气候适宜，羊只抓膘，育肥效果好。一般放牧抓膘 60～120 天，有条件的给予精料的适当补饲，成年肉羊可增重 20%～40%，羔羊体重可成倍增长。

放牧育肥期的长短因羊类型不同而异，羯羊在夏场结束，淘汰母羊在秋场结束，中下膘情羊群和当年羔羊在放牧期之后适当补饲达到上市标准后结束。总之，放牧育肥不宜在春场和夏场初期结束。

2. 舍饲育肥 舍饲育肥是根据羊育肥前的状态，按照饲养标准和饲料营养价值配制羊的饲喂日粮，并完全在舍内喂、饮的一种育肥方式。与放牧育肥相比，在相同月龄屠宰的舍饲育肥羔羊，活重可提高 10%，胴体重提高 20%，故舍饲育肥效果好，能提前上市。在市场需求的情况下，舍饲育肥可确保育肥羊在 30～60 天的育肥期内迅速达到上市标准，育肥期短。此方式适于饲草饲料丰富的农区。现代舍饲育肥主要用于羔羊生产，人工控制羊舍小气候，采用全价配合饲料，让羊自由采食、饮水，是我国农牧区充分、合理、科学有效地利用退耕种草优势及农作物秸秆、农副产品加工下脚料的一条好途径，可以优化农业产业结构，增加农民收入。

舍饲育肥羊的来源应以羔羊为主，其次来源于放牧育肥的羊群。如在雨季来临或旱年牧草生长不良时，放牧育肥羊可转入舍饲育肥；当年羔羊放牧育肥一段时期，估计入冬前达不到上市标准的部分羊，也可转入舍饲育肥。

舍饲育肥羊日粮中精料可以占到日粮的 45% ~ 60%，随着精料比例的增加，育肥强度增大。加大精料喂量时，必须防止过食精料引起的羊肠毒血症和钙磷比例失调引起的尿结石症等；防止羊肠毒血症，主要靠注射疫苗；防止尿结石，在以各类饲料和棉籽饼为主的日粮中可将钙含量提高到 0.5% 的水平或添加 0.25% 氯化铵，避免日粮中钙磷比例失调。

育肥圈舍要保持干燥、通风、安静和卫生，育肥期不宜过长，达到上市要求即可。舍饲育肥通常为 75 ~ 100 天。时间过短，育肥增重效果不显著；时间过长，饲料转化率低，育肥经济效益不理想。在良好的饲料条件下，育肥期一般可增重 10 ~ 15 千克。

3. 混合育肥　混合育肥有两种情况：一是在秋末冬初，牧草枯萎后，对放牧育肥后膘情仍不理想的羊，采用补饲精料、延长育肥时间，进行短期强化育肥 30 ~ 40 天，使其达到屠宰标准，提高胴体重和羊肉质量；二是由于草场质量或放牧条件差，仅靠放牧不能满足快速增长的营养需要，在放牧的同时，给肥育羊补饲一定数量的混合精料和优质青干草。

混合育肥较放牧育肥可缩短肉羊生产周期，增加肉羊出栏量和出肉量。放牧育肥适用于生长强度较小及增重速度较慢的羔羊和周岁羊，育肥耗用时间较长，不符合现代肉羊短期快速育肥的要求；混合育肥适用于生长强度较大和增重速度较快的羔羊，同样可以按要求实现强度直线育肥。

如果仅补草，应安排在放牧后；如果草、料都补，则可在出牧前补料，放牧后补草。精料每天每只喂量 250 ~ 500 克，粗料不限，自由采食，每天饮水 2 ~ 3 次。使日粮满足肥育羊的饲养标准要求，每千克日粮中含干物质 0.87 千克，消化能 13.5 兆焦，粗蛋白质 12% ~ 14%，可消化蛋白质 106 克。混合育肥可使育肥羊在整个育肥期内的增重比单纯依靠放牧育肥提高 50% 左右，而且所生产羊肉的味道也较好。因此，只要有一定的补饲条件，采用混合育肥方式效果更好。

上述三种育肥方式比较，舍饲育肥增重效果一般高于混合育肥和放牧育肥。从单只羊经济效益分析，混合育肥、放牧育肥经济效益高于舍饲育肥；但从大规模集约化羔羊育肥角度讲，舍饲育肥的生产效率及经济效益比混合育肥和放牧育肥高。

（三）育肥准备

1. 育肥进度和强度的确定　根据羊的品种类型、年龄、体格大小、体况等，制定育肥的进度和强度。绵羊羔羊育肥，一般细毛羔羊在 8~8.5 月龄结束，半细毛羔羊在 7~7.5 月龄结束，肉用羔羊 6~7 月龄结束。采用强度育肥 6 月龄羔羊，一般要求体重不小于 32~35 千克。采用强度育肥，可获得较好的增重效果，育肥期短；若采用放牧育肥，则需延长育肥期。

2. 饲养标准选择和育肥日粮的准备　由于育肥羊的品种类型、年龄、活重、膘情、健康状况不同，首先要根据育肥羊状况及计划日增重指标，确定合适的育肥日粮标准。例如同为体重 30 千克的羔羊，由于其父本品种不同，则需要提供不同的能量和蛋白质水平。小型品种的羊育肥需要稍低量的蛋白质和较高的增重净能，大型品种的羔羊则与此相反。早断奶和断奶的羔羊也需要提供不同的营养水平。刚断奶的 4 月龄羔羊应比 7 月龄羔羊的饲养水平高些。如两类羔羊的育肥始重同为 30 千克，刚断奶的 4 月龄羔羊需要较多的精料和蛋白质，才能取得最大的日增重。

育肥日粮的组成应就地取材，同时搭配要多样化。精料用量可以占到日粮的 45%~60%。一般来说，能量饲料是决定日粮成本的主要饲料，应以就地生产、就地取材为原则，配制日粮时应先计算粗饲料的能量水平满足日粮能量的程度，不足部分再由精料补充调整；日粮中蛋白质不足时，要首先考虑饼粕类植物性高蛋白饲料，正常断乳羔羊和成年羊育肥日粮中也可添加适量的非蛋白氮饲料。

3. 育肥羊舍的准备 育肥羊舍应通风良好、地面干燥、卫生清洁、夏挡强光、冬避风雪，圈舍地面可铺少许垫草。羊舍面积按每只羔羊 0.75 ~ 0.95 平方米、大羊 1.1 ~ 1.5 平方米，保证育肥羊的运动、歇卧。饲槽长度应与羊数量相称，每只羊平均饲槽长度大羊为 40 ~ 50 厘米、羔羊 23 ~ 30 厘米，若为自动饲槽，长度可缩小为大羊 10 ~ 15 厘米、羔羊 2.5 ~ 5 厘米，避免由于饲槽长度不足，造成羊吃食拥挤、进食量不均而影响育肥效果。

4. 育肥羊进舍时的管理 育肥羊育肥前，自繁的羔羊要早补饲，可以加快羔羊生长速度，缩小单、双羔及出生稍晚羔羊体重差异，为以后提高育肥效果，尤其是缩短育肥期打好基础。育肥羊到达育肥舍当天，给予充足饮水和少量干草，减少惊扰，让其安静休息。休息过后，应进行健康检查、驱虫、药浴、防疫注射和修蹄等，并将其按年龄、性别、体格大小、体质强弱状况等组群。对于育肥公羊，可根据其品种、年龄决定是否去势。早熟品种 8 月龄、晚熟品种 10 月龄以上的公羊和成年公羊应去势，这有利于育肥并且所产羊肉无膻味。但是 6 ~ 8 月龄以下的公羊不必去势。不去势的公羔在断乳前的平均日增重比羯羔可高 18.6 克，断乳至 160 日龄左右出栏的平均日增重比羯羔高 77.18 克；从达到上市标准的日龄看，不去势公羔比羯羔少 15 天，但平均出栏重反而比羯羔高 2.27 千克，羊肉的味道却没有差别。育肥开始后，要注意针对各组羊的体况、健康状况及增重计划，调整日粮和饲养方法。最初 2 ~ 3 周要勤观察羊只表现，及时挑出伤、病、弱羊，给予治疗，改善环境。

(四) 育肥期的饲喂及饮水

一般每天饲喂两次，每次投料量以羊 30 ~ 45 分钟内能吃完为准。量不够要添，量过多要清扫。饲料一旦出现发霉或变质则不宜饲喂。饲料变换时要有过渡时期，不能在 1～2 天内改喂新换饲料。精饲料间的变换，应新旧搭配，逐渐加大新饲料比例，3～5 天内全部换完。粗饲料换成精饲料，应料增加先少后多、逐渐增加的方法，10 天左右换完。用作育肥羊日粮的饲料，可以草、料分开喂，也可精、粗饲料混合喂。由精、粗饲料混合而成的日粮，品质一致，不易挑拣，故饲喂效果较好，这种日粮可以做成粉粒状或颗粒状。粉粒饲料中的粗饲料要适当粉碎，粒径 1～1.5 厘米，饲喂时应适当拌湿。颗粒饲料制作粒径大小为：羔羊 1～1.3 厘米，大羊 1.8～2.0 厘米。羊采食颗粒饲料，可增大采食量，日增重提高 25%，减少饲料浪费，但易出现反刍次数减少而吃垫草或啃木桩等现象，胃壁增厚，但不影响育肥效果。

育肥羊必须保证有足够的清洁饮水。多饮水有助于减少消化道疾病、羊肠毒血症和尿结石的发生率，同时可获得较高的增重。每只羊每天的饮水量随气温而变化，通常在气温 12 ℃时为 1.0 千克，15～20 ℃时为 1.2 千克，20 ℃以上时为 1.5 千克。饮水夏季要防晒，冬季防冻，禁止饮用雪水或冰水。定期清洗消毒饮水设备。

育肥期间不能在饲料中添加镇静剂、激素类等违禁药物。肉羊育肥后期使用药物治疗时，应根据所用药物执行休药期。

（五）育肥技术

1. 羔羊早期育肥　羔羊早期育肥包括 1.5 月龄（45 日龄）羔羊断奶全精料育肥和哺乳羔羊育肥两种方法。羔羊早期育肥时，为了预防羔羊疾病，常用一些抗生素添加剂，但要添加允许使用的肉羊饲料添加剂，并在出栏前按停药期规定停药，不使用国家禁用的饲料添加剂。

（1）45 日龄羔羊断奶全精料育肥：羔羊早期（3 月龄以前）的主要特点是生长发育快，胴体组成部分的重量增加大于非胴体部分（如头、蹄、毛、内脏等），脂肪沉积少。消化系统的特点是瘤胃发育不完全，消化方式与单胃家畜相似。羔羊所吸吮乳汁不经瘤胃作用而由食道沟直接流入真胃被消化利用；补饲固体饲料，特别是整粒玉米，通过瘤胃被破碎后进入真胃，然后转化成葡萄糖被吸收，饲料利用率高。而发育完全的瘤胃，微生物活动增强，对摄入的玉米经发酵后转化成挥发性脂肪酸，这些脂肪酸只有部分被吸收，转化率明显低于瘤胃发育不全时。因此，采用45日龄早期断奶全精料育肥能获得较高的屠宰率、饲料报酬和日增重。45日龄羔羊体重在10.5千克时断奶，育肥50天，平均日增重280克，育肥终重达25~30千克，料重比为3∶1。

日粮配制可选用任何一种谷物饲料，但效果最好的是玉米等高能量饲料。谷物饲料不需破碎，其效果优于破碎谷粒，主要表现在饲料转化率高和胃肠病少。使用配合饲料则优于单喂某一种谷物饲料。较佳饲料配合比例为：整粒玉米83%，黄豆饼15%，石灰石粉1.4%，食盐0.5%，维生素和微量元素0.1%。其中维生素和微量元素的添加量按千克饲料计算，维生素A、维生素D、维生素E分别为500国际单位、1000国际单位和20国际单位，硫酸锌150毫克，硫酸锰80毫克，氧化镁200毫克，硫酸钴5毫克，碘酸钾1毫克。改用其他油饼类饲料代替黄豆饼时，日粮中钙磷比例可能失调，应注意防止尿结石。

饲喂方式采用自由采食，自由饮水。饲料投喂最好采用自动饲槽，以防止羔羊四肢踩入槽内造成饲料污染而降低饲料摄入量和扩大球虫病与其他病菌的传播；饲槽离地面高度应随羔羊日龄增长而升高，以饲槽内饲料不堆积或不溢出为宜。如发现某些羔羊啃食圈墙时，应在运动场内添设盐槽，槽内放入食盐或食盐和等量的石灰石粉混合物，让羔羊自由采食。饮水器或水槽内始终保持清洁的饮水。

管理技术上应注意以下几个方面：第一，羔羊断奶前半月龄实行补饲。第二，断奶前补饲的饲料应与断奶育肥饲料相同。玉米粒在刚补饲时稍加破碎，待习惯后则喂以整粒，羔羊在采食整粒玉米的初期，有吐出玉米粒现象，反刍次数也较少，随着羔羊日龄增加，吐玉米粒现象逐渐消失，反刍次数增加，这属正常现象，不影响育肥效果。第三，羔羊育肥期间常见的传染病是羊肠毒血症和出血性败血症。羊肠毒血症疫苗可在产羔前给母羊注射或断奶前给羔羊注射，一般情况下，也可以在育肥开始前注射羊快疫、猝狙和肠毒血症三联疫苗。第四，育肥期一般为 50～60 天，其长短主要取决于育肥终体重，而终体重又与品种类型和育肥初重有关。如大型品种羔羊 3 月龄育肥终重可达到 35 千克以上，一般细毛羔羊和非肉用品种育肥 50 天可达到 25～30 千克。断奶重小于 12 千克时，育肥终重 25 千克左右；断奶重在 13～15 千克时，育肥终重可达 30 千克以上。

（2）哺乳羔羊育肥：同样着眼于羔羊 3 月龄出栏上市，但不提前断奶，只是隔栏补饲水平提高，至 3 月龄从大群中挑出达到屠宰体重的羔羊（25～27 千克）出栏上市，达不到者断奶后仍可转入一般羊群继续饲养。其目的是利用母羊的全年繁殖，安排秋季和冬季产羔，在节日（元旦、春节等）供应应时特需的羔羊肉。

哺乳羔羊育肥基本上以舍饲为主，从羔羊中挑选体格大、早熟性好的公羔作为育肥对象。为了提高育肥效果，同时加强母子饲喂，要求母羊母性好、泌乳多，哺乳期间每天喂给足量的优质豆科干草，另加 0.5 千克精料。羔羊要求及早开食，每天喂 2 次，饲料以谷粒饲料为主，搭配适当黄豆饼，配方同 1.5 月龄早期断奶育肥羯羊，每次喂量以 20 分钟内吃完为宜。另加上等苜蓿干草，由羔羊自由采食，干草品质差时，每只羔羊日粮中应添加 50～100 克蛋白质饲料。到 3 月龄，活重达到标准者出栏上市。

2. 断乳羔羊育肥　断乳羔羊育肥是羊肉生产的主要形式，因为断乳羔羊除部分被选留到后备群外，大部分需出售处理。一般情况下，体重小或体况差的进行适度育肥，体重大或体况好的进行强度育肥，均可进一步提高经济效益。各地可根据当地草场状况和羔羊类型选择适宜的育肥方式。采用舍饲育肥或混合育肥后期的圈舍育肥，通常在入圈舍育肥之前先利用一个时期的较好牧草地或农田茬地，使羔羊逐渐适应饲料转换过程，同时也可降低育肥饲料成本。断乳羔羊育肥应注意如下方面。

（1）哺乳羔羊的饲养：健壮羔羊是育肥的基础。因此，羔羊出生后要及时吃足初乳，对多胎羔羊和母羊死亡的羔羊要实行人工哺乳。配方为：面粉50%、糖24%、油脂20%、磷酸氢钙2%、食盐1%、黄豆粉3%。可用瓶喂或盆喂，饲喂要定时、定温、定质和定量。7日龄开始用嫩青草诱食。15日龄加强补饲，配方为：干草粉30%、麦秸44%、精料25%、食盐1%。30日龄后以放牧为主，补足精料。加强运动，强化管理。羔羊3～4月龄断乳即可育肥。羊对精料质量反应很敏感，不能喂发霉或发酵的饲料。

（2）断乳时间：断乳时间可根据开食情况掌握，应在其可食70～80克精料时断乳。为了减少羔羊转群时的应激反应，在羔羊转出之前应先集中暂停给水给草，空腹一夜；第二天装车运出，运出时速度要快，尽量减少延误时间；到肥育地后的当天不要喂饲，只给水和少量干草让羊安静休息，避免惊扰；然后再进行称重、注射四联苗和灌驱虫药等。

（3）育肥前准备：羔羊出生后1～3周内均可断尾，但以2～7天最理想。选择晴天的早晨进行，可采用结扎、烧烙或快刀等断尾方法，创面用5%碘酊消毒。去势可与断尾同时进行，采用手术或结扎等方法。驱虫健胃，按羊每5千克体重用克虫星粉剂5克或虫克星胶囊0.2粒，口服或拌料喂服，或用左旋咪唑、苯丙咪唑驱虫。驱虫后3天每次用健胃散25克、酵母片

5～10 片，拌料饲喂，连用 2 次。

（4）预饲过渡期管理：育肥开始后，不论采用何种肥育方式都要有预饲过渡期。预饲过渡期在适度育肥时为两个阶段：第一阶段 1～3 天，只喂干草，让其适应新环境；第二阶段 7～10 天，给予 70% 干草、25% 玉米粒、4% 豆饼、1% 食盐。强度肥育羔羊预饲过渡期大致分为三个阶段：第一阶段 1～3 天，只喂干草，让羔羊适应新环境；第二阶段 7～10 天，参考日粮组成为玉米粒 25%、干草 64%、糖蜜 5%、豆饼 5%、食盐 1%；第三阶段为 10～14 天，参考日粮组成为玉米粒 39%、干草 50%、糖蜜 5%、豆饼 5%、食盐 1%、抗生素 35 毫克。以上日粮每天饲喂 2 次，投料以能在 40 分钟内吃完为宜。另外，还可根据各地不同资源自行调整。

（5）育肥期管理：育肥期管理要点见表 5-3。

（6）增重剂的使用：常用的增重剂有以下几种。育肥复合饲料添加剂：每只羊每天 2.5～3.3 克混合饲喂，适于生长期和育肥期；莫能菌素：每千克日粮中添加 25～30 毫克，均匀混入饲料中饲喂；杆菌肽锌：每千克混合饲料中添加 10～20 毫克，混匀饲喂；喹乙醇：每千克日粮中添加 50～80 毫克混料饲喂；牛羊乐（又名磷酸脲）：每只羊每天添加 10 克饲喂；尿素：在日粮中添加 1.5%～2% 饲喂，忌溶于水中或单独饲喂，防止中毒。中毒者可用 20%～30% 糖水或 0.5% 食醋解救。

（7）精心管理：要求羊舍地势干燥，向阳避风，建成塑料大棚暖圈，高度 1.5 米左右，每只羊占地面积 0.8～1.2 平方米。保持圈舍冬暖夏凉，通风良好。勤扫羊舍，地面洁净。育肥前要对圈舍、墙壁、地面及舍外环境等严格消毒。大小羊要分圈饲养，易于管理育肥。定期给羊注射炭疽、羊快疫、羊痘、羊肠毒血症等疫苗免疫。经常刷拭羊体，保持皮肤洁净。随时观察羊体健康状况，发现异常及时隔离诊断治疗。

表5-3　育肥期管理要点

方法	管理要点
舍饲育肥	舍饲育肥不但可以提高育肥速度和出栏率，而且可保证市场羊肉的均衡供应。适用于无放牧场所、农作物副产品较多、饲料条件较好的地区。春、夏、秋季在有遮阴棚的院内或围栏内，秋末至春初寒冷季节在暖舍或塑料棚内喂养。舍饲育肥为密集式，包括饲喂场地、通道，每只羊占地面积1.2平方米。冬暖夏凉、空气新鲜、地面干爽。有充足的精、粗饲料储备，最好有专用的饲料地 　　每天饲喂3次，夜间加喂1次。夏秋饮井水，冬春饮温水。饲喂顺序是：先草后料，先料后水。早饱，晚适中，饲草搭配多样化，禁喂发霉变质饲料。干草要切短。羊减食时每只喂干酵母4~6片 　　参考配方1：玉米粉、草粉、豆饼各21.5%，玉米17%，花生饼10.3%，麦麸6.9%，食盐0.7%，尿素0.3%，添加剂0.3%。前20天每只羊日喂料350克，以后20天每只400克，再20天每只450克，粗料不限量，青料适量 　　参考配方2：玉米66%，豆饼22%，麦麸8%，骨粉1%，细贝壳粉0.5%，食盐1.5%，尿素1%，添加含硒微量元素和维生素 AD_3 粉。混合精料与草料配合饲喂，其比例为6:4。一般羊4~5月时每天饲喂精料0.8~0.9千克，5~6月龄时饲喂1.2~1.4千克，6~7月龄时饲喂1.6千克
放牧加补饲育肥	在草场条件不够理想的地区，多采用这种育肥方式。首先要延长放牧时间，尽量使羊只吃饱、饮足，归牧时再补给混合精料。采取放牧为主、补饲为辅，降低饲养成本，充分利用草场 　　参考配方1：玉米粉26%，麦麸7%，棉籽饼7%，酒糟48%，草粉10%，食盐1%，尿素0.6%，添加剂0.4%。混合均匀后，羊每天傍晚补饲300克左右 　　参考配方2：玉米70%，豆饼28%，食盐2%。日补饲0.3~0.5千克，上午补给总量的30%，晚间补给70%。饲喂时加粗饲料（草粉、地瓜秧粉、花生秧粉）15%，混匀拌湿，槽饲 　　遇到雨雪天气不能出牧时，粗饲料以秸秆微贮为主。在枯草期除补饲秸秆微贮外，还要在混合精料中另加5%~10%的麦麸及适量的微量元素和维生素 AD_3 粉。有条件的还要喂些胡萝卜、南瓜等多汁饲料。入冬气温低于4℃时，夜间应进入保温圈、棚内

六、成年羊育肥期的饲养管理

(一) 选羊

成年羊育肥一般采用淘汰的老、弱、乏、瘦以及失去繁殖机能的羊进行育肥，还有采用少量的去势公羊进行育肥。选羊要选购个体高大、精神饱满、无病、灵活、毛色光亮的羊，价格适中，无传染病。

(二) 驱虫

寄生虫不但消耗羊的大量营养，而且还分泌毒素，破坏羊只消化、呼吸和循环系统的生理机能，对羊只的危害严重。在羊育肥之前应首先进行驱虫，用高效驱虫药左旋咪唑每千克体重 8 毫克对水溶化，配制成 5% 的水溶液做肌内注射，能驱除羊体内多种圆虫和线虫，同时用硫双二氯酚按每千克体重 80 毫克，加少许面粉对水 250 毫升喂料前空腹灌服，能驱除羊肝片吸虫和绦虫。上述措施避免了羊只额外的损失，对快速育肥和减少饲草料损耗十分重要。羊只健胃一般采用人工盐和大黄苏打片。驱虫、健胃对于反刍动物意义很大，当然要注意用药剂量，避免造成无效或中毒死亡。

(三) 饲喂

精料配方：玉米粉 50%，胡麻籽饼 30%，糠 9%，麸皮 10%，盐 1%；或玉米 55%，油饼 35%，麸皮 8%，盐、尿素各 1% (溶于水中)。冬季可用胡萝卜、甜菜渣来饲喂。将购进羊按大小分圈进行驱虫、健胃后，减少其活动量，一般日喂精料 0.7 千克左右，育肥 50 天即可出栏，平均日增重达到 250 克左右。

(四) 管理

1. 分群　挑选出来的羊应按体重大小和体质状况分群，一般把相近情况的羊放在同一群育肥，避免因强弱争食造成较大的个体差异。

2. 入圈前的准备　对待育肥羊只注射羊快疫、猝狙和肠毒血症三联疫苗和驱虫。同时在圈内设置足够的水槽和料槽，并进行环境（羊舍及运动场）清洁与消毒。

3. 选择最优配方配制日粮　选好日粮配方后，严格按比例称量配制日粮。为提高育肥效益，应充分利用天然牧草、秸秆、树叶、农副产品及各种下脚料，扩大饲料来源。合理利用尿素及各种添加剂（如育肥素、喹乙醇、玉米赤霉醇等）。据资料显示，成年羊日粮中，尿素可占到2%，矿物质和维生素可占到3%。

4. 安排合理的饲喂制度　成年羊只日粮的日喂量依配方不同而有差异，一般为2.5～2.7千克。每天投料两次，日喂量的分配与调整以饲槽内基本不剩为标准。喂颗粒饲料时，最好采用自动饲槽投料。雨天不宜在敞圈饲喂；午后应适当喂些青干草（每只0.25千克），以利于反刍。

七、羊的放牧技术

羊合群性好，自由采食能力，游走能力好，是以放牧为主的草食家畜。羊放牧饲养的优点：一是能充分利用天然的植物资源，降低生产成本；二是能增加运动量，保持羊体健康；三是合理放牧能促进草场植被的生长和更新，提高草场生产能力，维护生态平衡。因此，在我国的广大牧区和农牧交错地区，放牧饲养一直是养羊的主要方式。放牧饲养要遵循以草定畜的原则，在羊草相对平衡的前提下，合理地保护和利用草场资源，科学地使用放牧的方法和技术，有计划地组织放牧，就可获得良好的效果。

（一）放牧羊群的分群及规模

合理组织羊群是科学放牧饲养绵羊、山羊的重要环节。在实际生产中，要合理地选留和淘汰羊只，这对科学利用和保护草场，经济利用劳动力和设备，有效提高羊群生产力等方面有重要意义。羊群的规模应根据羊只的具体数量、类别（绵羊与山羊）、品种、性别、年龄、体质强弱和放牧场的地形地貌而定。羊数量较多时，同一品种可分为种公羊群、试情公羊群、成年母羊群、育成公羊群、育成母羊群、羯羊群和核心母羊群等；在数量较多的成年母羊群和育成母羊群中，还可按级组成等级羊群。羊数量较少时，应将种公羊单独组群，母羊可分成繁殖母羊群和淘汰母羊群。为确保种公羊群、育种核心群、繁殖母羊群能安全越冬度春，每年秋末冬初时，应根据冬季放牧场的载畜能力、饲草饲料储备情况和羊的营养需要，淘汰老龄、瘦弱及品质较差的羊只，并进行整群，以缩小饲养规模，减轻草场压力。

我国放牧羊群的规模因牧场的不同而不同。牧区的繁殖母羊群以 250～500 只为宜，半农半牧区以 100～150 只为宜，山区以 50～100 只为宜，农区以 30～50 只为宜；育成公羊和母羊可适当增加，核心群母羊可适当减少；成年种公羊以 20～30 只、后备种公羊以 40～60 只为宜。

（二）羊的放牧方式

放牧方式是指对牧场的利用方式。我国的放牧方式分为固定放牧、围栏放牧、季节轮牧和划区轮牧四种方式。

1. 固定放牧　固定放牧是羊群一年四季在一个特定区域内放牧采食。这是一种原始的放牧方式，对草场利用与保护不利，载畜量低，单位草场面积提供的畜产品数量少，是一种被逐渐淘汰的放牧方式。

2. 围栏放牧　围栏放牧是根据地形把放牧场围起来，在一个栏内，根据牧草生长情况和羊的营养需要，科学安排一定数量的羊只进行放牧。此方式能固定草场使用权，对合理利用和保护草场有重要作用。据报道，实施围栏放牧，可提高围栏内产草量 17%～65%，草的质量也有明显提高。

3. 季节轮牧　季节轮牧是根据四季牧场的划分，按季节轮流放牧。这是我国牧区目前采用较多的放牧方式，它能较合理利用草场，提高放牧效果。为了防止草场退化，可安排休闲牧地，以利于牧草恢复生机。

4. 划区轮牧 划区轮牧是在划定季节牧场基础上，根据牧草的生长、草地生产力、羊群对营养的需要和寄生虫的侵袭动态等，将牧地划分为若干个小区，羊群按一定的顺序在小区内进行轮回放牧。划区轮牧是一种先进的放牧方式，其优点如下：第一，能合理利用和保护草场，提高草场载畜量，据新疆泥泉种羊场试验，划区轮牧比传统放牧方式牧草的利用率提高 20%~30%；第二，划区轮牧将羊群控制在小区范围内，减少了游走所消耗的热能，增重加快，与传统放牧方式相比，春、夏、秋、冬平均日增重分别提高 13.42%、16.25%、52.53%、100%；第三，能控制内寄生虫感染，羊体内寄生虫卵随粪便排出，约经 6 天发育成幼虫，便可感染羊群，根据资料，只要将羊群在某一小区放牧时间限制在 6 天以内，就可减少内寄生虫的感染。

（三）放牧的基本要求

1. 三勤、四稳 三勤就是腿勤、手勤、嘴勤；四稳就是出入圈稳、放牧稳、走路稳、饮水稳，其中以放牧稳最为重要。放得稳、少走路、多采食、能量消耗少，羊膘情就好。所以放牧稳是增膘的关键。

2. 学会领羊、挡羊、喊羊、折羊 领羊是人在羊群前慢走，羊群跟着人走，主要用于放牧饮水和归牧；挡羊是人在领头羊的前面来回走动，使羊群徐徐向前推进，主要用于牧地放牧，使羊群不乱跑；喊羊是放牧时呼以口令，使落后的羊跟上队，抢先的羊缓慢前进，主要用于牧地放牧或羊群距离过远时，防止因羊强弱不同造成采食不均、体力消耗差异过大；折羊是改变羊群前进方向，把羊群拨向既定的草地、有水源的道路上去。如放牧时不善于引导，则羊群的走动极不稳定，时而围绕成圈，时而前前后后，时而分成几段，常使羊群处于被追逐的状态。因此，放牧员必须善于勤挡稳放，控制好羊群。

3. 有计划地训练、调教羊　羊属活泼型牲畜，条件反射的建立比沉静型的绵羊快，反应灵敏，便于调教。调教和训练羊有利于发挥羊的合群性、游牧性，便于实现上述的放牧和饲养管理要求。有经验的放牧员，都对羊群进行严格的训练，特别是培养与调教领头羊。调教的方法主要通过长期的条件反射进行。

4. 建立指挥群羊的口令　通过长时期的条件反射训练，要让羊群理解放牧员的固定口令。选口令时应注意语言配合固定的手势，不可随意改变，否则指挥口令发生混乱，影响条件反射的建立。

（四）放牧羊群的队形

为了控制羊群游走、休息和采食时间，使其多采食、少走路从而有利于抓膘。在放牧实践中，应通过一定的队形来控制羊群。羊群的放牧队形名称甚多，但基本队形主要有"一条鞭"和"满天星"两种。放牧队形应根据地形、草场品质、季节和天气灵活应用。

1. 一条鞭　羊群放牧时排列成"一"字形的横队。横队一般有 1～3 层。放牧员在羊群前面控制羊群前进的速度，使羊群缓缓前进，并随时命令离队的羊只归队，如有助手可在羊群后面防止少数羊只掉队。出牧初期是羊采食高峰期，应控制住领头羊，放慢前进速度；当放牧一段时间，羊快吃饱时，前进的速度可适当快一点；待到大部分羊只吃饱后，羊群出现站立不采食或躺卧休息时，放牧员在羊群左右走动，不让羊群前进；羊群休息反刍结束，再继续前进放牧。此种放牧队形，适用于牧地比较平坦、植被比较均匀的中等牧场。春季采用这种队形，可防止羊群"跑青"。

2. 满天星　放牧员将羊群控制在牧地的一定范围内让羊只自由散开采食，当羊群采食一定时间后，再移动更换牧地。散开面积的大小，主要决定于牧草的密度。牧草密度大、产量高的牧地，羊群散开面积小，反之则大。此种队形，适用于任何地形和草原类型的放牧地。对牧草优良、产草量高的优良牧场或牧草稀疏、覆盖不均匀的牧场均可采用。总之，不管采用何种放牧队形，放牧员都应做到"三勤"（腿勤、眼勤、嘴勤）、"四稳"（出入圈稳、放牧稳、走路稳、饮水稳）、"四看"（看地形、看草场、看水源、看天气），宁为羊群多磨嘴，不让羊群多跑腿，保证羊一日三饱。否则，羊走路多，采食少，不利于抓膘。

（五）不同季节饲养技术要点

1. 春夏之交禁牧舍饲饲养　建议在 1~6 月青草发芽期进行舍饲圈养。根据我国北方草场日益退化的现状，在青草发芽期禁牧，是对草场最大的保护，最合理、最经济的利用方式；另外，此阶段也是母羊产羔和哺乳季节，需要舍饲细心饲养。但禁牧舍饲需要有一定的投入，如圈舍、饲槽等饲养工具所投入的资金比较多。舍饲圈舍应具备通风良好、清洁卫生、环境安静、不惊吓羊群等条件。在潮湿季节，舍饲圈舍最好铺垫一些秸秆、木屑或其他吸水材料。若条件允许，圈舍地面最好用砖铺成，有利于粪便清扫和尿液渗漏。舍饲开始时，进圈舍饲羊改变饮食习惯要有适应期，可实行半天放牧、半天舍饲，之后放牧时间逐渐缩短，舍饲时间逐渐加长。经过 7 天时间实行完全舍饲。舍饲饲喂以青贮饲料、干草为主的日粮，逐渐加入舍饲日粮。舍饲饲养，每天喂草料 2~3 次，饮水 2~3 次。一般情况下，成年羊饮水量：冬季 1~1.5 千克，春、秋季 2~2.5 千克，夏季 2.5~3 千克；羔羊饮水量相应为 0.5~1 千克、1~1.5 千克、1.5~2 千克。青草期每天喂给 3~5 千克青草，枯草期每天喂给干草、秸秆、青贮饲料等 1~2 千克。饲喂方法：先喂给粗饲料，后喂给精饲料；先喂给适口性差的，后喂给适口性好的。这样有助于增加采食量。如果为了提高羊肉产品产量和质量，要人工控制羊舍小气候，采用全价料，让羊只自由采食、饮水。舍饲饲养在饲喂的同时，更要给羊只留出一定的运动时间，保证羊只健康。

2. 夏季放牧 经过禁牧后，要逐渐过渡到放牧采食的青草日粮。羊群在夏季草场上放牧后，其体力逐渐得到恢复，这时期牧草丰茂，正值开花期，营养价值较高，是抓膘的好时期。但夏季气温高、多雨、湿度较大、蚊蝇较多，对羊群抓膘不利。因此，在放牧技术上要求早出牧、晚收牧，中午天气炎热时休息，延长有效放牧时间。气候炎热时，可实行一天两次放牧方法，即早、晚两次放牧，中午休息，效果较好。夏季绵、山羊需水量增多，每天应保证充足的饮水，同时，应注意补充食盐和其他矿物质。夏季选择高燥、凉爽、饮水方便的牧地放牧，可避免因气候炎热、潮湿、蚊蝇骚扰对羊群抓膘的影响。

3. 秋季放牧 秋季牧草结籽，营养丰富，秋高气爽，气候适宜，是羊群抓膘的黄金季节。谚语说："夏季抓肉膘，秋季抓油膘。"秋季抓膘，应尽量延长放牧时间，中午可以不休息，做到羊群多采食、少走路。对刈割草场或农作物收获后的茬地，可进行抢茬放牧。羊群能利用茬地遗留的茎叶、籽实及田间杂草，同时羊粪又能增加土壤的肥力。但对于划区轮牧的草场或以秋季牧草籽实为下一年度牧草种子的草场，要进行禁牧以保护和改善生态环境。秋季还是绵、山羊配种季节，要做到抓膘、配种两不误。在霜冻天气来临时不宜早牧，以免妊娠母羊采食霜冻牧草而引起流产。

4. 冬季放牧 冬季放牧应注重保膘、保胎，保证胎儿正常发育，羊只安全越冬。冬季气候寒冷，牧草枯黄，放牧时间长，放牧地有限，草畜矛盾突出。应延长在秋季草场放牧的时间，推迟羊群进入冬季草场的时间。对冬季草场的利用原则是先远后近，先阴坡后阳坡，先高后低，先沟堑地后平地。严冬时，顶风出牧，顺风收牧，出牧不宜太早，收牧不宜太晚。冬季放牧应关注天气预报，避免风雪袭击。对妊娠母羊放牧速度宜慢，不跳沟、不惊吓，出入圈舍不拥挤，以利于羊群保胎。在羊舍附近划出草场，以备大风雪天或产羔期利用。

八、羊的其他管理技术

（一）编号

对羊育种工作来说，编号是一项必不可少的工作，编号便于选种选配。常用的方法有耳标法、剪耳法、墨刺法和烙角法等。

1. 耳标法 耳标有金属耳标和塑料耳标两种，形状有圆形和长条形。耳标用以记载羊的个体号、品种符号及出生年月等。以金属耳标为例，用钢字钉把羊的出生年月和个体号打在耳标上，第一个数字代表年份的最末一个字，第二个和第三个数字代表月份，后面的数字代表个体号，中间的"0"的多少应根据羊群的大小来决定。在种羊场，一般公羊的编号为单号，母羊的编号为双号。例如：51200031，前面的512代表2005年12月生的，后面的00031即为个体号，为公羊编号。个体号每年由1或2编起。耳标一般戴在左耳上。用打孔钳打孔时，应在靠近耳根软骨部，避开血管，先用碘酊消毒，然后打孔。塑料耳标使用也很方便，先把羊的出生年月及个体号同时写上，然后再打孔戴上即可。塑料耳标有红、黄、蓝三种颜色，颜色代表羊的等级。

2. 剪耳法 剪耳法是指利用耳号钳在羊耳朵上打号，每剪一个耳缺，代表一定的数字，把几个数字相加，即得所要的编号。以羊耳的左右而言，一般应采取左大右小，下1上3，公单母双（或连续排列）。右耳下部一个缺口代表1，上部一个缺口代表3，耳尖缺口代表100，耳中圆孔代表400。左耳下部一个缺口代表10，上部一个缺口代表30，耳尖缺口代表200，耳中圆孔代表800。

（二）去势

去势亦称阉割。去势的羊通常称为羯羊。去势后的公羔性情温顺，管理方便，节省饲料，肉的膻味小且较细嫩。因此，凡不作种用的公羔和公羊，都要去势饲养。

公羔以出生后 18 天左右去势为宜，如遇阴天或体弱者可适当推迟。去势和断尾可同时进行或单独进行，最好在上午 10 时前进行，以便全天观察和护理去势羊。去势可采用刀切法或结扎法。

1. 刀切法　使用阉割刀或手术刀切开阴囊，摘除睾丸。手术时需两个人配合，助手保定羊，可采用侧卧保定或提起两后肢，两腿夹住羔羊前身。阴囊外部用 75% 乙醇或碘酊消毒，消毒后术者一只手握住阴囊上方，以防睾丸缩回腹腔内；另一只手用消过毒的刀在阴囊侧下方切开一小口，约为阴囊长度的 1/3，以能挤出睾丸为度。切开后把睾丸连同精索拉出，最好钝性刮断，刮断后断端消毒，撕断的上端精索自动缩回，一般不用剪刀剪或刀割。一侧的睾丸取出后，同法取出另一侧睾丸。也可由同一侧的切口取出另一侧的睾丸，用刀把阴囊的纵隔切口即可实现。睾丸摘除后，在阴囊内撒 20 万～30 万单位的青霉素，然后对切口消毒。术后应勤观察，如发现阴囊肿胀，可挤出阴囊中的血水，再涂抹碘酊和消炎粉。如果是大公羊，应结扎精索，以防出血过多，切口也应在上方缝合，但应留一小孔。去势后应隔 2～3 小时驱赶羊只慢慢活动。

2. 结扎法　此法适用于羔羊。公羔出生后 8～10 小时，将睾丸挤进阴囊里，用橡皮筋或细绳紧紧地结扎在阴囊的上部，目的是断绝睾丸的血液供应。经 15 天左右，阴囊及睾丸萎缩后会自动脱落。

（三）去角

去角的目的是为了便于饲养管理。有的羊好斗，角斗往往造成损伤或导致母羊流产，特别是公羊，有角后特别凶狠。因此，对有角的羊，特别是公山羊及乳用山羊，应在出生后 5～10 天内去角。去角方法有烧烙法和腐蚀法两种。

1. 烧烙法 把 14～16 号钢筋棒（长 30 厘米左右）一头截平，把周边的棱磨秃一些，然后放火炉上烧热。去角前应确定羔羊是否有角，有角的羊，角基处的毛有旋，用手摸可感到有硬的突起。术者坐在小凳上，把羔羊横放在两腿之上，一手固定羊头，另一手把烧成紫红色的钢筋棒对准角基部旋转，一直烧烙到头的骨面为止，范围应稍大于角基。手术时不要用力下压，以防把头骨烧破。在手术过程中，最好配备一个保定人员，保定人蹲在术者的对面固定羔羊四肢。此法简单、易操作，同时也起到了消毒的作用。也可用 300 瓦的电烙铁烧烙去角，但速度稍慢。

2. 腐蚀法 腐蚀法的保定方法同烧烙法。具体方法是：先将角基处的毛剪掉，周围涂上凡士林，目的是防止氢氧化钠溶液侵蚀其他部分和流入眼内。取氢氧化钠（烧碱）棒一支，一端包好，以防腐蚀手，另一端蘸水后在角的突起部反复研磨，直到微出血为止，但不要摩擦过度，以防出血过多。摩擦面要照准角基部并略大于角基部，如果摩擦面过小或位置偏在一方，日后会长出短角。摩擦后，在角基上撒一层消炎粉，然后将羔羊单独放在隔离栏内，与母羊隔开，防止哺乳时氢氧化钠溶液沾在母羊的乳房上而损伤乳房。1 小时后就可把羔羊放回母羊舍。

（四）捕羊及导羊

1. 捕羊 羊的性情怯懦，胆子小，不易捕捉。为了避免捉羊时把羊毛拉掉或扭伤羊腿，捕羊人应悄悄地走到羊背后，用两手迅速抓住羊的左、右两肷窝的皮或抓住羊腿的飞节上部。除了这些部位，抓其他部位对羊都有伤害。

2. 导羊 导羊前进时，导羊人应站立在羊的左侧，用左手托住羊的颈下部，用右手轻轻搔动羊的尾根，羊即前进。人也可以站在羊的右侧导羊前进。

（五）断尾

断尾主要针对肉用绵羊品种公羊与本地母绵羊的杂交羔羊、半细毛羊羔羊。这些羊均有一条细长的尾巴，为避免粪、尿污染羊毛，防止夏季苍蝇在母羊阴部产卵而导致疾病，便于母羊配种，必须断尾。断尾应在羔羊生后 10 天内进行，此时尾巴较细，出血少。断尾有热断法和结扎法两种。

1. 热断法　需要一个特制的断尾铲（厚 0.5 厘米，宽 7 厘米，高 10 厘米）和两块 20 厘米×20 厘米的木板。在一块木板的下部，挖一个半圆形的缺口，断尾时把尾巴正好压在这个半圆形的缺口里。木板的两面钉上铁皮，以防止烧热的断尾铲把木板烧着或烫伤羔羊的肛门和睾丸。另一块木板两面钉上铁皮，断尾时把它衬在板凳上面，以防把板凳烫坏。操作时需两个人配合。一个助手保定羔羊，即两手分别握住羔羊的前后肢，把羔羊的背贴胸前。另一个助手骑在板凳上，让羔羊正好蹲坐在板上。术者在离尾根 4 厘米处（第三、第四尾椎之间），用带有半圆形缺口的木板把尾巴紧紧地压住，把烧成暗红色的断尾铲放在尾巴上稍微用力往下压，即可将尾巴断下。切记，速度不宜过快，否则不易止血。断下尾巴后若仍出血，可用热的断尾铲再烫一烫。此法的优点是速度快、操作简便、失血少。

2. 结扎法　用橡皮筋在尾巴适中的位置（第三、第四尾椎之间）紧紧扎住，断绝血液流通，下端的尾巴 10 天左右即自行脱落。

（六）剪毛

1. 剪毛的时间和次数　由于各地气候差异较大，给羊剪毛的适宜时间也不相同。一般北方地区在 5~6 月，北京以南地区多在 4 月中旬左右。剪毛次数应根据羊的品种而定。细毛羊一般一年剪一次毛，粗毛羊一年可在春、秋季各剪一次毛，山羊仅在每年的春天剪一次粗毛，奶山羊可不剪毛。

2. 剪毛的顺序　一般是先剪粗毛羊，然后剪半细毛羊、杂种羊，最后剪细毛纯种羊。对同一品种羊，则先剪羯羊、幼龄羊，后剪种公羊、种母羊。患病的羊，特别是患外寄生虫病的羊，应留在最后剪毛。

3. 剪毛方法　剪毛应选择无风的晴天，羊不致因剪去被毛而着凉感冒。剪毛时，要先用绳子把羊的一侧前、后肢捆住，使羊左侧卧地，剪毛人员先蹲在羊的背后，由羊后肋向前肋直线开剪，然后按与此平行方向剪腹部及胸部的毛，再剪前、后腿毛，最后剪头部毛，一直把羊的半身毛剪至背中线，再用同样的方法剪另一侧的毛。在翻转羊体前，最好在地上铺一些干草，把剪过毛的一侧放在草上，这样会使羊安静些，并可起到保护羊皮肤的作用。剪毛时，剪刀要放平，紧贴羊的皮肤，使毛茬留得短而齐。如皮肤被剪破，应及时涂碘酊消毒。剪完毛后把毛按等级收集起来。

（七）修蹄

长期舍饲的羊，蹄磨损少，蹄不断生长，造成行走不便、采食困难，严重者引起蹄病或蹄变形。

修蹄一般在雨后进行，这时蹄质软易修剪。修蹄时让羊坐在地上，人站在羊背后，使羊半躺在人的两腿中间。修蹄时从左前肢开始，术者用左腿架住羊的左肩，使羊的左前膝靠在术者的膝盖上，左手握蹄，右手持刀、剪，先除去蹄下污泥，将生长过长的蹄尖剪掉，然后用利刀把蹄底的边缘修整到和蹄底一样平齐。修到蹄底可见淡红色的血管为止，不要修剪过度。整形后的羊蹄，蹄底平整，前蹄呈椭圆形。变形蹄需多次修剪，逐步校正。

（八）药浴

一般情况下剪过毛的羊都应药浴，以防疥癣病的发生。药浴使用的药剂有 0.05% 辛硫磷水溶液、石硫合剂。

1. 石硫合剂的配制方法 生石灰 15 千克，硫黄粉 25 千克，用水搅成糊状，加水 300 千克，用铁锅煮沸，边煮边用棒搅拌，到呈浓茶色时止。然后倒入木桶或水缸里，沉淀后取上清液对入 1000 千克温水，即可用于药浴。

2. 药浴的注意事项 一是在药浴前 8 小时停止喂料，在入浴前 2~3 小时给羊饮足水，以防止羊喝药液；二是先浴健康羊，最后浴有疥癣的羊；三是药液的深度以没及羊体为宜，羊出浴后应在滴流台上停留 10~20 分钟；四是在出口处，工作人员应把每只羊的头部压入药液中 1~2 次；五是药浴后 5~6 小时可转入正常饲养；六是怀孕 2 个月以上的母羊一般不可进行药浴；七是药浴时间以剪毛后 6~8 天为好，第一次药浴后 8~10 天再重复药浴一次。

（九）刷拭

刷拭羊体可增加羊的血液循环。为保持羊体的清洁卫生，可每天进行一次或两天进行一次，工具可用棕刷、旧扫把、旧钢刷、旧木工锯条等。刷拭顺序一般从前到后，从上到下。刷拭可以在饲喂后进行，山羊更应当刷拭。

九、羊的饲养管理日程及不同季节具体安排

（一）羊饲养管理日程

羊饲养管理日程见表 5-4。

表 5-4 羊饲养管理日程

类型	季节	饲养方式	时间	日程安排
大羊（成羊、育成羊）	夏秋季	舍饲	5:30~6:30	检查羊群
			6:30~9:30	第一次饲喂、饮水，先粗料，后精料，最后饮水或自由饮水

类型	季节	饲养方式	时间	日程安排
大羊（成羊、育成羊）	夏秋季	舍饲	9:30~15:30	运动、反刍、卧息，清扫羊舍、饲槽，检查羊群
			15:30~18:30	第二次饲喂、饮水，次序同第一次饲喂
			18:30~5:30	运动、添草、饮水、反刍、卧息，检查羊群
		半舍饲半放牧	5:30~6:30	检查羊群
			6:30~9:30	第一次放牧，清扫羊舍、饲槽
			9:30~11:30	第一次饲喂、饮水，先粗料，后精料，最后饮水或自由饮水
			17:30~18:30	归牧、卧息、反刍
			18:30~21:30	第二次饲喂、饮水或自由饮水，次序同第一次饲喂
			21:30~6:30	卧息、反刍
	冬春季	舍饲	6:30~7:30	检查羊群
			7:30~9:30	第一次饲喂、饮水，先喂粗饲料，后精料，最后饮水或自由饮水
			9:30~15:30	运动、反刍、卧息，清扫羊舍（不扫粪）和饲槽，检查羊群
			15:30~17:30	第二次饲喂、饮水，次序同第一次饲喂
			17:30~19:30	运动、反刍、卧息，清扫羊舍（不掏粪）和饲槽，检查羊群
			19:30~21:30	添草、饮水，检查羊群

续表

类型	季节	饲养方式	时间	日程安排
大羊（成羊、育成羊）	冬春季	半舍饲半放牧	6:30~7:30	检查羊群
			7:30~9:30	第一次饲喂、饮水，先喂粗饲料，后精料，最后饮水或自由饮水
			9:30~17:30	放牧（若草场距羊舍较近，也可放牧到14:30归牧，人吃午饭后再第二次出牧），清扫羊舍（不扫粪）和饲槽
			17:30~18:30	归牧、卧息、反刍
			18:30~21:30	第二次饲喂、饮水或自由饮水，次序同第一次饲喂
			21:30~6:30	卧息、反刍
羔羊	冬春羔	舍饲	时间安排与大羊相同	仅在大羊两次运动场活动时，母仔同场所活动、吃奶，其他时间与大羊分开饲喂
		半舍饲半放牧	6:30~7:00	检查羊群
			7:30~9:30	第一次饲喂、饮水，先喂粗饲料，后精料，最后饮水或自由饮水
			9:00~9:30	羔羊归大羊群吃奶
			9:30~17:30	运动，运动场添草，反刍、卧息，清扫羊舍和饲槽，检查羊群
			17:30~18:30	运动、吃奶、反刍、卧息，清扫羊舍、饲槽，检查羊群
			18:30~21:30	添草，饮水，检查羊群
			21:30~6:30	卧息，反刍

类型	季节	饲养方式	时间	日程安排
羔羊	秋羔	舍饲	时间安排与大羊相同	仅在两次饲喂时与大羊分开，其他时间与大羊同圈活动、吃奶
		半舍饲半放牧	5:30~6:30	检查羊群
			6:30~9:30	第一次放牧，清扫羊舍和饲槽
			9:00~9:30	羊羔归大羊群吃奶
			9:30~11:30	第一次饲喂、饮水，先粗料，后精料，最后饮水或自由饮水
			11:30~15:30	卧息、反刍、运动，羊羔归大羊群吃奶
			15:30~18:30	第二次放牧
			18:30~21:30	第二次饲喂精料，添草，自由饮水
			21:30~5:30	卧息、反刍

（二）不同季节工作具体安排

不同季节工作具体安排见表 5-5。

表 5-5　不同季节工作具体安排

季节	任务	时间	安排
春季（3~5月）	保膘保羔，全产全活，适时配种和种草，挡羊放牧（放牧员站在中间挡羊，使羊缓慢前行），选种建档，剪毛药浴，防疫驱虫，推广种羊	3月1日至4月20日	接产育羔，全产全活；母羊保膘，挡羊放牧

季节	任务	时间	安排
春季 （3~5月）	保膘保羔，全产全活，适时配种和种草，挡羊放牧（放牧员站在中间挡羊，使羊缓慢前行），选种建档，剪毛药浴，防疫驱虫，推广种羊	3月1日至5月15日	适配保胎，这是实现两年三胎的保证；防疫驱虫，为健康度春和抓好夏膘奠定基础
		3月20日至4月20日	对基础母羊、断奶羔羊和种公羊进行鉴定，建立基本档案，选优汰劣，示范点羊群编号、建档等
		4月10日至5月1日	适时种草（预先做好牧草引种及种植计划），推广种羊，剪毛药浴，制定秋配和种公羊调换计划
		5月1日至31日	做好羊只由干饲到青饲的过渡，逐渐减少干饲料和精料，增加青饲量。加强羔羊培育，有计划地推广种羊
夏季 （6~7月）	抓膘育羔，避热防暑，准备秋配，储备干草	6月1日至7月31日	始终抓好全舍饲或半放牧羊的膘情，夏膘达到中上水平；做好防暑工作，不必洗羊；按夏季管理日程饲喂。同时，抓好断奶后青年羊的培育
		6月20日至7月31日	调换好种公羊，抓好种公羊秋配前抓膘、精液品质检查等准备工作

季节	任务	时间	安排
夏季 (6~7月)	抓膘育羔，避热防暑，准备秋配，储备干草	7月10日至31日	抓住晴好天气，将多余牧草制成干草，备冬春用
秋季 (8~10月)	抓膘配种，接产育羔；备料草，适时种草；防疫驱虫，剪毛药浴；选种建档，推广种羊	8月1日至10月31日	抓好秋膘，达到满膘配种，使多数母羊在两个发情期内受胎，公羊始终保持中上等膘情。部分春季受胎母羊产秋羔，要做好接产育羔工作
		8月1日至9月20日	抓紧时机种草，为来年青草期提供优质高产饲草；对所有种公羊和种母羊及断奶春羔进行鉴定，选优汰劣
		9月1日至9月20日	做好秋季防疫驱虫工作，进行秋季剪毛、药浴
		9月21日至10月15日	抓好青贮、微贮、氨化和收购青干草工作，这是保证羊只过好冬春季的关键措施，做好羊只由青草期转入枯草期的准备工作
		10月1日至31日	为羊只准备好一定数量的过冬精饲料；下半月做好由青草期向枯草期的过渡，做好防风保暖、消毒灭病工作。同时，做好种羊提留和推广工作

续表

季节	任务	时间	安排
冬季（11月至次年2月）	防寒保暖，保膘保胎，精心饲管，接产育羔，全活全壮，肉羊出栏，年终总结，安排来年工作	11月1日至次年2月28日	做好防寒保暖工作，精心安排日粮，搞好饲养管理，达到保膘保胎、全产全活、全活全壮的目的，做好必要的检查、交流活动
		11月1日至12月31日	抓好育肥羊（指品质差的公羊和杂种羊）的后期催肥，适时出栏。此期羊只不掉膘是来年春天保膘的重要基础，必须给予足够重视
		12月1日至12月31日	做好年终总结，发扬成绩，总结经验教训，以利来年再上新台阶，同时做好下年度生产计划

第六章　生态养羊的成本管理

【提示】产品的生产过程就是生产的耗费过程，企业要生产产品，就要发生各种生产耗费。同样规模的养羊企业，生产水平和管理水平高，产品数量多，各种消耗少，就可以获得更好的效益。

第一节　加强生产运行过程的管理

一、科学制定劳动定额和操作规程

（一）定额管理

定额是编制生产计划的基础。在编制计划的过程中，对人力、物力、财力的配备和消耗，产供销的平衡，经营效果的考核等计划指标，都是根据定额标准进行计算和研究确定的。只有合理的定额，才能制定出先进可靠的计划。如果没有定额，就不能合理地进行劳动力的配备和调度，合理地进行物资储备和利用，资金的利用和核算就没有根据，生产就不合理。定额是检验的标准，在一些计划指标的检查中，要借助定额来完成。在计划检查中，检查定额的完成情况，通过分析来发现计划中的薄弱环节。同时定额也是劳动报酬分配的依据，可以在很大程度上提高劳动生产率。

1. 定额的种类　见表6-1。

表6-1　定额的种类

定额类型	内容
人员分配定额	完成一定任务应配备的生产人员、技术人员和服务人员标准
机械设备定额	完成一定生产任务所必需的机械、设备标准或固定资产利用程度的标准
物资储备定额	按正常生产需要的零配件、燃料、原材料和工具等物资的必需库存量
饲料储备定额	按生产需要来确定饲料的生产量，包括各种精饲料、粗饲料、矿物质及预混合饲料储备和供应量
产品定额	皮、毛、奶、肉产品的数量和质量标准
劳动定额	生产者在单位时间内完成符合质量标准的工作量，或完成单位产品或工作量所需要的工时消耗，又称工时定额
财务定额	生产单位的各项资金限额和生产经营活动中的各项费用标准，包括资金占用定额、成本定额和费用定额等

2. 羊场的生产定额

（1）人员配备定额：规模10 000只的羊场，全舍饲，可配备管理人员3人（其中场长1人，生产主管2人），财务人员2人（会计1人，出纳1人），技术人员7人（畜牧技术人员2人，兽医2人，人工授精员2人，统计员兼资料员1人），生产人员51人（饲养员21人，清洁工7人，接产员2人，轮休2人，饲料加工及运送5人，夜班2人，机修2人，仓库管理1人，锅炉工2人，洗涤人5人，保安2人）。

（2）劳动定额：劳动定额是在一定生产技术和组织条件下，为生产一定的合格产品或完成一定的工作量所规定的必要劳动消耗量，是计算产量成本、劳动生产率等各项经济指标和编制生产、成本和劳动计划等的基础依据。养羊生产可以以队、班组或畜舍为单位进行饲养管理。羊群种类不同，所确定的劳动定额也不同，所制定的劳动定额也有所不同。在制定劳动定额时应根据生产条件、职工技术状况和工作要求，并参照历年统计资料，综合分析确定。不同工种及其定额见表6-2。

表6-2 不同工种及其定额

工种	定额
饲养工	饲养工负责羊群的饲养管理工作，按羊群生产阶段进行专门管理。主要工作为：根据羊场生产情况饲喂精料、全价饲料或粗饲料；按照规定的工作日程，进行羊群护理工作；经常观察羊群的食欲、健康、粪便、发情和生长发育等情况。羊场的饲养定额一般是每人负责成年母羊100~200只，羔羊50~100只，育成羊400~500只
饲料工	每人每天送草5000千克或者粉碎精料1000千克，或者全价颗粒饲料3000千克，送料送草过程中应清除饲料中的杂质
技术员	技术员包括畜牧技术人员和兽医技术人员，每300~500只羊配备畜牧技术人员、兽医技术人员各1人，主要任务是落实饲养管理规程和疾病防治工作
配种员	每1000只羊配备人工授精员1人和兽医1人，负责羊保健、配种和孕检等工作，要求总繁殖率在90%以上，发情期受胎率大于50%
产房工	负责围产期母羊的饲养管理，做好兽医技术人员的助手，每天饲养羊50~100只
清洁工	负责羊体、羊床、羊舍及周围环境的卫生。每人可管理各类羊500只
场长	组织协调各部门工作，监督落实羊场各项规章制度，搞好羊场的发展工作，制定年度计划
销售员	负责产品销售，及时向主管领导汇报市场信息，协助监督产品质量。销售员根据销售路线的远近决定销售量，负责将羊群按时送给用户

（3）饲料消耗定额：羊群需要从饲料中摄取营养物质。羊群种类的不同，同种羊的年龄、性别上的不同，生长发育阶段的不同及生产用途不同，其饲料的种类和需要量也不同。因此制定不同羊群的饲料消费定额所遵循的方法，首先应该查找其饲养标准

中对各种营养成分的需要量，参照不同饲料的营养价值确定日粮的配给量；其次以给定日粮配给作为基础，计算不同饲料在日粮中的占有量；最后根据占有量和家畜的年饲养日即可计算出年饲料的消耗定额。计算定额时应加上饲喂过程中的损耗量。饲料消耗定额是生产单位产量的产品所规定的饲料消费标准，是确定饲料需要量、合理利用饲料、节约饲料和实行经济核算的重要依据。以成年母羊为例。如成年母羊每天每只平均需要 0.5 千克优质干草，5 千克青贮玉米；育成羊每天每只平均需要干草 1 千克，青贮玉米 3 千克。成年母羊按每天 0.25 千克精料饲喂。

（4）成本定额：成本定额是羊场财务定额的组成部分。羊场成本分为两大块，即产品总成本和产品单位成本。成本定额通常指的是成本控制指标，主要是生产某种产品或某种作业所消耗的生产资料和所付劳动报酬的总和。成本项目包括工资和福利费、饲料费、燃料费和动力费、医药费、固定资产折旧费、固定资产修理费、低值易耗品费、其他直接费用和企业管理费等。

3. 定额的修订　修订定额是搞好计划的一项很重要的内容。定额是在一定条件下制定的，反映了一定时期的技术水平和管理水平。生产的客观条件不断发生变化，因此定额也应及时修订。在编制计划前，必须对定额进行一次全面的调查、整理、分析，对不符合新情况、新条件的定额进行修订，并补充齐全的定额和制定新的定额标准，使计划的编制有理有据。

（二）羊场管理制度

管理制度是规模羊场生产部门加强和巩固劳动纪律的基本方法。羊场主要的劳动管理制度有岗位制、考勤制、基本劳动日制、作息制、质量检查制、安全生产制、技术操作规程等。羊场由于劳动对象的特殊性，应特别注意根据羊的生物学特性及不同生长发育阶段的消化吸收规律，建立合理的饲喂制度，做到定时、定量、定次数、定顺序，并应根据季节、年龄进行适当调整，以保证羊的正常消化吸收，避免造成饲料浪费。饲养人员必须严格遵守饲喂制度，不能随意经常变动。

制度管理是羊场做好劳动管理不可缺少的手段，主要包括考勤制度、劳动纪律、生产责任制、劳动保护、劳动定额、奖惩制度等。制度的建立，一是要符合羊场的劳动特点和生产实际；二是内容具体化，用词准确，简明扼要，质和量的概念必须明确；三是要经全场职工认真讨论通过，并经场领导批准后公布执行；四是必须具有严肃性，一经公布，全场干部职工必须认真执行，不搞特殊化；五是必须具备连续性，应长期坚持，并在生产中不断完善。

二、计划管理

计划管理是根据羊场情况和市场预测合理制定生产计划，并落到实处。制定计划是对养羊场的投入、产出及其经济效益做出科学的预见和安排，计划是决策目标的具体化。经营计划分为长期计划、年度计划、阶段计划等。

（一）编制计划的方法

养羊业计划编制的常用方法是平衡法，是通过对指导计划任务和完成计划任务所必须具备的条件进行分析、比较，以求得两者的相互平衡。畜牧业企业在编制计划的过程中，重点要做好草原（土地）、劳力、机具、饲草饲料、资金、产销等平衡工作。利用平衡法编制计划主要是通过一系列的平衡表来实现的，平衡表的基本内容包括需要量、供应量、余缺三项。具体运算时一般采用下列平衡公式：

期初结存数+本期计划增加数-本期需要数=结余数

上式中，供应量（期初结存数+本期计划增加数）、需要量（本期需要数）和余缺（结余数）构成平衡关系。生产中通过分析比较，揭露矛盾，采取措施，调整计划指标，以实现平衡。

（二）羊场主要生产计划

1. 羔羊生产计划 羔羊生产计划是制定羊群配种分娩计划的根据，最常见的是产冬羔（在 11~12 月分娩的）和产春羔（在 3~4 月分娩的）。产冬羔的优点是母羊体质好，受胎率和产羔率高，流产和疾病减少；羔羊可以避免春季气候多变的影响，断奶后能够充分利用青草季节，到枯草期时已达到肥育标准，可当年屠宰。产春羔的优点是气温转暖，母羊可以在羊圈中分娩，在剪毛时已分娩完毕，随后进入夏季草场，对喂养羔羊有利。但春季气候变化剧烈，特别是在北方常有风雨和降雪，易使体弱羔羊死亡。当年羔羊如屠宰利用，则需要进行强度肥育，方可达到育肥标准。制定羔羊生产计划既要考虑市场需求，又要考虑气候条件和牧草生长情况，合理安排母羊的分娩时间。母羊的分娩一般应在 40~50 天内结束，故配种也应集中在 40~50 天内完成。分娩集中有利于安排育肥计划。

2. 产品产量计划 计划经济条件下传统产量计划，是依据羊群周转计划而制定的。而市场经济条件下必须反过来计算，即以销定产，以产量计划倒推羊群周转计划。根据羊场不同，产品产量计划可以细分为种羊供种计划、肉羊出栏计划、羊毛（绒）产量计划等。

3. 羊群周转计划 羊群周转计划是制定饲料计划、劳动用工计划、资金使用计划、生产资料及设备利用计划的依据。羊群周转计划必须根据产量计划的需要来制定。羊群周转计划的制定应依据不同的饲养方式、生产工艺流程、羊舍的设施设备条件、生产技术水平，最大限度地提高设施设备利用率和生产技术水平，以获得最佳经济效益为目标进行编制。首先要确定羊场年初、年终的羊群结构及各月各类羊的饲养只数，并计算出"全年平均饲养只数"和"全年饲养只日数"；同时还要确定羊（种）群淘汰、补充的数量，并根据生产指标确定各月淘汰率和数量。具体推算程序为：根据全年羊产品产量分月计划，倒推出相应的羊饲养计划，并以此推算出羔羊生产与饲养计划，繁殖公、母羊饲养计划，从而完成周转计划的编制。羊群周转计划表见表6-3。

表6-3 羊群周转计划表（单位：只）

羊群类型		上年末结存数	月份													计划年度末结存数量
			1	2	3	4	5	6	7	8	9	10	11	12	
哺乳羔羊																
育成羊																
后备母羊	月初只数															
	转入															
	转出															
	淘汰															
后备公羊	月初只数															
	转入															
	转出															
	淘汰															
基础母羊	月初只数															
	转入															
	淘汰															
基础公羊	月初只数															
	转入															
	淘汰															
育肥羊	4月龄以下															
	5~6月龄															
	7月龄以上															
月末结存																
出售种羊																
出售肥羔																
出售育肥羊																

4. 配种分娩计划 配种分娩计划是肉羊生产计划的重要环节。该计划的制定主要是依据羊群周转计划、种母羊的繁殖规律、饲养管理条件、配种方式、饲养的品种、技术水平等进行倒推。第一，确定年内各月份生产羔羊数量计划；第二，确定年内各月份经产及初产母羊分娩数量计划；第三，确定年内各月份经产和初配母羊的配种数量计划，从而完成配种分娩计划的制定。年度羊群配种分娩计划表见表6-4。

表6-4 年度羊群配种分娩计划表

年度	月份	交配			计划年月份	分娩							育成羊
		交配母羊数				分娩胎次			产活羔数				
		基础母羊	检定母羊	合计		基础母羊	检定母羊	合计	基础母羊	检定母羊	合计		
上年度	9												
	10												
	11												
	12												
计划年度	1				1								
	2				2								
	3				3								
	4				4								
	5				5								
	6				6								
	7				7								
	8				8								
	9				9								
	10				10								
	11				11								
	12				12								
	全年				全年								

5. 饲草饲料供应计划 草料是养羊生产的物质保证，生产中既要保证及时充足的供应，又要避免积压。因此，必须做好草料供应计划。草料供应计划是依据羊场生产周转计划及饲养消耗定额来制定的。饲草饲料费用占生产总成本的 60%~70%，所以在制定饲料计划时，既要注意饲料价格，同时又要保证饲料质量。不同饲养方式、品种和日龄的羊所需草料量是不同的，各场可根据当地草料资源的不同条件和不同羊群的营养需要制定饲料计划。首先制定出各羊群科学合理的草料日粮配方，根据不同羊群的饲养数量和每只每天平均消耗草料量，推算出整个羊场每天、每周、每月及全年各种草料的需要量，并依市场价格情况和羊场资金实际，做好所需原料的订购、储备和生产供应。对于放牧和半放牧方式饲养的羊群，还要根据放牧草地的载畜量，科学合理地安排饲草、饲料生产。年度饲料计划可参见表 6-5。

表6-5　年度饲料计划

项目类别	平均饲养只数	年饲养只日数	精饲料		粗饲料		青绿料		青贮饲料		食盐		骨粉		石粉	
			定额	小计	定额	小计	定额	小计	定额	小计	定额	小计	定额	小计	定额	小计

6. 疫病防治计划 羊场疫病防治计划是指一个年度内对羊群疫病防治所做的预先安排。羊场的疫病防治是保证其生产效益的重要条件，也是实现生产计划的基本保证。羊场实行"预防为主，防治结合"的方针，建立一套综合性的防疫措施和制度。其内容包括羊群的定期检查、羊舍消毒、各种疫苗的定期注射、病羊的资料与隔离等。对各项防疫制度要严格执行，定期检查。

7. 资金使用计划 有了生产销售计划、饲料供应计划等计划后，资金使用计划也就必不可少了。资金使用计划是经营管理计划中非常关键的一项工作，做好计划并顺利实施，是保证企业健康发展的关键。资金使用计划的制定应依据有关生产等计划，本着节省开支并最大限度地提高资金使用效率的原则，精打细算，合理安排，科学使用。既不能让资金长时间闲置，造成资金资源浪费，还要保证生产所需资金及时足额到位。在制定资金计划中，对羊场自有资金要统筹考虑，尽量盘活资金，不要造成自有资金沉淀。对企业发展所需贷款，经可行性研究，认为有效益、项目可行，就要大胆贷款，破除"企业不管发展快慢，只要没有贷款就是好企业"的传统思想，要敢于并善于科学合理地运用银行贷款，加快规模羊场的发展。

三、羊场记录管理

记录管理是将肉羊场生产经营活动中的人、财、物等消耗情况及有关事情记录在案，并进行规范、计算和分析。羊场记录可以反映羊场生产经营活动的状况，是经济核算的基础和提高管理水平及效益的保证，羊场必须重视记录管理。羊场记录要及时准确（在第一时间填写，数据真实可靠）、简洁完整（通俗易懂，全面系统）和便于分析。

（一）羊场记录的内容

1. 生产记录 包括羊群生产情况记录（羊的品种、饲养数量、饲养日期、死亡淘汰数量、产品产量等）、饲料记录（每天不同羊群以每栋或栏或群为单位，按其种类、数量及单价计算所消耗的饲料）、劳动记录（每天出勤情况，工作时数、工作类别及完成的工作量、劳动报酬）等。

2. 财务记录 包括收支记录（出售产品的时间、数量、价格、去向及各项支出情况）和资产记录（固定资产类，包括土地、建筑物、机器设备等的占用和消耗；库存物资类，包括饲料、兽药、在产品、产成品、易耗品、办公用品等的消耗数、库存数量及价值；现金及信用类，包括现金、存款、债券、股票、应付款、应收款等）。

3. 饲养管理记录 包括饲养管理程序及操作记录（饲喂程序、光照程序、羊群的周转、环境控制等）、疾病防治记录（隔离消毒情况、免疫情况、发病情况、诊断及治疗情况、用药情况、驱虫情况等）。

4. 羊的档案 包括成年母羊档案（记录其系谱、配种产羔情况）、羔羊档案（记录其系谱、出生时间、体尺、体重情况）、育成羊档案（记录其系谱、各月龄体尺和体重情况、发情配种情况）和育肥羊档案（记录品种、体重、饲料用量等）。

（二）羊场记录表格

羊场记录表格见表6-6～表6-14。

表6-6 疫苗购、领记录表　　　　填表人：

购领日期	疫苗名称	规格	生产厂家	批准文号	生产批号	来源（经销点）	购入数量	发出数量	结存数量

表6-7 饲料添加剂、预混料、饲料购、领记录表　　填表人：

购领日期	名称	规格	生产厂家	批准文号或登记证号	生产批号或生产日期	来源（生产厂家或经销点）	购入数量	发出数量	结存数量

表6-8 疫苗免疫记录表 填表人：

免疫日期	疫苗名称	生产厂家	免疫动物批次/日龄	栋、栏号	免疫数/只	免疫次数	存栏数/只	免疫方法	免疫剂量/（毫升/只）	耳标佩带数/个	责任兽医

表6-9 消毒记录表 填表人：

消毒日期	消毒药名称	生产厂家	消毒场所	配制浓度	消毒方式	操作者

表6-10 诊疗记录表 填表人：

发病日期	发病动物栋、栏号	发病群体只数	发病数	发病动物日龄	病名或病因	处理方法	用药名称	用药方法	诊疗结果	兽医签字

表6-11 病、残、死亡动物处理记录表 填表人：

处理日期	栋、栏号	动物日龄	淘汰数/只	死亡数/只	病、残、死亡主要原因	处理方法	处理人	兽医签字

表6-12 生产记录表（按日或变动记录） 填表人：

日期	栋、栏号	变动情况/只					备注
		存栏数	出生数	调入数	调出数	死、淘数	

表6-13 出场销售和检疫情况记录表 填表人：

出场日期	品种	栋、栏号	数量/只	出售动物日龄	销往地点及货主	检疫情况			曾使用的有停药期要求的药物		经办人
						合格只数	检疫证号	检疫员	药物名称	停药时动物日龄	

表6-14 收支记录表格

收入		支出		备注
项目	金额/元	项目	金额/元	
合计				

（三）羊场记录的分析

通过对羊场记录进行整理、归类，可以进行分析。分析是通过一系列分析指标的计算来实现的。利用成活率、增重率、饲料转化率等技术效果指标，来分析生产资源的投入和产出产品数量的关系，以及分析各种技术的有效性和先进性。利用经济效果指标分析生产单位的经营效果和赢利情况，为羊场的生产提供依据。

四、产品销售管理

羊场的产品销售管理包括销售市场调查、销售预测和决策、营销策略及计划的制定、促销措施的落实、市场的开拓、产品售后服务等。市场营销需要研究消费者的需求状况及其变化趋势，在保证产品产量和质量的前提下，利用各种机会、各种渠道刺激消费、推销产品：一是加强宣传，树立品牌；二是搞好销售网络建设；三是积极做好售后服务。

第二节 加强经济核算

一、资产核算

（一）流动资产

流动资产是指可以在一年内或者超过一年的一个营业周期内变现或者运用的资产。流动资产是企业生产经营活动的主要资产，主要包括羊场的现金、存款、应收款及预付款、存货（原材料、在产品、产成品、低值易耗品）等。流动资产周转状况影响产品的成本。加快流动资产周转是流动资产核算的目的，其措施如下。

1. 有计划地采购 加强采购物资的计划性，防止盲目采购，合理地储备物质，避免积压资金，加强物资的保管，定期对库存物资进行清查，防止鼠害和霉烂变质。

2. 缩短生产周期 科学地组织生产过程，采用先进技术，尽可能缩短生产周期，节约使用各种材料和物资，减少在产品资金占用量。

3. 及时销售产品 产品及时销售可以缩短产成品的滞留时间，减少流动资金占用量。

4. 加快资金回收 及时清理债权债务，加速应收款项的回收，减少成品资金和结算资金的占用量。

（二）固定资产

固定资产是指使用年限在 1 年以上，单位价值在规定的标准以上，并且在使用中长期保持其实物形态的各项资产。羊场的固定资产主要包括建筑物、道路、基础羊，以及其他与生产经营有关的设备、器具、工具等。固定资产核算的目的，是提高固定资产利用效果，最大限度地减少折旧费用。

1. 固定资产的折旧 固定资产在长期使用中，物质上要受到磨损，价值上要发生损耗。固定资产的损耗，分为有形损耗和无形损耗两种。有形损耗是指固定资产由于使用或者由于自然力的作用，使固定资产物质上发生磨损。无形损耗是指由于劳动生产率提高和科学技术进步而引起的固定资产价值的损失。固定资产在使用过程中，由于损耗而发生的价值转移，称为折旧。由于固定资产损耗而转移到产品中去的那部分价值叫折旧费或折旧额，用于固定资产的更新改造。

羊场提取固定资产折旧，一般采用平均年限法和工作量法。

（1）平均年限法：它是根据固定资产的使用年限，平均计算各个时期的折旧额，因此也称直线法。其计算公式为

$$固定资产年折旧额 = \frac{原值 - (预计残值 - 清理费用)}{固定资产预计使用年限}$$

$$固定资产年折旧率 = \frac{固定资产年折旧额}{固定资产原值} \times 100\%$$

$$= \frac{1 - 净残值率}{折旧年限} \times 100\%$$

（2）工作量法：它是按照使用某项固定资产所提供的工作量，计算出单位工作量平均应计提折旧额后，再按各期使用固定资产所实际完成的工作量，计算应计提的折旧额。这种折旧计算方法适用于一些机械等专用设备。其计算公式为

单位工作量（单位里程或每工作小时）折旧额

$$= \frac{固定资产原值 - 预计净残值}{总工作量(总行驶里程或总工作小时)}$$

2. 提高固定资产利用效果的途径　一是适时、适量购置和建设固定资产。根据轻重缓急，合理购置和建设固定资产，把资金使用在经济效益最大而且在生产上迫切需要的项目上；购置和建造固定资产要量力而行，做到与单位的生产规模和财力相适应。二是注重固定资产的配套。注意加强设备的通用性和适用性，各类固定资产务求配套完备，使固定资产能充分发挥效用。三是加强固定资产的管理。建立严格的使用、保养和管理制度，对不需要的固定资产应及时采取措施，避免浪费，注意提高机器设备的时间利用强度和生产能力的利用程度。

二、成本核算

产品的生产过程，同时也是生产的耗费过程。企业要生产产品，就要发生各种生产耗费。生产过程的耗费包括劳动对象（如饲料）的耗费、劳动手段（如生产工具）的耗费及劳动力的耗费

等。企业为生产一定数量和种类的产品而发生的直接材料费（包括直接用于产品生产的原材料、燃料动力费等）、直接人工费用（直接参加产品生产的工人工资及福利费）和间接制造费用的总和构成产品成本。

产品成本是一项综合性很强的经济指标，它反映了企业的技术实力和整个经营状况。羊场的品种是否优良，饲料质量好坏，饲养技术水平高低，固定资产利用的好坏，人工耗费的多少等，都可以通过产品成本反映出来。所以，羊场通过成本和费用核算，可发现成本升降的原因，并据此降低成本，提高产品的竞争能力和盈利能力。

（一）做好成本核算的基础工作

1. 建立健全各项原始记录 原始记录是计算产品成本的依据，直接影响产品成本计算的准确性。如原始记录不实，就不能正确反映生产耗费和生产成果，就会使成本计算变为"假账真算"，成本核算就失去了意义。所以，饲料、燃料动力的消耗，原材料、低值易耗品的领退，生产工时的耗用，畜禽变动，畜群周转，畜禽死亡淘汰，产出产品等原始数据，都必须认真如实地记录和登记。

2. 建立健全各项定额管理制度 羊场要制定各项生产要素的耗费标准（定额）。不管是饲料、燃料动力还是费用工时、资金占用等，都应制定比较先进、切实可行的定额。定额的制定应建立在先进的基础上，对经过十分努力仍然达不到的定额标准或无须努力就很容易达到定额标准的定额，要及时进行修订。

3. 加强财产物质的计量、验收、保管、收发和盘点制度 财产物资的实物核算是其价值核算的基础。做好各种物资的计量、收集和保管工作，是加强成本管理、正确计算产品成本的前提条件。

（二）羊场成本的构成项目

1. 饲料费 指饲养过程中耗用的自产和外购的混合饲料和各种饲料原料。凡是购入的按买价加运费计算，自产饲料一般按生产成本（含种植成本和加工成本）计算。

2. 劳务费 指从事养羊的生产管理劳动，包括饲养、清粪、繁殖、防疫、转群、消毒、购物运输等所支付的工资、资金、补贴和福利等。

3. 医疗费 指用于羊群的生物制剂、消毒剂及检疫费、化验费、专家咨询服务费等，但已包含在配合饲料中的药物及添加剂费用不必重复计算。

4. 公母羊折旧费 种公羊从开始配种算起，种母羊从产犊开始算起。

5. 固定资产折旧维修费 指羊舍、设备等固定资产的基本折旧费及修理费，根据羊舍结构和设备质量、使用年限来计损。例如，是租用的土地，应加上租金；若土地、羊舍等都是租用的，只计租金，不计折旧。

6. 燃料动力费 指饲料加工、羊舍保暖、排风、供水、供气等耗用的燃料和电力费用，这些费用按实际支出的数额计算。

7. 利息 指对固定投资及流动资金一年中支付利息的总额。

8. 杂费 包括低值易耗品费用、保险费、通信费、交通费、搬运费等。

9. 税金 指用于肉羊生产的土地、建筑设备及生产销售等一年内应交的税金。

10. 共同的生产费用 指分摊到羊群的间接生产费用。

以上十项构成了羊场生产成本，从构成成本比重来看，饲料费、公母羊折旧费、人工费、固定资产折旧费等数额较大，是成本项目构成的主要部分，应当重点控制。

（三）成本的计算方法

羊的活重是羊场的生产成果，羊群的主、副产品或活重是反映产品率和饲养费用的综合经济指标。如在肉羊生产中可计算饲养日成本、增重成本、活重成本和产羊成本等。

1. 饲养日成本　指一只肉羊饲养一天的费用，反映饲养水平的高低。计算公式：

$$饲养日成本 = \frac{本期饲养费用}{本期饲养只日数}$$

2. 增重单位成本　指羔羊或育肥羊增重体重的平均单位成本。计算公式：

$$增重单位成本 = \frac{本期饲养费用 - 副产品价值}{本期增重量}$$

3. 活重单位成本　指羊群全部活重单位成本。计算公式：

$$活重单位成本 = \frac{期初全群成本 + 本期饲养费用 - 副产品价值}{期终全群活重 + 本期售出转群活重}$$

4. 生长量成本　计算公式：

$$生长量成本 = 生长量饲养日成本 \times 本期饲养日$$

5. 羊肉单位成本　计算公式：

$$羊肉单位成本 = \frac{出栏羊饲养费用 - 副产品价值}{出栏羊肉总量}$$

三、赢利核算

赢利核算是对羊场的赢利进行观察、记录、计量、计算、分析和比较等工作的总称。所以赢利也称税前利润。赢利是企业在一定时期内的货币表现的最终经营成果，是考核企业生产经营好坏的一个重要经济指标。赢利的核算公式：

$$赢利 = 销售产品价值 - 销售成本 = 利润 + 税金$$

衡量赢利效果的经济指标包括：

（1）销售收入利润率：表明产品销售利润在产品销售收入中所占的比重。销售收入利润率越高，经营效果越好。

$$销售收入利润率=\frac{产品销售利润}{产品销售收入}×100\%$$

（2）销售成本利润率：它是反映生产消耗的经济指标，在畜产品价格、税金不变的情况下，产品成本越低，销售利润越多，销售成本利润率越高。

$$销售成本利润率=\frac{产品销售利润}{产品销售成本}×100\%$$

（3）产值利润率：它说明实现百元产值可获得多少利润，用以分析生产增长和利润增长的比例关系。计算公式如下：

$$产值利润率=\frac{利润总额}{总产值}×100\%$$

（4）资金利润率：把利润和占用资金联系起来，反映资金占用效果，具有较大的综合性。计算公式如下：

$$资金利润率=\frac{利润总额}{流动资金和固定资金的平均占用额}×100\%$$

第三节　降低生产成本的措施

一、采用杂交技术

在品种选择上，采取经济杂交技术，就是利用优秀种公羊与本地母羊进行二元或三元杂交，生产优良的杂交羔羊。利用杂交优势开展育肥生产，获得商品肉羊。杂交羊生长速度快，饲料报酬高，肉质好，市场价格高，能够获得较好的经济效益。可以在农区大量引进优良品种，与本地母羊经济杂交，以获得最大的经济效益。在此基础上，重点抓好早期断奶和羔羊补饲。羊羔正常断奶是 4 个月，早期断奶控制在 2 个月以内。选择早期断奶以使母羊尽早怀孕，增加母羊利用年限内所产胎的次数，以获得较多的生产力。羔羊长到几周龄后，母羊奶水已经不能满足羔羊的需要，需要训练羔羊吃草吃料进行补饲。一般从 7 日龄左右开始对羔羊进行诱食，15～30 日龄每天喂 50 克饲料，30～60 日龄每天喂 100 克饲料，60～90 日龄每天喂 200 克饲料，以保证羔羊迅速生长，为后期育肥和早期断奶打好基础。

二、降低饲料成本

（一）注重粗饲料的处理利用

发展养羊业不能搞无米之炊，需要拥有饲草资源，而低成本地发展养羊业，则需要拥有廉价的饲草资源。如果花高价买草来养羊，就会增加饲草成本，甚至会得不偿失。要充分利用当地的草料资源，有效节省养羊的饲养成本，玉米秸、麦秸、稻草、花生秧、豆秸和其他青草等都是价格低廉的饲草资源。青贮是玉米秸利用的最佳方式，在全世界被普遍采用。青贮可以提高玉米秸的适口性、消化率和营养价值，青贮饲料是营养价值高的优质饲草资源。

利用微生物加工发酵的秸秆饲料喂羊，增加了饲料中菌体蛋白的含量，而且饲料柔软，饲喂羊后的消化利用率高，不会造成饲草资源的浪费。羊只生长速度快，饲养周期短，出栏率高，提高了养羊的经济效益，降低了生产成本。

干草料可以码垛存放，用的时候再粉碎，当然也可以一次性粉碎入库，但必须保证通风干燥，否则易受潮、发霉。

（二）就地取材

充分利用羊场周围现有的面粉厂、酒厂、糖厂等食品类工厂的生产下脚料。比如豆腐厂的豆腐渣，面粉厂的碎瘪麦子和麦皮，酒厂的废酒糟，油料作坊的杂粕，以及其他一些食品厂副产品，均可作为养羊的饲料。

抓住饲料收集时期，在养羊数量不多的情况下，粗饲料尽量自己收集。如果养羊数量多，可以选择在农作物收获的季节向农户直接购买。不要在非农作物季节向草贩子购买，在非农作物收获的季节向草贩子购买价格比在农作物收获期向农户直接购买要高一倍。对于玉米这样的精饲料，养羊人如果选择自己配料，可以直接向农户购买，这样下来可以节省一部分成本，但要注意保证饲料没有霉变。

（三）饲料多元化

羊吃百草，对饲料的要求不高，无论是牧草、杂草还是农作物秸秆、落叶、酒糟豆腐渣等都可以。建议选择价格便宜的养羊粗饲料，再配合一定比例的其他粗饲料，既保证羊的营养需求又降低饲养成本。

（四）科学饲喂

按照营养标准给不同类型、不同生长阶段的羊配合平衡日粮，多种饲料混合搭配，使其中各种营养素含量与动物的维持及生产需要完全符合；精细饲喂，粗饲料口感较差，可做青贮、氨化、盐化、揉丝、铡短或粉碎处理，以提高适口性。饲喂时将粗饲料与精饲料混合，加水搅拌后再进行饲喂。

（五）减少饲料浪费

在饲喂时应该少喂勤添（一天喂 2～3 次，每次喂料时，分 3～4 次添加，不要一次性填满，这样会影响羊群的食欲，导致饲料成本增加），剩料也不要轻易丢弃，可以将剩料集中收集饲喂后备羊，避免饲料浪费。要特别注意日常饲料的保管，尤其是雨季，饲草料（特别是垛底或外周）极容易发生霉变。雨季来临之前，应及时组织人员修补饲草料棚，增补遮雨油布，检查饲草料棚周边排水管道。同时，应加强雨后的通风，及时散去饲草料中吸取的潮气。

(六) 使用添加剂

使用饲料添加剂可显著提高日粮营养成分的有效利用率，减少营养物质的排泄，促进羊的生长、繁殖，防止疾病。添加剂类型包括防霉剂、酸制剂、抗生素、微生物制剂、微量元素、氨基酸、抗菌中草药和植物有效成分提取物等。饲料添加剂要在保质期内使用，应选择使用效果明显、稳定性强的饲料添加剂。

(七) 精简羊群

精简羊群，在节省成本的同时可以有效提高饲料转化率；随时动态地逐步淘汰年老体弱、繁殖率差、生长速度慢的羊只，保留优秀羊只。优秀羊群的养殖，可使利润明显提高。

三、提高劳动生产效率

按照劳动定额合理安排饲养人员，加强对饲养人员培训，制定技术操作规程和生产指标，奖勤罚懒，充分调动饲养管理人员的劳动积极性，提高劳动生产效率。合理购置和利用资产，避免资产闲置，提高资产利用效率。

四、维持羊群健康

保持羊舍适宜的环境条件，根据不同阶段、不同类型羊群的特点进行科学的饲养管理。加强隔离消毒和卫生，按照免疫程序进行确切的免疫接种，保证羊体的健康，避免疾病的发生，充分发挥羊的生产潜力，生产更多的产品。

第七章　生态养羊羊病防治

【提示】只有保证羊健康，才能使羊的生产性能充分发挥，从而获得较好的经济效益。疾病防控必须树立防重于治、养防并重的观念，采取综合措施控制疾病发生。

第一节　综合防治措施

一、严格隔离卫生

(一)科学规划布局

1. 科学选址　羊场应选建在背风、向阳、地势高燥、通风良好、水电充足、水质卫生良好、排水方便的沙质土地带，易使羊舍保持干燥和卫生环境。最好配套有鱼塘、果林、耕地，以便于污水的处理。羊场应与公路、居民点、其他养殖场保持一定的间隔，远离屠宰场、废物污水处理站和其他污染源。

2. 合理布局　羊场要分区规划，并且严格做到生产区和生活管理区分开，生产区周围应有防疫保护设施。

(二)隔离管理

1. 引种管理　尽量做到自繁自养。如从外地引进种羊，则要严格进行检疫。可以隔离饲养和观察 $2 \sim 3$ 周，确认无病后，方可并入生产群。

2. 隔离管理

（1）羊场大门处必须设立宽于大门、长于大型载货汽车车轮一周半的水泥结构的消毒池，并装有喷洒消毒设施。人员进场时应经过消毒人员通道，严禁闲人进场；外来人员来访必须在值班室登记，把好防疫第一关。

（2）生产区最好有围墙和防疫沟，并且在围墙外种植荆棘类植物，形成防疫林带，只留人员入口、饲料入口和羊的入口，减少与外界的直接联系。

（3）生活管理区和生产区之间的人员入口和饲料入口应以消毒池隔开，人员必须在更衣室沐浴、更衣、换鞋，经严格消毒后方可进入生产区。生产区的每栋羊舍门口必须设立消毒脚盆，生产人员经过脚盆再次消毒工作鞋后方可进入羊舍。

（4）外来车辆必须在场外经严格冲洗消毒后才能进入生活管理区，严禁任何车辆和外人进入生产区。

（5）饲料应由本场生产区外的饲料车运到饲料周转仓库，再由生产区内的车辆转运到每栋羊舍，严禁将饲料直接运入生产区内。生产区内的任何物品、工具（包括车辆），除特殊情况外不得离开生产区。任何物品进入生产区必须经过严格消毒，特别是饲料袋应先经熏蒸消毒后才能装料进入生产区。场内生活区严禁饲养畜禽，尽量避免猪、狗、禽鸟进入生产区。生产区内肉食品要由场内供给，严禁从场外带入偶蹄兽的肉类及其制品。

（6）全场工作人员禁止兼任其他畜牧场的饲养、技术工作和屠宰贩卖工作，保证生产区与外界环境有良好的隔离状态，全面预防外界病原侵入羊场。休假返场的生产人员必须在生活管理区隔离两天后，方可进入生产区工作，羊场后勤人员应尽量避免进入生产区。

（7）采用全进全出的饲养制度。全进全出的饲养制度是有效防止疾病传播的措施之一。全进全出使羊场能够做到净场和充分的消毒，切断了疾病传播的途径，从而避免患病羊只或病原携带者将病原传染给日龄较小的羊群。

（三）卫生管理

1. 保持羊舍及其周围环境卫生　及时清理羊舍的污物、污水和垃圾，定期打扫羊舍和设备用具上的灰尘，每天进行适量的通风，保持羊舍清洁卫生。不在羊舍周围和道路上堆放废弃物和垃圾。

2. 保持饲料、饲草和饮水卫生　饲料、饲草不霉变，不被病原污染，饲喂用具勤清洁消毒。饮用水符合卫生标准，水质良好，饮水用具要清洁，饮水系统要定期消毒。

3. 废弃物要无害化处理　粪便堆放要远离羊舍，最好设置专门的储粪场，对粪便进行无害化处理，如堆积发酵、生产沼气等处理。病死羊不要随意出售或乱扔乱放，防止传播疾病。

4. 防害灭鼠　保持舍内干燥和清洁，夏季使用化学杀虫剂防止昆虫滋生繁殖，每 2～3 个月进行一次彻底灭鼠。

二、科学饲养管理

（一）合理饲养

按时饲喂，饲草和饲料优质，采食足量，合理补饲，供给洁净充足的饮水。不喂霉变饲料，不饮污浊或受污染的水，剔除青干野草中的有毒植物。注意饲料的正确调制处理、妥善储藏以及适当的搭配比例，防止因草菜茎叶上残留的农药中毒和误食灭鼠药中毒。

（二）严格管理

除了做好隔离卫生和其他饲养管理外，注意提供适宜的温度、湿度、通风、光照等环境条件，避免过冷、过热、通风不良、有害气体浓度过高和噪声过大等，减少应激的发生。

三、加强消毒工作

消毒是采用一定方法将养殖场、交通工具和各种被污染物体中病原微生物的数量减少到最低或无害的程度。消毒能够杀灭环境中的病原体，切断传播途径，防止传染病的传播与蔓延，是传染病预防措施中的一项重要内容。

（一）消毒的方法

1. 物理消毒法　包括机械性清扫、冲洗、加热、干燥、阳光和紫外线照射等方法。如用喷灯对羊经常出入的地方、产房、培育舍，每年进行 1～2 次火焰瞬间喷射消毒；人员入口处设紫外线灯照射至少 5 分钟消毒等。

2. 化学消毒法　利用化学消毒剂对病原微生物污染的场地、物品等进行消毒。如在羊舍周围、入口、产房和羊床下撒生石灰或喷洒氢氧化钠溶液消毒；用甲醛等对饲养器具在密闭的室内或容器内熏蒸；用规定浓度的新洁尔灭、有机碘混合物或甲酚皂的水溶液洗手、洗工作服或胶鞋。

3. 生物热消毒法　主要用于粪便及污物，是通过堆积发酵产热来杀灭一般病原体的消毒方法。

（二）常用的消毒药物

常用的化学消毒剂见表 7-1。

表7-1　常用的化学消毒剂

类型	概述	名称	性状和性质	使用方法
含氯消毒剂	在水中能产生具有杀菌作用的活性次氯酸的一类消毒剂，包括有机含氯消毒剂和无机含氯消毒剂。作用机制：①氧化作用；②氯化作用；③新生态氧的杀菌作用。目前生产中使用较为广泛	漂白粉（含有效氯25%~30%）	白色颗粒状粉末，有氯臭味，久置空气中失效，溶于水和醇	5%~20%的悬浮液用于圈舍、地面、水沟、水井、粪便、运输工具等的消毒；每50升水加1克用于饮水消毒；5%的澄清液用于食槽、玻璃器皿、非金属用具等的消毒，宜现配现用
		漂白粉精	白色结晶，有氯臭味，含氯稳定	0.5%~1.5%溶液用于地面、墙壁消毒，0.3~0.4克/千克溶液用于饮水消毒
		氯胺-T（含有效氯24%~26%）	为含氯的有机化合物，白色微黄晶体，有氯臭味。对细菌的繁殖体及芽孢、病毒、真菌孢子有杀灭作用。杀菌作用慢，但性质稳定	0.2%~0.5%溶液喷雾用于室内空气及表面消毒，1%~2%溶液浸泡用于物品、器材消毒；3%溶液用于排泄物和分泌物的消毒；黏膜消毒，0.1%~0.5%溶液；饮水消毒，1升水用4毫克。配制消毒液时，如果加入一定量的氯化铵，可大大提高消毒能力

类型	概述	名称	性状和性质	使用方法
含氯消毒剂	在水中能产生具有杀菌作用的活性次氯酸的一类消毒剂，包括有机含氯消毒剂和无机含氯消毒剂。作用机制：①氧化作用；②氯化作用；③新生态氧的杀菌作用。目前生产中使用较为广泛	二氯异氰尿酸钠（优氯净，含有效氯60%~64%），强力消毒净、84消毒液、速效净等均含有二氯异氰尿酸钠	白色晶粉，有氯臭味。室温下保存半年有效氯含量仅降低0.16%，是一种安全、广谱和长效的消毒剂，无残余毒性	一般0.5%~1%溶液可以杀灭细菌和病毒，5%~10%的溶液用于杀灭芽孢。3%的水溶液用于空气喷雾、排泄物和分泌物消毒；饮水消毒，每1升水加4~6克，作用30分钟；1%~4%溶液用于消毒工具、用具、羊舍，可杀灭病毒和细菌。本品宜现用现配（注：三氯异氰尿酸钠，其性质特点和作用同二氯异氰尿酸钠基本相同。用于杀灭球虫囊时，每10升水中加入10~20克）
		二氧化氯（益康、消毒王、超氯）	白色粉末，有氯臭味，易溶于水，易受潮。可快速杀灭所有病原微生物，制剂有效氯含量5%。具有高效、低毒、除臭和无残留的特点	可用于畜禽舍、场地、器具、种蛋、屠宰厂、饮水消毒和带畜消毒。含有效氯5%时，用于环境消毒，每1升水加药5~10毫升，泼洒或喷雾；饮水消毒，每100升水加药5~10毫升；用具、食槽消毒，每升水加药5毫升，浸泡5~10分钟。现配现用

续表

类型	概述	名称	性状和性质	使用方法
碘类消毒剂	碘与表面活性剂（载体）及增溶剂等形成的稳定络合物。作用机制是碘的正离子与酶系统中蛋白质所含的氨基酸起亲电取代反应，使蛋白质失活；碘的正离子具氧化性，能对膜联酶中的硫氢基进行氧化，破坏酶活性	碘酊（碘酒）	为碘的醇溶液，红棕色澄清液体，微溶于水，易溶于乙醚、氯仿等有机溶剂，杀菌力强	2%～2.5%溶液用于皮肤消毒
		碘伏（络合碘）	红棕色液体，随着有效碘含量的下降逐渐向黄色转变。碘与表面活性剂及增溶剂形成的不定型络合物，其实质是一种含碘的表面活性剂，主要制剂有聚乙烯吡咯烷酮碘和聚乙烯醇碘等，性质稳定，对皮肤无害	0.5%～1%溶液用于皮肤消毒剂，10毫升/升浓度用于饮水消毒
		威力碘	红棕色液体，含碘0.5%	1%～2%溶液用于畜舍、家畜体表及环境消毒。5%溶液用于手术器械、手术部位消毒
醛类消毒剂	能产生自由醛基，在适当条件下与微生物的蛋白质及某些其他成分发生反应。作用机制是可与菌体蛋白质中的氨基结合使其变性，或使蛋白质分子烷基化。可以和细胞壁脂蛋白发生交联，和细胞磷壁酸中的酯联残基形成侧链，封闭细胞壁，阻碍微生物对营养物质的吸收和废物的排出	福尔马林（含36%～40%的甲醛水溶液）	无色有刺激性气味的液体，90℃下易生成沉淀。对细菌繁殖体及芽孢、病毒和真菌均有杀灭作用，广泛用于防腐消毒	2%～4%水溶液用于工具、用具、地面消毒；每立方米空间用28毫升福尔马林，用于羊舍熏蒸消毒（不能带羊熏蒸）

类型	概述	名称	性状和性质	使用方法
醛类消毒剂	能产生自由醛基，在适当条件下与微生物的蛋白质及某些其他成分发生反应。作用机制是可与菌体蛋白质中的氨基结合使其变性，或使蛋白质分子烷基化。可以和细胞壁脂蛋白发生交联，和细胞磷壁酸中的酯联残基形成侧链，封闭细胞壁，阻碍微生物对营养物质的吸收和废物的排出	戊二醛	无色油状体，味苦。有微弱甲醛气味，挥发度较低。可与水、乙醇做任何比例的稀释，溶液呈弱酸性。碱性溶液有强大的灭菌消毒作用	2% 水溶液，用 0.3% 碳酸氢钠调整 pH 值至 7.5～8.5 范围可消毒，不能用于热灭菌的精密仪器、器材的消毒
		多聚甲醛（聚甲醛含甲醛 91%～99%）	为甲醛的聚合物，有甲醛臭味，为白色疏松粉末，常温下不可分解出甲醛气体，加热时分解加快，释放出甲醛气体与少量水蒸气。难溶于水，但能溶于热水，加热至 150℃时，可全部蒸发为气体	多聚甲醛的气体与水溶液，均能杀灭各种类型病原微生物。1%～5% 溶液作用 10～30 分钟，可杀灭除细菌芽孢以外的各种细菌和病毒；杀灭芽孢时，需 8% 浓度作用 6 小时。用于熏蒸消毒，用量为每立方米 3～10 克，消毒时间为 6 小时
氧化剂类	一些含不稳定结合态氧的化合物。作用机制：这类化合物遇到有机物和某些酶可释放出初生态氧，破坏菌体蛋白或细菌的酶系统。分解后产生的各种自由基，如巯基、活性氧衍生物等破坏微生物的通透性屏障、蛋白质、氨基酸、酶等，最终导致微生物死亡	过氧乙酸	无色透明酸性液体，易挥发，具有浓烈刺激性，不稳定，对皮肤、黏膜有腐蚀性。对多种细菌和病毒杀灭效果好	400～2000 毫克升，浸泡 2～120 分钟；0.1%～0.5% 溶液用于擦拭物品表面消毒；0.5%～5% 溶液用于环境消毒，0.2% 溶液用于器械消毒；用 5% 溶液每立方米空间喷雾 2.5 毫升消毒实验室、无菌室
		过氧化氢（双氧水）	无色透明，无异味，微酸苦，易溶于水，在水中分解成水和氧。可快速灭活多种微生物	1%～2% 溶液用于创面消毒；0.3%～1% 溶液用于黏膜消毒

类型	概述	名称	性状和性质	使用方法
氧化剂类	一些含不稳定结合态氧的化合物。作用机制：这类化合物遇到有机物和某些酶可释放出初生态氧，破坏菌体蛋白或细菌的酶系统。分解后产生的各种自由基，如巯基、活性氧衍生物等破坏微生物的通透性屏障、蛋白质、氨基酸、酶等，最终导致微生物死亡	过氧戊二酸	有固体和液体两种。固体难溶于水，为白色粉末，有轻度刺激性作用，易溶于乙醇、氯仿、乙酸	2%溶液用于器械浸泡消毒和物体表面擦拭消毒，0.5%溶液用于皮肤消毒，雾化气溶胶用于空气消毒
		臭氧	臭氧是氧气的同素异构体，在常温下为淡蓝色气体，有鱼腥臭味，极不稳定，易溶于水。臭氧对细菌繁殖体、病毒真菌和枯草杆菌黑色变种芽孢有较好的杀灭作用；对原虫和虫卵也有很好的杀灭作用	30毫克/米³作用15分钟，用于室内空气消毒；0.5毫克/升作用10分钟，用于水消毒；15~20毫克/升用于传染源污水消毒
		高锰酸钾	紫黑色斜方形结晶或结晶性粉末，无臭，易溶于水，以其浓度不同而呈暗紫色至粉红色。低浓度可杀死多种细菌的繁殖体，高浓度（2%~5%）在24小时内可杀灭细菌芽孢，在酸性溶液中可以明显提高杀菌作用	0.1%溶液用于饮水消毒，杀灭肠道病原微生物；0.1%溶液用于创面和黏膜消毒；0.01%~0.02%溶液用于消化道清洗；0.1%~0.2%溶液用于体表消毒

类型	概述	名称	性状和性质	使用方法
酚类消毒剂	消毒剂中种类较多的一类化合物。作用机制：①高浓度下可裂解并穿透细胞壁，与菌体蛋白结合，使微生物原浆蛋白质变性；②低浓度下或较高分子的酚类衍生物，可使氧化酶、去氢酶、催化酶等细胞的主要酶系统失去活性	苯酚（石炭酸）	白色针状结晶，弱碱性易溶于水、有芳香味	杀菌力强，3%~5%溶液用于环境与器械消毒，2%溶液用于皮肤消毒
		甲酚皂（来苏儿）	由甲酚皂和植物油、氢氧化钠按一定比例配制而成。无色，见光和空气变为深褐色，与水混合成为乳状液体。毒性较低	3%~5%溶液用于环境消毒；5%~10%溶液用于器械消毒、处理污物；2%溶液用于术前、术后和皮肤消毒
		复合酚（农福、消毒净、消毒灵、菌毒敌）	由冰醋酸、混合酚、十二烷基苯磺酸、煤焦油按一定比例混合而成，为棕色黏稠状液体，有煤焦油臭味，对多种细菌和病毒有杀灭作用	用水稀释100~300倍后，用于环境、禽舍、器具的喷雾消毒，稀释用水温度不低于8℃；1：200稀释杀灭烈性传染病，如口蹄疫；1：（300~400）稀释药浴或擦拭皮肤，药浴25分钟可以防治螨虫等皮肤寄生虫病，效果良好
		氯甲酚溶液（菌球杀）	为甲酚的氯代衍生物，一般为5%的溶液。杀菌作用强，毒性较小	主要用于禽舍、用具、污染物的消毒。用33~100倍水稀释后用于环境、畜禽舍的喷雾消毒

续表

类型	概述	名称	性状和性质	使用方法
表面活性剂	又称清洁剂或除污剂（双链季铵盐类消毒剂）。作用机制：①可以吸附到菌体表面，改变细胞渗透性，溶解损伤细胞使菌体破裂，细胞内容物外流；②表面活性物在菌体表面浓集，阻碍细菌代谢，使细胞结构紊乱；③渗透到菌体内使蛋白质发生变性和沉淀；④破坏细菌酶系统	新洁尔灭（苯扎溴铵）。市售的一般为浓度5%的苯扎溴铵水溶液	无色或淡黄色液，震摇产生大量泡沫。对革兰氏阴性细菌的杀灭效果比对革兰氏阳性菌强，能杀灭有囊膜的亲脂病毒，不能杀灭亲水病毒、芽孢菌、结核菌，易产生耐药性	0.1%溶液（以苯扎溴铵计）用于皮肤、器械消毒，0.02%以下浓度的溶液用于黏膜、创口消毒。0.5%～1%溶液用于手术局部消毒
		度米芬（杜米芬）	白色或微白色片状结晶，能溶于水和乙醇。主要用于细菌病原，消毒能力强，毒性小，可用于环境、皮肤、黏膜、器械和创口的消毒	0.05%～0.1%溶液用于皮肤、器械消毒，0.05%溶液喷雾用于带畜消毒
		癸甲溴铵溶液（百毒杀）。市售浓度一般为10%	白色、无臭、无刺激性、无腐蚀性的溶液。本品性质稳定，不受环境酸碱度、水质硬度、粪便血污等有机物及光、热影响，可长期保存，适用范围广	饮水消毒，日常1:（2000～4000）倍，可长期使用；疫病期间，1:（1000～2000）连用7天。畜禽舍及带畜消毒，日常1:600，疫病期间1:（200～400），喷雾、洗刷、浸泡
		双氯苯双胍己烷	白色结晶粉末，微溶于水和乙醇	0.5%溶液用于环境消毒，0.3%溶液用于器械消毒，0.02%溶液用于皮肤消毒
		环氧乙烷（烷基化合物）	常温无色气体，沸点10.3℃，易燃、易爆、有毒	密闭容器内50毫克/升，用于器械、敷料等消毒

类型	概述	名称	性状和性质	使用方法
表面活性剂	又称清洁剂或除污剂（双链季铵盐类消毒剂）。作用机制：①可以吸附到菌体表面，改变细胞渗透性，溶解损伤细胞使菌体破裂，细胞内容物外流；②表面活性物在菌体表面浓集，阻碍细菌代谢，使细胞结构紊乱；③渗透到菌体内使蛋白质发生变性和沉淀；④破坏细菌酶系统	氯己定（洗必泰）	白色结晶，微溶于水，易溶于醇，禁忌与升汞配伍	0.022%～0.05%溶液用于洗手浸泡5分钟，术前消毒；0.01%～0.025%溶液用于腹腔、膀胱等冲洗
醇类消毒剂	醇类物质。作用机制：使蛋白质变性沉淀；快速渗透过细胞壁进入菌体内，溶解破坏细菌细胞；抑制细菌酶系统，阻碍细菌正常代谢；可快速杀灭多种微生物	乙醇（酒精）	无色透明液体，易挥发，易燃，可与水和挥发油任意混合。无水乙醇中乙醇含量95%以上，以70%～75%乙醇溶液杀菌能力最强。对组织有刺激作用，浓度越大刺激性越强	70%～75%溶液用于皮肤、手背、注射部位和器械及手术、实验台面消毒，作用时间3分钟。注意：不能作为灭菌剂使用，不能用于黏膜消毒；浸泡消毒时，消毒物品不能带有过多水分，物品要清洁

类型	概述	名称	性状和性质	使用方法
醇类消毒剂	醇类物质。作用机制：使蛋白质变性沉淀；快速渗透过细菌胞壁进入菌体内，溶解破坏细菌细胞；抑制细菌酶系统，阻碍细菌正常代谢；可快速杀灭多种微生物	异丙醇	无色透明液体，易挥发，易燃，具有乙醇和丙酮混合气味，与水和大多数有机溶剂可混溶。作用浓度为50%～70%，过浓或过稀，杀菌作用都会减弱	50%～70%水溶液涂擦与浸泡，作用时间5～6分钟。只能用于物体表面和环境消毒。杀菌效果优于乙醇，但毒性也高于乙醇。有轻度的蓄积和致癌作用
强碱类	碱类物质。作用机制：氢氧根离子可以水解蛋白质和核酸，使微生物的结构和酶系统受到损害，同时可分解菌体中的糖类而杀灭细菌和病毒。尤其是对病毒和革兰氏阴性杆菌的杀灭作用最强。但其腐蚀性也强	氢氧化钠（烧碱）	白色干燥的颗粒、棒状、块状、片状结晶，易溶于水和乙醇，易吸收空气中的二氧化碳形成碳酸钠或碳酸氢钠。对细菌繁殖体、芽孢体和病毒有很强的杀灭作用，对寄生虫卵也有杀灭作用。浓度增大，作用增强	2%～4%溶液可杀死病毒和繁殖型细菌，30%溶液作用10分钟可杀死芽孢，4%溶液作用45分钟可杀死芽孢，如加入10%食盐能增强杀芽孢能力。2%～4%的热溶液用于喷洒或洗刷消毒，如畜禽舍、仓库、墙壁、工作间、入口处、运输车辆、饮饲用具等；5%溶液用于炭疽消毒
		生石灰（氧化钙）	白色或灰白色块状或粉末，无臭，易吸水，加水后生成氢氧化钙	加水配制10%～20%石灰乳，涂刷畜舍墙壁、畜栏等
		草木灰	新鲜草木灰主要含氢氧化钾。取筛过的草木灰10～15千克，加水35～40千克，搅拌均匀，持续煮沸1小时，补足蒸发的水分即成20%～30%草木灰溶液	20%～30%草木灰溶液可用于圈舍、运动场、墙壁及食槽的消毒。应注意水温在50～70℃

（三）消毒的程序

根据消毒的类型、对象、环境温度、病原体性质及传染病流行特点等因素，将多种消毒方法科学合理地加以组合而进行的消毒过程称为消毒程序。

1. 人员消毒　所有工作人员进入场区大门必须进行鞋底消毒，并经自动喷雾器进行喷雾消毒。进入生产区的人员必须淋浴、更衣、换鞋、洗手，并经紫外线照射 15 分钟。工作服、鞋、帽等定期消毒（可放入 1%～2% 氢氧化钠溶液煮沸消毒，也可每立方米空间用 42 毫升福尔马林熏蒸 20 分钟消毒）。严禁外来人员进入生产区。人员进入羊舍要先踏消毒池（消毒池的消毒液每 2 天更换一次），再洗手后方可进入。工作人员在接触畜群、饲料之前必须洗手，并用消毒液浸泡消毒 3～5 分钟。病羊隔离人员和剖检人员操作前后都要进行严格消毒。

2. 车辆消毒　进入场门的车辆除要经过消毒池外，还必须对车身、车底盘进行高压喷雾消毒，消毒液可用 2% 过氧乙酸溶液或 1% 灭毒威。严禁车辆（包括员工的摩托车、自行车）进入生产区。进入生产区的饲料车每周彻底消毒一次。

3. 环境消毒

（1）垃圾处理消毒：生产区的垃圾要实行分类堆放，并定期收集。每逢周六进行环境清理、消毒和焚烧垃圾。可用 3% 的氢氧化钠溶液喷湿，阴暗潮湿处撒生石灰。

（2）生活区、办公区消毒：生活区、办公区院落或门前屋后 4～10 月每 7～10 天消毒一次，11 月至次年 3 月每半个月消毒一次。可用 2%～3% 的氢氧化钠或甲醛溶液喷洒消毒。

（3）生产区的消毒：生产区道路、每栋舍前后每 2～3 周消毒一次，场内污水池、堆粪坑、下水道出口每月消毒一次。可用 2%～3% 的氢氧化钠或甲醛溶液喷洒消毒。

（4）地面土壤消毒：土壤表面消毒可用 10% 漂白粉溶液、

4% 福尔马林或 10% 氢氧化钠溶液。停放过芽孢杆菌所致传染病（如炭疽）病羊尸体的场所，应严格加以消毒，首先用上述漂白粉澄清液喷洒地面，然后将表层土壤掘起 30 厘米左右，撒上干漂白粉，并与土混合，将此表土妥善运出掩埋。其他传染病所污染的地面土壤，则可先将地面翻一下，深度约 30 厘米，在翻地的同时撒上干漂白粉（用量为每平方米 0.5 千克），然后以水湿润、压平。如果放牧地区被某种病原体污染，一般利用自然因素（如阳光）来消除病原体；如果污染的面积不大，则应使用化学消毒剂消毒。

4. 羊舍消毒

（1）空舍消毒：羊出售或转出后对羊舍进行彻底的清洁消毒。空舍消毒包括以下步骤。

1）清扫：首先对空舍的粪尿、污水、残料、垃圾和墙面、顶棚、水管等处的尘埃进行彻底清扫，并整理归纳舍内饲槽、用具，当发生疫情时，必须先消毒后清扫。

2）浸润：对地面、羊栏、出粪口、食槽、粪尿沟、风扇匣、护仔箱进行低压喷洒，并确保充分浸润，浸润时间不低于 30 分钟，但不能时间过长，以免干燥、浪费水且不好洗刷。

3）冲刷：使用高压冲洗机，由上至下彻底冲洗屋顶、墙壁、栏架、网床、地面、粪尿沟等。用刷子刷洗藏污纳垢的缝隙，尤其是食槽、水槽等，冲刷不要留死角。

4）消毒：晾干后，选用广谱高效消毒剂，消毒羊舍内所有表面、设备和用具，必要时可选用 2%～3% 氢氧化钠溶液进行喷雾消毒，30～60 分钟后低压冲洗，晾干后用另外的消毒药（如 0.3% 好利安）喷雾消毒。

5）复原：恢复原来栏舍内的布置，并检查维修，做好进羊前的充分准备，并进行第二次消毒。

6）再消毒：进羊前一天再喷雾消毒，然后熏蒸消毒。对封闭羊舍冲刷干净、晾干后，用福尔马林、高锰酸钾熏蒸消毒。

【小知识】熏蒸消毒的方法：熏蒸前封闭所有缝隙、孔洞，计算房间容积，称量好药品。福尔马林、高锰酸钾、水按体积比 2∶1∶1 配制，福尔马林用量一般为 28～42 毫升/米^3。容器应大于甲醛溶液加水后容积的 3～4 倍。放药时一定要把甲醛溶液倒入盛高锰酸钾的容器内，室温最好不低于 24 ℃，相对湿度为 70%～80%。先从羊舍一头逐点倒入，倒入后迅速离开，把门封严，24 小时后打开门窗通风。

（2）产房和隔离舍的消毒：消毒应在产羔前进行 1 次，产羔高峰时进行多次，产羔结束后再进行 1 次。在病羊舍、隔离舍的出入口处应放置浸有消毒液的麻袋片或草垫，消毒液可用 2%～4% 氢氧化钠（对病毒性疾病）或 10% 克辽林溶液（对其他疾病）。

（3）带羊消毒：正常情况下选用过氧乙酸或喷雾灵等消毒剂，0.5% 浓度以下对人畜无害。夏季每周消毒 2 次，春、秋季每周消毒 1 次，冬季每 2 周消毒 1 次。如果发生传染病则每天或隔天带羊消毒 1 次，带羊消毒前必须彻底清扫，消毒时不仅限于羊的体表，还包括整个舍的所有空间。应将喷雾器的喷头高举在空中，喷嘴向上，让雾料从空中缓慢地下降，雾粒直径控制在 80～120 微米，压力为 0.02～0.03 兆帕。注意不宜选用刺激性大的药物。

5. 废弃物消毒

（1）粪便消毒：羊的粪便消毒方法主要采用生物热消毒法，即在距羊场 200 米以外的地方设一堆粪场，将牛粪堆积起来，上面覆盖 10 厘米厚的沙土，堆放发酵 30 天左右，即可用作肥料。

（2）污水消毒：最常用的方法是将污水引入污水处理池，加入化学药品（如漂白粉或其他氯制剂）进行消毒，用量视污水量而定，一般 1 升污水用 2～5 克漂白粉。

6. 皮毛消毒　羊患炭疽病、口蹄疫、布鲁氏菌病、羊痘、坏死杆菌病等，其羊皮、羊毛均应消毒。应当注意，羊患炭疽病时，严禁从尸体上剥皮；在储存的原料皮中即使只发现1张患炭疽病的羊皮，也应将整堆与它接触过的羊皮进行消毒。皮毛的消毒，目前广泛利用环氧乙烷气体消毒法。消毒时必须在密闭的专用消毒室或密闭良好的容器（常用聚乙烯或聚氯乙烯薄膜制成的篷布）内进行。在室温15℃时，每立方米密闭空间使用环氧乙烷0.4~0.8千克维持12~48小时，相对湿度在30%以上。此法对细菌、病毒、霉菌均有良好的消毒效果，对皮毛中的炭疽芽孢也有较好的消毒作用。但本品对人畜有毒性，且其蒸气遇明火会燃烧甚至爆炸，故必须注意安全，具备一定条件时才可使用。

四、科学的免疫接种

(一) 常用疫苗

疫苗分为活疫苗和灭活疫苗两类。凡将特定细菌、病毒等微生物毒力致弱制成的疫苗称为活疫苗（弱毒苗）。活疫苗具有产生免疫快、免疫效力好、免疫接种方法多和免疫期长等特点，但存在散毒、造成新疫源及毒力返祖的潜在危险。选用免疫原性强的病原微生物，经人工大量培育后，用物理或化学方法将其灭活制成的疫苗称为灭活疫苗。灭活疫苗具有安全性好、不存在返祖或返强现象、便于运输和保存、对母源抗体的干扰作用不敏感，以及适用于多毒株活多菌株制成多价苗等特点，但存在成本高、免疫途径单一、生产周期长等不足。羊场常用的疫苗见表7-2。

表7-2　羊场常用的疫苗

名称	适应证	使用和保存方法
口蹄疫 O、A 型活疫苗	预防口蹄疫，用于 4 个月以上的羊。疫苗注射后，14 天产生免疫力，免疫期为 4～6 个月	肌内或皮下注射，剂量：4～12 个月 0.5 毫升，12 个月以上 1 毫升。疫苗在 −12 ℃以下保存，不超过 12 个月；2～6 ℃保存，不超过 5 个月；20～22 ℃保存，限 7 天内用完
口蹄疫 A 型活疫苗	用于预防 A 型口蹄疫。疫苗注射后 14 天产生免疫力，免疫期为 4～6 个月	肌内或皮下注射，剂量：2～6 个月 0.5 毫升，6 个月以上 1 毫升。−18～−12 ℃保存，有效期为 24 个月；2～6 ℃保存，有效期为 3 个月；20～22 ℃保存，有效期为 5 天
口蹄疫 O 型、亚洲 I 型二价灭活疫苗	预防羊 O 型、亚洲 I 型口蹄疫，仅接种健康羊。免疫期为 4～6 个月	肌内注射，羊每只 1 毫升。2～8 ℃保存，有效期为 12 个月
伪狂犬病活疫苗（伪克灵）	用于预防绵羊的伪狂犬病。注射后 6 天即可产生坚强免疫力，免疫期为 1 年	按瓶签注明的头份，加 PBS（磷酸盐缓冲剂）或特定稀释液稀释，肌内注射；绵羊 4 月龄以上者 1 头份。−15 ℃以下保存，有效期为 18 个月
羊伪狂犬病疫苗	预防羊伪狂犬病。免疫期山羊暂定半年	均为颈部皮下一次注射，山羊 5 毫升。于 2～15 ℃阴暗干燥处保存，有效期为 2 年；于 24 ℃下阴暗处保存，有效期暂定为 1 个月
兽用乙型脑炎疫苗	专供防止牲畜乙型脑炎用。注射 2 次（间隔 1 年），有效期暂定 2 年	应在盛行前 1～2 个月注射，皮下或肌内注射 1 毫升。当年幼畜注射后，第二年必须再注射一次。应保存在 2～6 ℃冷暗处，自疫苗收获之日起可保存 2 个月
无荚膜炭疽芽孢疫苗	预防炭疽，可用于绵羊。接种动物要健康	绵羊注射于颈部或后腿内侧皮下，1 岁以下注射 0.5 毫升。本品应于 2～15 ℃干燥、凉暗处保存，有效期为 2 年

名称	适应证	使用和保存方法
Ⅱ号炭疽芽孢疫苗	预防各种动物的炭疽病。注射14天后产生坚强的免疫力，免疫期为1年，只有山羊为半年	肌内注射0.2毫升或皮下注射1毫升。使用浓菌苗时，需用20%氢氧化铝胶生理盐水或蒸馏水，按瓶签规定的稀释倍数稀释后使用。保存方法与无荚膜炭疽孢疫苗相同
布鲁氏菌活疫苗	预防羊布鲁氏菌病，免疫期为3年	皮下注射、滴鼻、气雾法免疫及口服法免疫。山羊和绵羊皮下注射10亿活菌，滴鼻10亿活菌，室内气雾10亿活菌，室外气雾50亿活菌，口服250亿活菌。本品冻干疫苗在0~8℃保存，有效期为1年
布鲁氏菌猪型2号活疫苗	预防羊布鲁氏菌病，免疫期为3年	本疫苗最适于口服免疫，亦可肌内注射。口服对怀孕母畜不产生影响，畜群每年服苗一次，继续数年不会造成血清学反应长期不消失的现象。口服免疫，山羊和绵羊不论年龄大小，每只一律口服100亿活菌；注射免疫，皮下或肌内注射均可，山羊每只注射25亿活菌，绵羊50亿活菌，间隔1个月。本品冻干疫苗在0~8℃保存，有效期为1年
布鲁氏菌病活疫苗（M5株）	预防羊布鲁氏菌病，免疫期为3年	可采用皮下注射、滴鼻免疫，也可口服免疫。山羊和绵羊皮下注射10亿、滴鼻10亿、口服250亿。在2~8℃保存，有效期为1年
气肿疽明矾菌苗	预防羊气肿疽，接种的动物要健康。注射14天后产生可靠的免疫力，免疫期约为6个月	不论年龄大小，羊皮下注射1毫升。于0~15℃凉暗干燥处保存，有效期为2年；室温下保存，有效期为14个月
山羊痘活疫苗	预防山羊痘及绵羊痘。接种后4~5天产生免疫力，免疫期为12个月	尾根内侧或股内侧皮内注射。按瓶签注明头份，用生理盐水（或注射用水）稀释为每头份0.5毫升，不论羊只大小，每只0.5毫升。2~8℃保存，有效期为18个月；-15℃以下保存，有效期为24个月

名称	适应证	使用和保存方法
山羊痘细胞化弱毒冻干疫苗	预防山羊痘。注射 4 天后产生免疫力，免疫期可持续 1 年以上	本疫苗适用于不同品种、年龄的山羊。对怀孕山羊、羊痘流行羊群中的未发痘羊，皆可（紧急）接种。用生理盐水按 1：50 倍稀释（原苗 1 毫升为 100 头份），于尾内侧或股内侧皮内注射。不论羊只大小，一律 0.5 毫升。在−15 ℃以下冷冻保存，有效期为 2 年；0～4 ℃低温保存，有效期为 1.5 年；于 8～15 ℃冷暗干燥处保存，有效期为 10 个月；于 16～25 ℃室温保存，有效期为 2 个月
羊败血性链球菌病弱毒菌苗	预防羊败血性链球菌病。注射后 14～21 天产生可靠的免疫力，免疫期为 1 年	可用注射法或气雾法接种免疫。注射法：按瓶签标示的头份剂量，用生理盐水稀释，使每头份（50 万～100 万活菌）为 1 毫升。于绵羊尾根皮下注射：成年羊 1 毫升，半岁至 2 岁羊剂量减半。气雾法：用蒸馏水稀释后，于室内或室外避风处喷雾；室外喷雾，每只羊暂定 3 亿活菌；室内喷雾，每只羊 3000 万活菌，每平方米用疫苗 4 头份
羊败血性链球菌病灭活疫苗	预防绵羊和山羊败血性链球菌病。免疫期为 6 个月	皮下注射。不论年龄大小，每只羊均接种 5.0 毫升。2～8 ℃保存，有效期为 18 个月
羔羊痢疾氢氧化铝菌苗	专给怀孕母羊注射，预防羔羊痢疾。于注射后 10 天产生可靠的免疫力。初生羔羊吸吮免疫母羊的奶汁而获得被动免疫	共注射 2 次。第一次在产前 20～30 天，于左股内侧皮下（或肌内）注射 2 毫升；第二次在产前 10～20 天，于右股内侧皮下（或肌内）注射 3 毫升。于 2～15 ℃冷暗干燥处保存，有效期为 1.5 年
山羊传染性胸膜肺炎灭活疫苗	预防山羊传染性胸膜肺炎	皮下或肌内注射。成年羊，每只 5.0 毫升；6 月龄以下羔羊，每只 3.0 毫升。免疫期为 12 个月。2～8 ℃保存，有效期为 18 个月

名称	适应证	使用和保存方法
传染性脓疱性皮炎活疫苗（HCE或GO-BT弱毒株）	预防羊传染性脓疱皮炎。注射疫苗后21天产生免疫力，免疫期HCE疫苗为3个月，GO-BT疫苗为5个月	按注明的头份，HCE疫苗在下唇黏膜划痕免疫，GO-BT疫苗在口唇黏膜内注射0.2毫升，在流行本病羊群股内侧划痕0.2毫升。保存期，-20~-10℃下10个月，0~4℃下5个月，10~25℃下2个月
羊快疫、猝狙、肠毒血症三联灭活疫苗	用于预防绵阳或山羊快疫、猝狙和肠毒血症。免疫期为6个月	肌内或皮下注射。不论羊只年龄大小，每只5.0毫升。2~8℃保存，有效期为24个月。用豆肝汤培养基制造的疫苗，有效期为12个月
羊快疫、猝狙、羔羊痢疾、肠毒血症三联灭活疫苗	用于预防绵阳或山羊快疫、猝狙、羔羊痢疾和肠毒血症。预防快疫、羔羊痢疾、猝狙免疫期为12个月，预防肠毒血症免疫期为6个月	肌内或皮下注射。不论羊只年龄大小，每只5.0毫升。2~8℃保存，有效期为24个月。用豆肝汤培养基制造的疫苗，有效期为12个月
羊梭菌病多联干粉灭活疫苗	预防绵羊或山羊羔羊痢疾、羊快疫、猝狙、肠毒血症、黑疫、肉毒梭菌中毒症和破伤风。免疫期为12个月	肌内或皮下注射。按瓶签注明头份，使用前以20%氢氧化铝胶生理盐水溶解，充分摇匀后，不论羊只年龄大小，每只均接种1.0毫升。2~8℃保存，有效期为60个月
羊厌气菌病五联灭活菌苗	预防羊快疫、羔羊痢疾、猝狙、肠毒血症和羊黑疫。注射后14天产生可靠的免疫力，免疫期为1年	不论羊只年龄大小，均皮下或肌内注射5毫升。于2~15℃冷暗干燥处保存，有效期暂定为1年半
羊流产衣原体灭活疫苗	预防山羊和绵羊由衣原体引起的流产。绵羊免疫期为2年，山羊免疫期暂定7个月	每只羊皮下注射3毫升。在4~10℃冷暗处保存，有效期为1年

（二）羊的免疫程序

羊的参考免疫程序见表7-3，羔羊免疫程序见表7-4，成年母羊免疫程序见表7-5。

表7-3 羊的参考免疫程序

疫病种类	疫苗名称	免疫时间	免疫剂量	免疫方法
羔羊痢疾	羔羊痢疾氢氧化铝菌苗	怀孕母羊分娩前20~30天和10~20天各注射1次	分别为每只2毫升和3毫升；羔羊通过吃奶获得被动免疫，免疫期5个月	两后腿内侧皮下注射
羊快疫、猝狙、肠毒血症、羔羊痢疾	羊快疫、猝狙、羔羊痢疾、肠毒血症三联四防灭活疫苗	每年于2月底3月初和9月下旬分2次接种	1头份	皮下或肌内注射
羊痘	羊痘弱毒疫苗	每年3~4月接种	1头份	皮下注射
布鲁氏菌病	羊布病活疫苗（S2株）	免疫前应向当地兽医主管部门咨询后进行	1头份	口服
羔羊大肠杆菌病	羔羊大肠杆菌疫苗		3月龄以下1毫升，3月龄以上2毫升	皮下注射
羊口蹄疫	羊口蹄疫苗	每年3月和9月	4月龄至2年1毫升，2年以上2毫升	皮下注射
山羊口疮	口疮弱毒细胞冻干疫苗	每年3月和9月	0.2毫升	口腔黏膜内注射
山羊传染性胸膜肺炎	山羊传染性胸膜肺炎氢氧化铝菌苗	每年3月	6月龄以下3毫升，6月龄以上5毫升	皮下或肌内注射
山羊链球菌病	羊链球菌氢氧化铝菌苗	每年3月和9月	6月龄以下3毫升，6月龄以上5毫升	羊背部皮下注射

注：①要了解被预防羊群的年龄、妊娠、泌乳及健康状况，体弱或原来就生病的羊预防后可能会出现各种反应，应说明清楚，或暂时不打预防针；②对怀孕后期的母羊应注意了解，如果怀胎已逾3个月，应暂时停止预防注射，以免造成流产；③对半月龄以内的羔羊，除紧急免疫外，一般暂不注射；④预防注射前，对疫苗有效期、批号及厂家应注意记录，以便备查；⑤对预防接种的针头，应做到一只一换。

表7-4 羔羊免疫程序

接种时间	疫苗	接种方式	免疫期
7日龄	羊传染性脓疱皮炎灭活疫苗	口唇黏膜注射	1年
15日龄	山羊传染性胸膜肺炎灭活疫苗	皮下注射	1年
2月龄	山羊痘灭活疫苗	尾根皮内注射	1年
2.5月龄	牛O型口蹄疫灭活疫苗	肌内注射	6个月
3月龄	羊梭菌病三联四防灭活疫苗	皮下或肌内注射（第一次）	6个月
	气肿疽灭活疫苗	皮下注射（第一次）	7个月
3.5月龄	羊梭菌病三联四防灭活苗	皮下或肌内注射（第二次）	山羊6个月，绵羊12个月
	Ⅱ号炭疽芽孢疫苗	皮下或肌注射	山羊6个月，其他羊12个月
	气肿疽灭活疫苗	皮下注射（第二次）	7个月
产羊前6~8周（母羊、未免疫）	羊梭菌病三联四防灭活疫苗	皮下注射（第一次）	山羊6个月，绵羊12个月
	破伤风类毒素	肌内或皮下注射（第一次）	
产羔前2~4周（母羊）	羊梭菌病三联四防灭活苗	皮下注射（第二次）	山羊6个月，绵羊12个月
	破伤风类毒素	皮下注射（第二次）	
4月龄	羊链球菌灭活疫苗	皮下注射	6个月
5月龄	布鲁氏菌猪型2号活疫苗	肌内注射或口服	3年
7月龄	牛O型口蹄疫灭活疫苗	肌内注射	6个月

表7-5 成年母羊免疫程序

接种时间	疫苗	接种方式	免疫期
配种前2周	牛O型口蹄疫灭活疫苗	肌内注射	6个月
	羊梭菌病三联四防灭活疫苗	皮下或肌内注射	6个月
配种前1周	羊链球菌灭活疫苗	皮下注射	6个月

续表

接种时间	疫苗	接种方式	免疫期
配种前 1 周	Ⅱ号炭疽芽孢疫苗	皮下注射	山羊 6 个月，绵羊 12 个月
产后 1 个月	牛 O 型口蹄疫灭活疫苗	肌内注射	6 个月
	羊梭菌病三联四防灭活疫苗	皮下或肌内注射	6 个月
产后 1.5 个月	Ⅱ号炭疽芽孢疫苗	皮下注射	山羊 6 个月，绵羊 12 个月
	羊链球菌灭活疫苗	皮下注射	6 个月
	山羊传染性脑膜肺炎灭活疫苗	皮下注射	1 年
	布鲁氏菌猪型 2 号灭活疫苗	肌内注射或口服	3 年
	山羊痘灭活疫苗	尾根皮内注射	1 年

注：公羊可参照母羊免疫注射时间进行免疫。

五、羊场保健预防用药方案

羊场保健预防用药的时间和方法见表 7-6。

表 7-6　羊场保健预防用药的时间和方法

时间	药物及使用方法
1~3 日龄	肌内注射长效土霉素，10~20 毫克/千克体重，预防羔羊痢疾和巴氏杆菌病
30、45、80 日龄	各内服丙硫苯咪唑，20 毫克/千克体重，预防线虫、绦虫和吸虫病
育成羊或育肥羊	圈养每 2 个月全群驱虫一次，放牧饲养每 1 个月一次。伊维菌素，0.2 毫克/千克体重，皮下注射，驱线虫和螨、蜱；或左旋咪唑 7.5 毫克/千克体重，一次内服（驱线虫）
出栏前 15 天	停用任何药物
母羊产后	缩宫素，10~15 单位/次，1 次/天，连续 3 天，肌内或皮下注射，防治子宫炎；长效土霉素注射液，10~20 毫克/千克体重，肌内注射，1 次/天，必要时可连用 3 天，预防细菌、血虫感染

续表

时间	药物及使用方法
母羊产后第 1 天、第 6 天	宫净康各用 1 支，子宫灌注，预防子宫炎和胎衣不下等
母羊产前、产后 2 个月	饲料中增加多维素、磷酸氢钙和精料喂量，预防营养代谢病发生
剪毛后 10 天	防治羊的外寄生虫病，特别是羊螨。杀虫脒（氯苯脒），用时配成 0.1%~0.2% 水溶液，局部涂擦、喷淋或池浴均可；或辛硫磷乳油，用时配成 0.025%~0.05% 的水溶液药浴；或马拉硫磷，配成 0.05% 水溶液药浴。在特建的药浴池内进行药浴，也可用人工方法抓羊在大盆（缸）中逐只洗浴
每季度	丙硫咪唑（阿苯达唑、丙硫苯咪唑、抗蠕敏），10~20 毫克/千克体重，一次口服，驱杀吸虫、绦虫、线虫、肺丝虫（妊娠羊慎用；羊宰前 14 天应停药）

第二节　常见病防治

一、传染病

（一）口蹄疫

口蹄疫俗名"口疮"或"蹄癀"，是偶蹄兽的一种急性热性高度接触性传染病。该病以口腔黏膜及蹄部皮肤发生水疱和溃烂为特征。

【诊断要点】

（1）病原及其流行特点：口蹄疫病毒属于小 RNA 病毒科的口蹄疫病毒属。病毒颗粒呈圆形，具有多型和易变的特点，目前已知有 7 种主型 80 多个亚型。各型之间抗原性不同，彼此不能互相免疫，使诊断和预防较为复杂化。病畜是主要的传染源，主要经消化道和呼吸道感染。羊口蹄疫流行仅次于牛和猪，一经发生往往呈流行性，发病率高，但病死率不高。无明显的季节性，以寒冷季节多发。

（2）临床症状：潜伏期1周左右。病初表现高温，肌肉震颤，流涎，食欲下降，反刍减少或停止。常呈群发，口腔呈弥漫性口膜炎，水疱发生于硬腭和舌面，严重时可发生糜烂与溃疡。有的病羊于蹄叉和趾（指）间出现水疱和糜烂，故显跛行。以上病变也可发生于乳房。羔羊多因出血性胃肠炎和心肌炎而死亡。

（3）病理变化：除口腔、蹄部皮肤等处出现水疱和溃烂外，严重者咽喉、气管、支气管和前胃黏膜有时也有烂斑和溃疡，皱胃和大小肠黏膜有出血性炎症。心内膜有出血斑点，心肌切面有灰白色或淡黄色斑点或条纹，俗称"虎斑心"。

（4）鉴别诊断：羊口蹄疫应与羊传染性脓疱、蓝舌病等类似疾病进行区别。

1）口蹄疫与羊传染性脓疱的鉴别。羊传染性脓疱主要发生于幼龄羊，病羊的特征是在口唇部发生水疱、脓疱及疣状厚痂，病变是增生性的，一般无体温反应。病原是羊口疮病毒。

2）口蹄疫与蓝舌病的鉴别。蓝舌病主要通过库蠓叮咬传播，蓝舌病的溃疡不是由于水疱破溃后形成，且缺乏水疱破裂后那样的不规则的边缘。病原是蓝舌病病毒。

【预防措施】

（1）无病地区严禁从有病地区或国家引进动物及其产品、饲料、生物制品等。来自无病地区的动物及其产品，也应进行检疫。按照国家规定实施强制免疫，特别是种羊场、规模饲养场（户）必须严格按照免疫程序实施免疫。

（2）种羊场、规模羊场免疫程序：种公羊、后备母羊，每年接种疫苗2次，每间隔6个月免疫1次，每次肌内注射单价苗

1.5 毫升；生产母羊，在产后 1 个月或配种前，约每年的 3 月、8 月各免疫 1 次，每次肌内注射 1.5 毫升。

（3）农村散养羊免疫程序：成年羊，每年免疫 2 次，每间隔 6 个月免疫 1 次，每次肌内注射 1.5 毫升；幼羊，出生后 4 ~ 5 个月免疫 1 次，肌内注射 1 毫升，隔 6 个月再免疫 1 次，肌内注射 1.5 毫升。

【发病后措施】一旦发生疫情，要遵照"早、快、严、小"的原则，严格执行封锁、隔离、消毒、紧急预防接种、检疫等综合扑灭措施。"早"即早发现、早扑灭，防止疫情的扩散与蔓延；"快"即快诊断、快通报、快隔离、快封锁；"严"即严要求、严对待、严处置，疫区的所有病羊和同群羊都要全部扑杀并做无害化处理；"小"即适当划小疫区，便于做到严格封锁，在小范围内消灭口蹄疫，降低损失。疫区内最后一头病羊扑杀后，要经一个潜伏期的观察，未再发现新病羊时，经彻底消毒，报有关单位批准后，才能解除封锁。

（二）羊痘

羊痘是由痘病毒引起的一种急性、热性、接触性传染病。它是家畜痘病中危害最严重的一种，以在皮肤和黏膜上发生特异的痘疹为特征。

【诊断要点】

（1）病原及其流行特点：病原为痘病毒，各种痘病毒均为双股 DNA 病毒，多为砖形，亦有卵圆形状。自然情况下，绵羊痘病毒只引起绵羊发病，山羊痘病毒只引起山羊发病。羊为传染源，病毒主要存在于痘疱之中，主要通过呼吸道感染，也可经损伤的皮肤、黏膜感染。绵羊痘是各种家畜痘病中最为严重的传染病，呈地方性流行或广泛流行。

（2）临床症状：潜伏期 6 ~ 8 天。临床上可分为典型经过和非典型经过。

1）典型经过。病初体温升高至 41～42 ℃，精神极度沉郁，食欲减退，可视黏膜有卡他性、脓性炎症。经 1～4 天后，在皮肤少毛处或无毛部位如口、鼻、眼、乳房、尾内侧、外阴部、阴囊及四肢内侧开始发痘。初期为红斑，1～2 天后形成丘疹，随后丘疹逐渐增大，继续发展变成水疱；水疱很快化脓，形如脐状；之后，脓液渐渐干涸，形成褐黄色或黑褐色痂皮。经 7 天左右痂皮脱落，留有苍白的瘢痕。病期长达 3～4 周，多以痊愈告终。当脓疱期有坏死杆菌继发感染时，病变部痘疱融合，深达皮下乃至肌肉处，形成坏疽性溃疡，发出恶臭气味，此为恶性经过，病死率可达 20%～50%。

2）非典型经过。病羊不出现上述典型症状或经过，常发展到丘疹期而终止，即所谓"顿挫型"经过。

（3）病理变化：除有上述体表所见病变外，尸检瘤胃、皱胃黏膜上有大面积圆形、椭圆形或半球形白色坚实结节，单个或融合存在，严重者可形成糜烂或溃疡。口腔、舌面、咽喉部、肺表面、肠浆膜层亦有痘疹。肺部可见于酪样结节和卡他性肺炎区。

（4）鉴别诊断：本病在临床上应与羊传染性脓疱、羊螨病等类似疾病进行区别。

1）羊痘与羊传染性脓疱的鉴别。羊传染性脓疱全身症状不明显，病羊一般无体温反应，病变多发生于唇部及口腔（蹄型和外阴型病例少见），很少波及躯体部皮肤，痂垢下肉芽组织增生明显。

2）羊痘与螨病的鉴别。螨病的痂皮多为黄色麸皮样，而痘疹的痂皮则呈黑褐色，且坚实硬固。此外，从疥癣皮肤患处及痂皮内可检出螨。

【预防措施】

（1）加强饲养管理，增强羊只的抵抗力。不从疫区引进羊只和购入畜产品等。引进羊只需隔离检疫 21 天。

（2）发生疫情应及时隔离、消毒，必要时进行封锁，封锁期两个月。消毒剂可采用 2% 氢氧化钠溶液、2% 福尔马林、30% 草木灰水、10% ~ 20% 石灰乳剂或含 2% 有效氯的漂白粉液等。

（3）两年以内曾发生过羊痘的地区，以及受到羊痘威胁的羊群，均应进行羊痘疫苗免疫接种。有羊痘暴发时，对疫群中未发病的羊只及其周围的羊群进行疫苗的紧急接种，也是行之有效的扑灭措施之一。羊痘弱毒冻干疫苗，大小羊一律尾部或股内侧皮下注射 0.5 毫升，可获 1 年的坚强免疫力。

【发病后措施】皮肤上的痘疮，涂以碘酊；黏膜上的病灶，用 0.1% 高锰酸钾充分冲洗之后，涂以碘甘油；有继发感染时或为了防止并发症，可使用抗生素和磺胺类药物等。价值高的种羊或幼羔，早期应用免疫血清、痊愈血液或免疫羊全血肌内注射，有一定疗效。

（三）蓝舌病

蓝舌病是反刍动物的一种急性传染病，主要侵害绵羊，以发热，白细胞减少，口腔、鼻腔和胃肠黏膜发生溃疡性炎症为特征，且因病畜舌呈蓝紫色而得名。非洲、欧洲、美洲和亚洲均有发生。本病是危害养羊业的主要传染病之一。

【诊断要点】

（1）病原及其流行特点：本病病原是蓝舌病病毒，病毒颗粒呈圆形，对外界环境因素的抵抗力很强，可耐干燥与腐败。多种反刍动物有易感性，但绵羊最易感。各种品种、性别和年龄的绵羊均可感染发病，以 1 ~ 1.5 岁青年羊最敏感，哺乳期羔羊有一定的抵抗力。病羊是主要传染源，通过库蠓传播。本病的发生具有严格的季节性，多发生于晚春、夏季和早秋。

（2）临床症状：潜伏期为 5 ~ 12 天。病初体温升高达 40.5 ~ 41.5 ℃，稽留 2 ~ 4 天。常常在体温升高后不久，表现出厌食，精神沉郁，落群，流涎；上唇肿胀，水肿可延至面耳部；口腔黏膜充血呈青紫色，随后可见唇、齿龈、颊、舌黏膜糜烂，致使吞咽困难。口腔黏膜受溃疡损伤，故局部渗出血液，唾液呈红色。继发感染后可引起局部组织坏死，口腔恶臭。鼻流黏脓性分泌物，结痂后阻塞空气流通，可致呼吸困难和鼻鼾声。蹄冠和蹄叶发炎，表现为跛行、膝行，卧地不动。病羊后期消瘦、衰弱、便秘或腹泻，有时下痢带血。早期出现白细胞减少症。病程一般为6～14天，发病率为30%～40%，病死率为20%～30%，多并发肺炎和胃肠炎而死亡。怀孕4～8周母羊感染，其分娩的羔羊中约有20%发育畸形，如脑积水、小脑发育不足、脑回过多等。

（3）病理变化：口腔出现糜烂和深红色区，舌、齿龈、硬腭、颊部黏膜发生水肿。绵羊的舌发绀如蓝舌状。瘤胃有暗红色区和坏死灶。心内外膜、心肌、呼吸道和泌尿道黏膜小点出血。蹄冠出现红点或红线，深层充血、出血。肌肉出血，肌间有浆液和胶冻样浸润。重者皮肤毛囊周围出血，并有湿疹变化。

（4）鉴别诊断：羊蓝舌病通常应与口蹄疫、羊传染性脓疱等疾病进行区别。

1）蓝舌病与口蹄疫的鉴别。口蹄疫为高度接触传染性疾病，感染发病后临床症状典型而明显。蓝舌病则主要通过库蠓叮咬传播，人工接种不能使豚鼠感染。口蹄疫的糜烂性病理损害是由于水疱破溃而发生，蓝舌病虽有上皮脱落和糜烂，但不形成水疱。

2）蓝舌病与羊传染性脓疱的鉴别。羊传染性脓疱在羊群中以幼龄羊发病率最高，患病羊口唇、鼻端出现丘疹和水疱，破溃以后形成疣状厚痂，痂皮下为增生的肉芽组织。病羊特别是年龄较大的羊，一般不出现严重的全身症状，无体温反应。采集局部病变组织进行电镜负染检查，可发现呈线团样编织构造的典型羊口疮病毒。

【预防措施】加强饲养管理，严格检疫制度，严禁从疫区购买羊。应做好牧场的排水和灭蠓工作，坚持对羊群进行药浴、驱虫。在流行区，应每年接种疫苗。

【发病后措施】发现病羊，应立即扑杀，防止疫情扩散。

(四) 羊传染性脓疱

羊传染性脓疱，俗称羊口疮，是由病毒引起的一种传染病。主要危害羔羊，以在口唇等处皮肤和黏膜上形成丘疹、脓疱、溃疡和结成疣状厚痂为特征。本病世界各地都有发生，几乎是有羊即有本病。

【诊断要点】

(1) 病原及其流行特点：病原是羊口疮病毒，属于痘病毒科副痘病毒属。病毒对外界环境的抵抗力很强，只危害绵羊和山羊，以 3~6 月龄羔羊多发，呈群发流行。本病多发于秋季，无性别和品种差异。在有本病存在的羊群，可多年连续发生本病。病羊（包括潜伏期及痊愈后数周的羊只）是主要的传染源，它们主要从病变部的渗出液排毒。健羊通过直接接触或者经污染的羊舍、用具、草场、饲料、饮水等而间接感染，感染途径主要是皮肤或黏膜的损伤（如炎症、带芒刺的植物或饲料的刺伤、擦伤、咬伤，以及潮湿环境或坚硬不平的道路所致的肢端损伤等）。

(2) 临床症状：潜伏期为 4~7 天，临床上分为 3 型，偶见有混合型。

1) 唇型。发生在各种年龄的绵羊羔及山羊羔，是本病的主要病型。一般在唇部、口角和鼻镜上出现散在的小红斑，很快即形成芝麻大的小结节，继而成为水疱和脓疱，脓疱破溃后结成黄棕褐色的疣状硬痂，牢固地附着在真皮层的红色乳头状增生物上，这种痂块可经 10~14 天脱落而痊愈。严重病例，由于不断产生的丘疹、水疱、脓疱痂垢互相融合，涉及整个口唇周围及颜面、眼睑和耳郭等部，形成大面积具有龟裂、易出血的污秽痂垢，痂下伴有肉芽组织增生，整个嘴唇肿大外翻呈桑椹状突起，极大地影响采食。部分病例常伴有化脓菌和坏死杆菌等继发感染，引起深部组织的化脓和坏死。口腔黏膜亦常受害（有时仅见口腔黏膜病变）。在唇内面、齿龈、颊部、舌和软腭黏膜上，发生被红晕所围绕的灰白色水疱，继之变成脓疱和烂斑，或愈合而康复，或恶化形成大面积溃疡。少数严重病例可因继发性肺炎而死亡。

2）蹄型。几乎仅侵害绵羊，通常单独发生（偶有混合型）。在1~4肢的蹄叉、蹄冠和系部皮肤上，出现痘样湿疹，从丘疹至扁平水疱到脓疱，直至破裂后形成溃疡。有继发感染时即为腐蹄病。病期缠绵，严重者衰弱而死或因败血症死亡。

3）外阴型。较少见。公羊阴鞘肿胀，阴鞘口及阴茎上发生小脓疱和溃疡。母羊有黏性或脓性阴道分泌物，阴唇及其附近皮肤肿胀并有溃疡，乳房和乳头皮肤上（多系病羔吮乳时传染）发生疱疹、烂斑和痂块。

（3）鉴别诊断：本病须与羊痘、坏死杆菌病等类似疾病进行区别。

1）羊传染性脓疱与羊痘的鉴别。羊痘的痘疹多为全身性，而且病羊体温升高，全身反应严重。痘疹结节呈圆形突出于皮肤表面，界线明显，似脐状。

2）羊传染性脓疱与坏死杆菌病的鉴别。坏死杆菌病主要表现为组织坏死，一般无水疱、脓疱病变，也无疣状增生物。通过细菌学检查和动物试验即可区别。

【预防措施】加强饲养管理，保护黏膜、皮肤，不使发生损伤；加喂适量食盐，以减少啃土、啃墙；不从疫区引进羊只和购买畜产品，做好引进羊的检疫、隔离和消毒工作；在本病流行地区，用羊口疮弱毒疫苗进行免疫接种。

【发病后措施】发病时做好污染环境的消毒，特别注意羊舍、饲养用具、病羊体表和蹄部的消毒。病羊应在隔离的情况下进行治疗，治疗参见"羊痘"部分。

（五）炭疽

炭疽又称血脾胀，是人畜共患的急性、热性、败血性传染病。多呈最急性型，突然发病，眩晕，可视黏膜发绀，天然孔出血。

【诊断要点】

（1）病原及其流行特点：病原为炭疽杆菌，芽孢具有很强的抵抗力，在干燥环境中能存活10年以上，临诊上常用20%漂白粉溶液、0.5%过氧乙酸溶液和1%氢氧化钠溶液作为消毒剂。各种家畜及人对该病都有易感性，羊的易感性高。病羊是主要传染源，濒死病羊体内及其排泄物中常有大量菌体，若尸体处理不当，炭疽杆菌形成芽孢并污染土壤、水、牧地，则成为长久的疫源地。羊吃了污染的饲料或饮水而感染，也可经呼吸道和吸血昆虫叮咬而感染。本病多发于夏季，呈散发性或地方流行性。

（2）临诊症状：多为最急性，突然发病，患羊表现为昏迷，眩晕，摇摆，倒地，呼吸困难，结膜发绀，全身战栗，磨牙，口、鼻流出血色泡沫，肛门、阴门流出血液且不易凝固，数分钟即可死亡。在病情缓和时，羊兴奋不安，行走摇摆，呼吸加快，心跳加速，黏膜发绀，后期全身痉挛，天然孔出血，数分钟至数小时内即可死亡。

（3）病理变化：尸体迅速腐败而极度膨胀，天然孔流血，血液呈酱油色煤焦油样，凝固不良，可视黏膜发绀或有点状出血，尸僵不全，脾明显肿大，皮下和浆膜下结缔组织呈现出血性胶样浸润。

（4）实验室检查：可疑炭疽的病羊禁止剖检，病羊生前采取静脉（耳静脉）血液，死羊可从末梢血管采血涂片。必要时可做局部解剖，采取小块脾，然后将切口用0.2%升汞溶液或5%苯酚（石炭酸）溶液浸透的棉花或纱布塞好。涂片用瑞氏液或美蓝液染色，显微镜下观察发现带有荚膜的单个、成双或短链的粗大杆菌即可确诊。有条件时可进行细菌分离和阿斯科利（Ascoli）氏环状沉淀试验。

（5）类症鉴别：羊炭疽和羊快疫、羊肠毒血症、羊猝狙、羊黑疫在临诊症状上相似，都是突然发病，病程短促，很快死亡，应注意鉴别诊断。其中，诊断羊快疫，用病羊肝被膜触片，美蓝染色，镜检可发现无关节长链状的腐败梭菌。诊断羊肠毒血症，在病羊肾等实质器官内可见 D 型魏氏梭菌，在肠内容物中能检出魏氏梭菌 ε 毒素。诊断羊猝狙，用病羊体腔渗出液和脾脏抹片，可见 C 型魏氏梭菌，从小肠内容物中能检出魏氏梭菌 β 毒素。诊断羊黑疫，用羊肝坏死灶涂片，可见两端钝圆、粗大的 B 型诺维氏梭菌。

【预防措施】对常发生炭疽及受威胁地区的羊，每年用无毒炭疽芽孢疫苗（仅用于绵羊）皮下接种 0.5 毫升，或用 II 号炭疽芽孢疫苗（绵羊、山羊均可）皮下接种 1 毫升。当有炭疽发生时，及时隔离病羊，对污染的羊舍、地面及用具要立即用 10% 氢氧化钠溶液或 20% 漂白粉溶液喷洒消毒，每隔 1 小时 1 次，连续 3 次。对同群的未发病羊，使用青霉素连续注射 3 天，有预防作用。

【发病后措施】由于病羊呈最急性经过，往往来不及治疗。病程稍缓的羊，必须在严格隔离条件下进行治疗。初期可使用抗炭疽血清，每只每次 40~80 毫升，静脉或皮下注射。第一次注射剂量应适当加大，经 12 小时后再注射 1 次。炭疽杆菌对青霉素、土霉素敏感，剂量按每千克体重 1.5 万单位，每隔 8 小时肌内注射 1 次。实践证明，抗炭疽血清与青霉素合用效果更好。

（六）破伤风

破伤风又称锁口风、强直症，是由破伤风梭菌引起的一种急性、创伤性、人畜共患的中毒性传染病。其特征是患羊骨骼肌持续性痉挛和对外界刺激反射兴奋性增高。

【诊断要点】

（1）病原及流行特点：病原为破伤风梭菌，又称强直梭菌，为细长杆菌，多单个存在，能形成芽孢。破伤风梭菌繁殖体的抵抗力与一般非芽孢菌相似，但芽孢抵抗力甚强，耐热，在土壤中可存活几十年；10%碘酊、10%漂白粉或30%过氧化氢（双氧水）能很快将其杀死。本菌对青霉素敏感，磺胺药次之，链霉素无效。本病的病原在自然界中广泛存在，羊经创伤感染破伤风梭菌后，如果创口内具备缺氧条件，病原在创口内生长繁殖产生毒素，作用于中枢神经系统而发病，常见于外伤、阉割和脐部感染。在临诊上有不少病例往往找不出创伤，这种情况可能是在破伤风潜伏期中创伤已经愈合，也可能是经胃肠黏膜的损伤而感染。本病以散发形式出现。

（2）临诊症状：病初症状不明显，只表现起卧困难、精神呆滞。随着病情的发展，四肢逐渐强直，运步困难，头颈伸直，角弓反张，肋骨突出，牙关紧闭、流涎，尾直，常有轻度腹胀，先腹泻后便秘。体温一般正常，仅在临死前上升至42℃以上，死亡率很高。

（3）实验室诊断：可从创伤感染部位取样，进行细菌分离和鉴定，结合动物试验进行诊断。

【预防措施】在发生外伤、阉割或处理羔羊脐带时，应及时用2%～5%的碘酊严格消毒。

【发病后措施】将病羊置于僻静、较暗的圈舍内，避免惊动。给予易消化的饲料和充足的饮水。对伤口要及时扩创，彻底清除伤口内的坏死组织，同时用3%过氧化氢溶液或1%高锰酸钾溶液，或5%～10%碘酊进行消毒处理。病初可先静脉注射4%乌洛托品5～10毫升，再用破伤风抗毒素5万～10万单位静脉注射或肌内注射，以中和毒素。为缓解肌肉痉挛，可使用25%硫酸镁注射液10～20毫升肌内注射，并配合5%碳酸氢钠注射液

100毫升静脉注射。当牙关紧闭、开口困难时，可用2%普鲁卡因5毫升和0.1%肾上腺素0.1~1毫升混合注入两侧咬肌。如不能采食，可进行补液、补糖。当发生便秘时，可用温水灌肠或投服盐类泻剂。

配合中药治疗能缓解症状，缩短病程。可应用"防风散"（防风8克、天麻5克、羌活8克、天南星7克、炒僵蚕7克、清半夏4克、川芎4克、炒蝉蜕7克）水煎2次，将药液混在一起，待温后加黄酒50克胃管投服，连服3剂，隔天1次。

上述方剂可适当加减，伤在头部者重用白芷，伤在四肢者加独活5克，瞬膜外露严重者重用防风、蝉蜕，流涎量多者重用僵蚕、半夏，牙关紧闭者加蜈蚣1~2条、乌蛇3~6克、细辛1~2克。

（七）羔羊大肠杆菌病

羔羊大肠杆菌病是由致病性大肠杆菌引起的羔羊急性传染病，其特征是呈现剧烈的腹泻和败血症。病羊常排出白色稀粪，所以又称羔羊白痢。

【诊断要点】

（1）病原及其流行特点：大肠杆菌是革兰氏阴性、中等大小的杆菌，对外界不利因素的抵抗力不强，将其加热至50℃持续30分钟后即死亡，一般常用消毒药均易将其杀死。病的发生与气候骤变、营养不良、场圈潮湿、污秽有关。冬春舍饲期间多发，而放牧季节则很少发病。本病主要经消化道感染，多发生于6周龄以内的羔羊，但有些地方6~8周龄的羔羊也可发生，呈地方流行性或散发性。

（2）临诊症状：潜伏期1~2天。

1）败血型。多发生于2~6周龄羔羊。病羊体温41~42℃，精神沉郁，迅速虚脱，有轻微的腹泻或不腹泻，有的带有神经症状，运步失调，磨牙，视力障碍，也有的病例出现关节炎。多于病后 4～12 小时死亡。

2）腹泻型。多发生于 2～8 日龄新生羔。病初体温略高，出现腹泻后体温下降，粪便呈半液状，带有气泡，具恶臭，起初呈淡黄色，继之变为淡灰白色，含有乳凝块，严重时混有血液。羔羊表现腹痛，虚弱，严重脱水，不能起立。如不及时治疗，病后 24～36 小时死亡，病死率 15%～17%。

（3）病理变化：①败血型，胸、腹腔和心包大量积液，内有纤维素样物；关节肿大，内含混浊液体或脓性絮片；脑膜充血，有许多小出血点。②腹泻型，主要为急性胃肠炎变化。胃内乳凝块发酵，肠黏膜充血、水肿和出血，肠内混有血液和气泡，肠系膜淋巴结肿胀，切面多汁或充血。

（4）实验室诊断：采取内脏组织、血液或肠内容物，用麦康凯或其他鉴别培养基画线分离，挑取可疑菌落转种三糖铁培养基培养后，反应符合大肠杆菌者，纯培养后进行生化鉴定和血清学鉴定，以确定血清型。有条件时可进行黏着素抗原检查和肠毒素检查。

（5）类症鉴别：本病应与 B 型魏氏梭菌引起的初生羔羊痢疾相区别。本病如能分离出纯致病性大肠杆菌，具有鉴别诊断意义。

【预防措施】加强妊娠羊的饲养管理，增强羔羊的抗病力。改善羊舍的环境卫生，做到定期消毒，尤其是分娩前后对羊舍应彻底消毒 1～2 次。注意羔羊的保暖，尽早让羔羊吃到初乳。对污染的环境、用具，可用 3%～5% 甲酚皂溶液消毒。

【发病后措施】大肠杆菌对土霉素、新霉素和磺胺类药物均具敏感性，但必须配合护理对症治疗。用土霉素粉，以每天每千克体重 30～50 毫克剂量，分 2～3 次口服。或用磺胺脒，第一次 1 克，以后每隔 6 小时内服 0.5 克。对新生羔羊可同时加胃蛋白酶 0.2～0.3 克内服；心脏衰弱者可注射强心剂；脱水严重者可适当补充生理盐水或葡萄糖盐水，必要时还可加入碳酸氢钠或乳酸钠，以防止全身酸中毒；对于有兴奋症状的病羊，可内服水合氯醛 0.1~0.2 克（加水内服）。

中药治疗。用大蒜酊（大蒜 100 克加 95% 乙醇 100 毫升，浸泡 15 天，过滤即成）2~3 毫升，加水一次灌服，每天 2 次，连用数天。白头翁、秦皮、黄连、炒神曲、炒山楂各 15 克，当归、木香、杭芍各 20 克，车前子、黄柏各 30 克，加水 500 毫升，煎至 100 毫升，每次 3~5 毫升，灌服，每天 2 次，连用数天。

（八）结核病

结核病是由结核分枝杆菌引起的人、畜和禽类的一种慢性传染病。

【诊断要点】

（1）病原及其流行特点：结核分枝杆菌主要有牛型、人型和禽型三种。本菌不产生芽孢和荚膜，也不能运动，为革兰氏阳性菌。结核杆菌因含有丰富的脂类，故在外界环境中生存力较强，对干燥和湿冷的抵抗力强，对热抵抗力差。在水中可存活 5 个月，在土壤中存活 7 个月，在 70% 乙醇溶液或 10% 漂白粉溶液中很快死亡，碘化物消毒效果甚佳，但无机酸、有机酸、碱性物和季铵盐类等对结核杆菌的消毒是无效的。可侵害多种动物，在家畜中牛最易感，特别是奶牛；羊极少发病。严重病羊或其他病畜的痰液、粪尿、奶、泌尿生殖道分泌物及体表溃疡分泌物中都含有结核杆菌。健康羊吃喝了被结核杆菌污染的饲料和饮水，或者吸入有细菌的空气，即可通过消化道和呼吸道受到传染。

（2）临诊症状：奶山羊的症状与牛相似。轻度病羊没有临诊症状，病重时食欲减退，全身消瘦，皮毛干燥，精神不振。常排出黄色稠鼻涕，甚至含有血丝，呼吸带痰音（"呼噜"作响），发生湿性咳嗽，肺部听诊有显著啰音。有的病羊臂部或腕关节发生慢性水肿。乳上淋巴结发硬、肿大，乳房有结节及溃疡。病的后期表现贫血，呼吸带臭味，磨牙，喜吃土，常因痰咳不出而高声叫唤。体温达 40～41 ℃，死前 2 天左右下降。贫血严重时，乳房皮肤淡黄色，粪球变为淡黄褐色，最后消瘦衰竭而死亡，死前高声惨叫。绵羊发病为慢性，故生前只能发现病羊消瘦和衰弱，并无咳嗽症状。

（3）病理变化：常见肺表面有小米、大米及花生米大的黄色及白色结节聚集成片，切时发出磨牙声，内含稀稠不等的脓液或钙质。肺切面的深部亦有界限性脓肿，有的全肺表面密布粟粒样的硬结节，喉头和气管黏膜有溃疡，支气管及小支气管充有不同量的白色泡沫。纵隔淋巴结肿大而发硬，前后连成一长条，内含黏稠脓液。肋膜发炎，肋骨间有炎性结节，胸水呈淡红色，量增多。心包膜内夹有粟粒大到枣子大的结节，内含豆渣样内容物。

【预防措施】引进羊时，必须先做结核菌素试验，阴性反应的方可引进；阳性反应的羊严格隔离，禁止与健康羊群发生任何直接或间接的接触，例如放牧时应避免走同一牧道及利用同一牧场；病羊所产的羔羊，立刻用 3% 克辽林或 1% 甲酚皂溶液洗涤消毒，运往羔羊舍，用健康羊奶实行人工哺乳，禁止哺吮病羊奶。如果病羊为数不多，可以全部宰杀，以免增加管理上的麻烦及威胁健康羊群。

【发病后措施】有价值的奶山羊和优良品种的绵羊，对轻型病例，可用链霉素、异烟肼（雷米封）、对氨基水杨酸钠或盐酸小檗碱治疗；临诊症状明显的病例，不必治疗，应坚决扑杀，以防后患。

（九）布鲁氏菌病

布鲁氏菌病是由布鲁氏菌引起的人畜共患的慢性传染病，主要侵害生殖系统，以母羊发生流产和公羊发生睾丸炎为特征。本病分布很广，不仅感染各种家畜，而且易传染给人。

【诊断要点】

(1) 病原及其流行特点：布鲁氏菌是革兰氏阴性需氧杆菌，为非抗酸性，无芽孢，无荚膜，无鞭毛，呈球杆状。布鲁氏菌属有 6 种，即牛种、山羊种、猪种、绵羊种、犬种和沙林鼠种。布鲁氏菌在土壤、水中和皮毛上能存活几个月，一般消毒药能很快将其杀死；母羊易感性较公羊高，性成熟后极为易感。消化道是主要感染途径，也可经配种感染。羊群一旦感染此病，主要表现妊娠羊流产，开始仅为少数，以后逐渐增多，严重时可达半数以上。

(2) 临诊症状：多数病例为隐性感染。妊娠羊发生流产是本病的主要症状，但不是必有的症状，流产多发生在妊娠后的 3～4 个月内；有时病羊发生关节炎和滑液囊炎而致跛行。公羊可发生化脓性坏死性睾丸炎和附睾炎，睾丸肿大，后期睾丸萎缩；少部分病羊发生角膜炎和支气管炎。

(3) 病理变化：常见胎衣部分或全部呈黄色胶样浸润，其中有部分覆有纤维蛋白和脓液，胎衣增厚并有出血点。流产胎儿主要为败血症病变，浆膜和黏膜有出血点、出血斑，皮下和肌肉间发生浆液性浸润，脾和淋巴肿大，肝中出现坏死灶。

【预防措施】控制本病传入的最好办法是自繁自养；必须引进种羊或补充羊群数量时，要严格检疫，将羊隔离饲养 2 个月，同时进行本病的检查，全群两次免疫学检查阴性者，才可以与原有羊接触。清净的羊群，还应定期检疫（至少 1 年 1 次），病羊应淘汰。

【发病后措施】本病无治疗价值，一般不予治疗。发病后用试管凝集或平板凝集反应进行羊群检疫，发现呈阳性和可疑反应的羊均应及时隔离，严禁与假定健康羊接触。必须对污染的用具和场所进行彻底消毒。流产胎儿、胎衣、羊水和产道分泌物应深埋。凝集反应阴性羊用布鲁氏菌猪型 2 号弱毒疫苗或羊型 5 号弱毒疫苗进行免疫接种。

（十）羊快疫

羊快疫是由腐败梭菌经消化道感染引起，主要发生于绵羊的一种急性传染病，以突然发病、病程短促、真胃出血性炎性损害为特征。

【诊断要点】

（1）病原及其流行特点：腐败梭菌是革兰氏阳性的厌气大杆菌，分类上属梭菌属。本菌在体内外均能产生芽孢，不形成荚膜，可产生多种外毒素。病羊血液或脏器涂片，可见单个或2～5个菌体相连的粗大杆菌，有时呈无关节的长丝状，其中一些可能断为数段。这种无关节的长丝状形态，在肝被膜触片中更易发现，在诊断上具有重要意义。

发病羊多为6～18月龄营养较好的绵羊，山羊较少发病，主要经消化道感染。羊采食污染的饲草或饮水，芽孢体随之进入消化道，但并不一定引起发病。当存在诱发因素时，特别是秋冬或早春气候骤变、阴雨连绵之际，羊寒冷、饥饿或采食了冰冻带霜的草料，机体抵抗力下降，腐败梭菌即大量繁殖，产生外毒素，使消化道黏膜发炎、坏死并引起中毒性休克，使患羊迅速死亡。本病流行以散发性为主，发病率低而病死率高。

（2）临诊症状：患羊往往来不及表现临诊症状即突然死亡，常见在放牧时死于牧场或早晨死于圈舍内。病程稍长者，表现为不愿行走，运动失调，腹痛，腹胀，磨牙，抽搐，最后衰弱昏迷，口流带血泡沫，多于数分钟至几小时内死亡，病程极为短促。

（3）病理变化：尸体迅速腐败、膨胀。剖检可视黏膜充血，呈暗紫色。体腔多有积液。特征性表现为真胃出血性炎症，胃底部及幽门部黏膜可见大小不等的出血斑点及坏死区，黏膜下发生水肿。肠道内充满气体，常有充血、出血、坏死或溃疡。心内外膜可见点状出血。胆囊多肿胀。

（4）类症鉴别：注意与羊肠毒血症、羊黑疫和羊炭疽的区别。

1）与羊肠毒血症的鉴别。羊快疫发病季节常为秋、冬和早春，而羊肠毒血症多在春夏之交抢青时和秋季草籽成熟时发生。羊快疫有明显的真胃出血性炎性损害，而羊肠毒血症仅见轻微病理性损害。羊快疫肝被膜触片多见无关节长线状的腐败梭菌，患羊肠毒血症的病羊的血液及脏器中可检出 D 型魏氏梭菌。

2）与羊黑疫的鉴别。羊黑疫的发生常与肝片吸虫病的流行有关，其真胃损害轻微。患羊黑疫时，肝多见坏死灶，涂片检查，可见到两端钝圆、粗大的诺维氏梭菌。

3）与羊炭疽的鉴别。可用病料组织进行炭疽阿斯科利氏沉淀反应区别诊断。

【预防措施】在本病的常发区，每年应定期注射预防羊快疫的单疫苗或混合疫苗。当本病发生严重时，应及时转移放牧地。对所有尚未发病羊加强饲养管理，防止受寒，避免羊采食冰冻饲料；同时可使用羊快疫三联苗、四联苗或五联苗进行紧急接种。

【发病后措施】急性病例病程短促，常常来不及治疗。对病程稍长的病羊，可选用青霉素肌内注射，每次 80 万～160 万单位，每天 2 次；磺胺嘧啶内服，剂量每次 5～6 克，每天 2 次，连服 3～4 次；10%～20% 石灰乳内服，每次 50～100 毫升，连服 1～2 次。在使用上述抗菌药物的同时，应及时配合强心、输液等对症治疗措施。

（十一）羔羊痢疾

羔羊痢疾是初生羔羊的一种毒血症，以剧烈腹泻和小肠发生溃疡为特征。

【诊断要点】

（1）病原及其流行特点：由 B 型魏氏梭菌引起，主要发生于 7 日龄以内的羔羊，尤以 2～5 日龄羔羊多发。羔羊出生后数日，B 型魏氏梭菌可通过吮乳、羊粪或饲养人员手指进入羔羊消化道，也可通过脐带或创伤感染。在不良因素的作用下，病菌在小肠大量繁殖，产生毒素引起发病，可使羔羊大批死亡，特别是草质差的年份或气候寒冷多变的月份，发病率和病死率均高。母羊妊娠期营养不良引起羔羊体质瘦弱，气候骤变导致寒冷袭击，特别是大风雪后，羔羊受冻、哺乳不当、饥饱不均等可促使羔羊痢疾的发生。

（2）临诊症状：潜伏期 1～2 天。病初羔羊精神委顿，低头弓背，不想吃奶，不久即腹泻，粪便恶臭，有的稠如面糊，有的稀薄如水，颜色黄绿、黄白甚至灰白，部分病羔后期粪便带血或为血便。病羔虚弱，卧地不起，常于 1～2 天内死亡。个别病羔腹胀而不腹泻，或只排少量稀粪（也可能粪便带血或血便），主要表现为神经症状，四肢瘫软，卧地不起，呼吸急促，口流白沫，最终昏迷。体温降至常温以下，多在几小时或十几小时内死亡。

（3）病理变化：尸体严重脱水，尾部沾有稀粪。真胃内有未消化的乳凝块；小肠尤其回肠黏膜充血发红，常可见直径 1～2 毫米的溃疡病灶，溃疡灶周围有一充血、出血带环绕；肠系膜淋巴结肿胀充血，间或出血；心包积液，心内膜可见有出血点；肺常有充血区或瘀斑。

（4）类症鉴别：羔羊痢疾应与沙门氏菌病、大肠杆菌病等类似疾病相区别。

1）与沙门氏菌病的鉴别。由沙门氏菌引起的初生羔羊下痢，粪便也可夹杂有血液，剖检可见真胃和肠黏膜潮红并有出血点，从心、肝、脾和脑可分离到沙门氏菌。

2）与大肠杆菌病的鉴别。由大肠杆菌引起的羔羊腹泻，用魏氏梭菌免疫血清预防无效，而用大肠杆菌免疫血清则有一定的预防作用。在羔羊濒死或刚死时采集病料进行细菌学检查，分离出纯培养的致病菌株具有诊断意义。

【预防措施】对妊娠母羊做到产前抓膘增强体质，产后保暖，防止受凉。合理哺乳，避免饥饱不均。一旦发病应随时隔离病羊，对未发病羊要及时转圈饲养。在常发疫点可采取药物预防，羔羊出生后 12 小时内灌服土霉素 0.15 ~ 0.2 克，每天 1 次，连服 3 天。每年秋季及时注射羊厌气菌病五联苗，必要时可于产前 2 ~ 3 周再接种 1 次。

【发病后措施】用土霉素 0.2 ~ 0.3 克或再加胃蛋白酶 0.2 ~ 0.3 克，加水灌服，每天 2 次；磺胺脒 0.5 克、鞣酸蛋白 0.2 克、次硝酸铋 0.2 克、碳酸氢钠 0.2 克，加水灌服，每天 3 次；先灌服含 0.5% 福尔马林和 6% 硫酸镁溶液 30 ~ 60 毫升，6 ~ 8 小时后再灌服 1% 高锰酸钾溶液 10 ~ 20 毫升，每天 2 次；如并发肺炎，可用青霉素、链霉素各 20 万单位混合肌内注射，每天 2 次。在使用药物的同时，要适当采取对症治疗，如强心、补液、镇静，食欲减退者可灌服人工胃液（胃蛋白酶 10 克，浓盐酸 5 毫升，水 1 升）10 毫升或番木别酊 0.5 毫升，每天 1 次。

可配合中药疗法，对腹泻病羔用加减乌梅汤（去核乌梅、炒黄连、黄芩、郁金、炙甘草、猪苓各 10 克，诃子肉、焦山楂、神曲各 12 克，泽泻 8 克，干柿饼 1 个，均研碎，加水 400 毫升，煎至 150 毫升，加红糖 50 克为引），一次灌服；或服加味白头翁汤（白头翁 10 克、黄连 10 克、秦皮 12 克、生山药 30 克、山萸肉 12 克、诃子肉 10 克、茯苓 10 克、白术 15 克、白芍 10 克、干姜 5 克、甘草 6 克，将上述药水煎 2 次，每次煎汤 300 毫升，混合），每只羔羊灌服 10 毫升，每天 2 次。

二、寄生虫病

（一）片形吸虫病

片形吸虫病是羊最主要的寄生虫病之一。它是由肝片形吸虫和大片形吸虫寄生于肉羊等多种反刍动物的肝、胆管中所引起的，主要表现为肝炎、胆囊炎，并伴有全身性中毒及营养障碍。

【诊断要点】

（1）病原形态及其感染：羊常感染的为肝片形吸虫和大片形吸虫，虫体为棕红色，呈叶片形和长叶片形。肝片形吸虫体长20～35毫米，宽5～13毫米；大片形吸虫体长33～36毫米，宽5～12毫米。虫卵金黄色，呈椭圆形，一端有卵盖。成虫寄生于羊的肝胆管和胆囊中，虫卵可随胆汁进入消化道，随粪便排至体外。卵在水中孵出毛蚴后，钻入椎实螺体内（中间宿主），发育成尾蚴，尾蚴离开螺体，随处漂游，附着在水草上，变成囊蚴，羊吞食含有囊蚴的水草而感染。囊蚴进入动物的消化道，在十二指肠内形成童虫脱囊而出。童虫穿过肠壁，进入腹腔，经肝包膜至肝实质，再进入胆管，发育成成虫。

（2）临诊症状：绵羊最敏感，最常发生，死亡率也高。患羊常引起肝炎和胆囊炎。临床常见急性型，多发生在夏末和秋季。严重感染者，体温升高、废食、腹胀、腹泻、贫血，几天内死亡。慢性型，多发生消瘦、黏膜苍白、贫血、被毛粗乱，眼睑、颔下、腹下出现水肿。一般经1～2个月后，发展成恶病质，迅速死亡。亦见有拖到次年春季，饲养条件改善后逐步恢复，形成带虫者。

（3）病理变化：主要发生于肝。急性病例肝肿大、出血，包膜有纤维素沉积，有2～5毫米长的虫道。腹膜发炎，腹腔有血色液体；慢性病例肝实质萎缩、褪色、变硬，胆管增厚、扩张呈绳索样突出于肝表面，胆管内壁粗糙，内含血性液体和虫体。

（4）实验室诊断：有效诊断方法是水洗沉淀法，即由直肠取粪便5～10克，加10～20倍清水混匀，用纱布或通过0.42～0.25毫米（40～60目）筛子过滤；滤液经静置或离心沉淀，倒去上层浊液并加入清水混匀沉淀，反复进行2～3次，直至上层液清亮为止。最后倒去上层液体，吸取沉淀物，用显微镜观察有无虫卵。对急性病例，因虫体未发育成熟，粪便检查无虫卵时，必须结合病理剖检，在肝和胆管中查找是否有大量幼虫存在。

【预防措施】片形吸虫病的预防必须根据流行病学及其发育史的特点，制定综合性的防治措施。

（1）驱虫：片形吸虫病的传播主要是病畜和带虫者。因此驱虫不仅有治疗作用，更是积极的预防措施。

（2）粪便处理：肉羊粪便需经发酵处理杀死虫卵后才能应用，特别是驱虫后的粪便更需严格处理。

（3）消灭中间宿主：灭螺是预防片形吸虫病的有效措施。在放牧地区消灭椎实螺的主要办法，是结合兴修水利设施时改变螺蛳的生活条件。当然化学药物灭螺也是切实可行的方法，常用的灭螺药物有硫酸铜（1∶50 000）、血防846（2.5毫克/千克）、氨水（1∶50 000）、菜籽饼（1∶10 000）等。

（4）放牧场地的选择：放牧应尽量选择地势高而干燥的牧场，条件许可时轮牧也是很必要的措施。

（5）加强饲草和饮水的卫生管理：注意不要让羊采食和饮用被囊蚴污染的水草和饮水。

【发病后措施】用硫双二氯酚（别丁），按每千克体重100毫克，加少量面粉，加水混匀、一次灌服。或用苯咪唑，按每千克体重20毫克，一次灌服。或用赞尼尔，按每千克体重10~15毫克，一次灌服。或用硝氯酚，按每千克体重4~6毫克，一次灌服。

（二）阔盘吸虫病

阔盘吸虫病是由阔盘属的胰阔盘吸虫、腔阔盘吸虫和枝睾阔盘吸虫寄生于肉羊的胰管中，引起营养障碍和贫血为主要症状的吸虫病。

【诊断要点】

（1）病原形态及其感染过程：阔盘吸虫在我国有胰阔盘吸虫、腔阔盘吸虫和枝睾阔盘吸虫三种。胰阔盘吸虫虫体棕红色，呈扁平状，长 8～16 毫米，宽 5～5.8 毫米，虫卵黄棕色或深褐色，椭圆形，两侧稍不对称，一端有卵盖。腔阔盘吸虫呈短椭圆形，后端具有尾突，长 7.48～8.05 毫米，宽 2.73～4.76 毫米，卵大小为（34～47）微米×（26～36）微米。枝睾阔盘吸虫呈瓜子形，长 4.49～7.9 毫米，宽 2.17～3.07 毫米，卵大小为（45～52）微米×（30～34）微米。本病是由上述三种阔盘吸虫所引起的。

成虫寄生于羊的胰管中，成熟的卵排出体外，被蜗牛（第一宿主）吞食后进入体内，经母胞蚴、子胞蚴阶段发育，第二代胞蚴呈囊状。蜗牛从壳内爬出时，胞蚴即被排出。在尾蚴的发育过程中，子胞蚴向蜗牛气室内移行并从气孔排出，附着在草上，形成圆囊。阔盘吸虫的成虫和虫卵呈圆囊状，内含尾蚴。第二中间宿主（红脊蠤斯、尖头蠤斯和针蟋）吞食尾蚴的子胞蚴后，在蠤斯体内发育成为囊蚴。羊由于采食了含有囊蚴的蠤斯而被感染。腔阔盘吸虫和枝睾阔盘吸虫的发育与胰阔盘吸虫相似。

（2）临诊症状：虫体寄生后，引起患羊胰管阻塞和炎症变化。这种侵害严重时，由于虫体的刺激可使胰腺功能失常，导致羊只发生消化障碍、营养不良、下痢、贫血、水肿，严重时引起死亡。

（3）病理变化：可见胰腺肿大，表面不平，颜色不匀，有小出血点。胰管增粗，管腔黏膜有小结节，可以发现大量虫体。

【预防措施】主要是加强粪便管理，每年冬春进行预防性驱虫，消灭中间宿主蜗牛，并实施划区放牧等措施。

【发病后措施】用丙硫苯咪唑，按每千克体重 20 毫升，一次灌服。或用六氯对二甲苯（血防 846，HPX），按每千克体重 0.4～0.6 克，隔天 1 次，灌服。3 次为一个疗程。

（三）双腔吸虫病

双腔吸虫病是由双腔吸虫寄生于肉羊等家畜的胆管和胆囊中引起的，以胆管炎、肝硬化等病理变化为特征，并导致代谢障碍和营养不良等症状的寄生虫病。临床上此虫常与肝片形吸虫混合寄生。

【诊断要点】

（1）病原形态及其感染过程：双腔吸虫病是由矛形双腔吸虫或中华双腔吸虫所引起的疾病。虫体棕红色，体扁平而透明，呈柳叶状；长5～15毫米，宽1.5～2.5毫米。卵为暗褐色，其大小为（38～45）微米×（22～30）微米，卵内含有毛蚴。中华双腔吸虫的形态与矛形双腔吸虫相似。

虫体寄生于羊的胆管和胆囊中。该虫在发育过程中需要两个中间宿主。虫卵被螺蛳（第一中间宿主）吞食后，毛蚴从卵内孵出，从螺的消化道移到肝内，经母蚴及子胞蚴的发育而产生尾蚴。尾蚴在螺蛳的呼吸腔又形成尾蚴囊，其后被黏性物质包裹，形成黏液球。在下雨后，通过螺蛳呼吸孔排出体外，落在植物上。这一过程需82～150天方能完成。黏液球被蚂蚁（第二中间宿主）吞食后，在蚂蚁体内形成囊蚴，羊吃了含有囊蚴的蚂蚁而受感染，囊蚴在羊的肠道脱囊而出，经十二指肠到达胆管内寄生。

（2）临诊症状：严重感染的患羊可见黏膜黄染、逐渐消瘦、颌下水肿、下痢，并可引起死亡。

（3）病理变化：虫体寄生在胆管，引起胆管炎和管壁增厚、肝肿大、肝被膜肥厚。

【预防措施】预防原则是对患畜驱虫，消灭中间宿主螺类，避免肉羊吞食含有蚂蚁的饲料，具体办法参阅其他吸虫病。

【发病后措施】用六氯对二甲苯胺，每千克体重200～250毫克，灌服。亦可用吡喹酮，按每千克体重50毫克，灌服。

（四）前后盘吸虫病

前后盘吸虫病是由前后盘科的多种前后盘吸虫引起的，虫体寄生于绵羊、山羊等反刍动物的瘤胃和网胃壁上。成虫阶段致病力不强，当童虫寄生的数量较多时则可引起严重的疾病。

【诊断要点】

（1）病原形态及其感染过程：前后盘吸虫种属很多，我国主要有鹿前后盘吸虫和殖盘吸虫两种。鹿前后盘吸虫的虫体呈粉红色，梨形，长 5～13 毫米，宽 2～4 毫米；卵呈椭圆形，淡灰色，大小为（110～170）微米×（70～100）微米。殖盘吸虫的虫体白色，呈圆锥形，长 8.0～10.8 毫米，宽 3.2～3.6 毫米；卵大小为（112～136）微米×（68～72）微米。

成虫寄生于羊（终末宿主）的瘤胃和网胃壁上产卵，卵通过肠道随粪便排出体外，在水中孵化出毛蚴后，进入水中，遇到淡水螺（中间宿主）则钻入其体内，发育形成胞蚴、雷蚴和尾蚴。尾蚴离开螺体后，附着在水草上形成囊蚴。羊吞食囊蚴的水草而感染。囊蚴到达肠道后，童虫从囊内游离出来，先在小肠、胆管、胆囊和真胃内移行，寄生数十天，最后到达瘤胃发育成成虫。

（2）临诊症状：本病多发生于夏秋两季，特征症状是顽固性拉稀，粪便呈粥样或水样，腥臭，体温升高。严重的患羊下痢便血，逐渐消瘦，贫血、水肿，衰竭卧地不起而死亡。

（3）病理变化：剖检可见尸体消瘦，腹腔有红色液体，胃肠黏膜水肿、有出血点，胆管、胆囊肿胀，内有童虫。

【预防措施】本病的预防和片形吸虫病相似，可参照"片形吸虫病"部分。

【发病后措施】选用硫双二氯酚、氯硝柳胺、溴羟替苯胺等定期进行驱虫。

（五）日本血吸虫病

日本血吸虫病是由日本分体吸虫寄生于动物和人的门静脉和肠系膜静脉内所引起的一种人畜共患寄生虫病，主要引起贫血、消瘦与营养障碍等疾患。

【诊断要点】

（1）病原形态及其感染过程：日本分体吸虫虫体白色，雄虫长 10～20 毫米，宽 0.5～0.55 毫米，呈暗褐色；雌虫长 15～26 毫米，宽 0.3 毫米，呈暗褐色。雄虫粗短，雌虫细长，雌雄常呈合抱状态。虫卵椭圆形或接近圆形，大小为（70～100）微米×（50～65）微米，淡黄色，卵壳较薄，无盖。在卵壳的上侧方有一个小刺，卵内含有一个活的毛蚴。寄生于羊肠系膜静脉内的成虫产出的虫卵，从血管壁到肠壁，随粪便排出，落入水中，孵出毛蚴，毛蚴侵入钉螺（中间宿主）变成胞蚴，胞蚴在螺体发育成尾蚴，尾蚴离开螺体进入水中。尾蚴经过皮肤、口腔黏膜感染羊或人，尾蚴脱尾随血流到心脏和肺，进入体循环经主动脉再进入肠系膜动脉，通过毛细血管到达肠系膜静脉发育成成虫。成虫也可寄生于肝。

（2）临诊症状：患羊体温升高至 40 ℃以上，表现出贫血、消瘦、腹泻。腹泻反复发生，极度消瘦，黏膜苍白、脱毛，母羊不孕或发生流产。感染虫体的羔羊，虽然不死亡，但生长和发育受阻。

（3）病理变化：受虫体代谢产物的影响，患羊发生肝炎、肝硬化、肠溃疡，故粪便常常带黏液和血液。在肝和肠道有数量不等的灰白色虫卵结节，肠系膜淋巴结及脾变形、坏死。

【预防措施】参照"片形吸虫病"部分。

【发病后措施】用硝硫氰胺（又称 7505），按每千克体重 4 毫克计算，配成 2%～3% 水溶液，颈静脉注射。或用吡喹酮（又称 8440），按每千克体重 20 毫升，一次灌服。患有肾炎、肺炎的羊及怀孕母羊不可投药。

(六) 棘球蚴病

棘球蚴病是细粒棘球绦虫的幼虫寄生在人、畜脏器内 (主要是肝和肺) 所引起的一种严重的人畜共患的疾病, 其中以绵羊和牛受害最严重。成虫寄生在犬、狼、狐狸等肉食动物的小肠内, 它们是本病的传染源。

【诊断要点】

(1) 病原形态及其感染过程: 棘球蚴的形状是多种多样的泡状囊, 囊液无色或微黄色透明; 小的如黄豆大, 大的虫体直径达50 厘米, 内含囊液十余升。一般分为多房型和单房型两种。依据棘球蚴的形状结构, 单房型分为三类, 即人型、兽型、无头型。多房型的特点是体积小, 由许多连续的小囊构成, 囊内无液体也无头节。单房型的兽型和人型的构造基本相同, 外层为角质层, 内层薄为生发层, 在内层上长出许多头节或含有许多头节的生发囊, 在生发囊上可生长子囊, 在子囊的内壁还可生长孙囊。兽型棘球蚴在发质层上, 不再生出子囊和孙囊, 这种形态在绵羊体内最常见。无头型棘球蚴, 囊内无生发层, 故在流行病学上没有什么意义, 不感染动物。成虫阶段的细粒棘球绦虫, 长 2 ~ 6毫米, 由 1 个头节和 3 ~ 4 个节片组成。头节略呈梨形, 有明显的顶突和 4 个吸盘, 顶突上有 2 圈小钩, 共 28 ~ 50 个。虫卵直径为 30 ~ 36 微米, 外被一层辐射条状的胚膜, 里有六钩蚴。

成虫寄生在终宿主的小肠内, 其孕节或虫卵随粪便污染水源、饲料, 如被羊 (中间宿主) 吞入, 卵内六钩蚴即在消化道孵出, 钻入肠壁, 随血液循环到肝, 亦可进入肺及其他脏器发育成棘球蚴。当犬、狼 (终末宿主) 吞食有棘球蚴的脏器后, 棘球蚴内的头节可在它们小肠内经过 2.5 ~ 3 个月发育为成虫。

(2) 临诊症状: 轻度感染或病初不显症状。如棘球蚴侵占肺部会引起呼吸困难和微弱咳嗽, 听诊肺部病区, 病灶下无呼吸音或呼吸音减弱，叩诊为半浊音、浊音。棘球蚴破裂则全身症状恶化，甚则引起窒息而死亡。肝感染严重时，叩诊肝浊音区扩大，触诊浊音区病羊表现为疼痛，肝界扩大。患羊咳嗽，反刍无力，瘤胃鼓气，营养失调，体质消瘦，乃至衰竭。绵羊对本病敏感，死亡率高。

（3）病理变化：肝和肺表面凹凸不平，有数量不等的棘球蚴囊泡突起，肝和肺实质部有许多棘球蚴包囊，有的已发生钙化或化脓。其他脏器棘球蚴寄生。

【预防措施】

（1）严格管理家犬，定期驱虫；捕杀野犬、狼、狐狸，以消灭传染源。给犬定期驱虫，可用氢溴酸槟榔碱，按每千克体重2～3毫克，灌服。或用氯硝柳胺，按每千克体重100～150毫克，灌服。或用吡喹酮按每千克体重75毫克，灌服，连用3次。喂药前将犬拴住，清除犬粪，消灭病原，防止扩散。

（2）对已感染本病的羊脏器应销毁，避免犬只吞食含有棘球蚴的内脏是最有效的预防措施。防止饲草、饮水被犬粪污染。

【发病后措施】尚缺乏有效的治疗方法。

（七）脑多头蚴病（脑包虫病）

脑多头蚴病是由寄生于犬、狼的多头绦虫的幼虫——多头蚴寄生于羊、牛的脑部所引起的一种绦虫蚴病，俗称脑包虫病。因能引起患畜明显的转圈症状，又称转圈病。

【诊断要点】

（1）病原形态及其感染过程：本病病原为多头绦虫的幼虫——多头蚴。多头蚴呈囊泡状，囊体由豌豆到鸡蛋大，囊内充满透明液体，囊内膜附有许多原头蚴。原头蚴直径为2～3毫米，数目100～250个。成虫链体长40～80厘米，节片200～250个，头节有4个吸盘，顶突上有22～32个小钩，分两圈排列，成熟节片呈方形。卵为圆形，直径20～37微米。

多头绦虫寄生于犬、狼、狐狸（终末宿主）的小肠内，孕节片脱落，随粪便排到体外，节片与虫卵散布于草场，污染饲草料、饮水，被羊只（中间宿主）吞食而进入胃肠道。六钩蚴逸出，钻入肠黏膜血管内，其后随血液被带到脑脊髓中，经 2~3 个月在羔羊体内发育成多头蚴。六钩蚴发育较快，感染后 2 周发育至粟粒大小，6 周后囊体为 2~3 厘米。含有多头蚴的脑被犬类动物吞食后，多头蚴头节吸附于小肠壁，发育为成虫。

（2）临诊症状：多头蚴寄生于羊脑及脊髓部，引起脑膜炎，表现为采食减少、流涎、磨牙、垂头呆立，以及做特异转圈运动等神经症状。发病后前期症状，羔羊多表现急性型，体温升高，脉搏加快，呼吸次数增多，呈现转圈、前冲、后退运动等，似有兴奋表现。后期症状，在 2~6 个月时，多头蚴发育至一定大小，病羊呈慢性症状。典型症状随虫体寄生部位不同，特异转圈的方向和姿势不同。虫体寄生在大脑半球表面的出现率最高，典型症状为转圈运动，其转动方向多向寄生部一侧转动，而对侧视力发生障碍以至失明；病部头骨叩诊呈浊音，局部皮肤隆起、压痛、软化，对声音刺激反应很弱。当寄生于大脑正前部时，病羊头下垂，向前做直线运动，碰到障碍物头抵住呆立；寄生于大脑后部时，病羊仰头或做后退状，直到跌倒卧地不起；寄生于小脑时，病羊易惊，运动丧失平衡，易跌倒；寄生于脊髓部时，病羊步态不稳，转弯时最明显，后肢麻痹，小便失禁。

【预防措施】首先对患此病的羊头、牛头及脑和脊髓做烧毁或深埋处理，禁止被犬等肉食兽食入；定期对犬进行驱虫，尤其是牧羊犬，阻断成虫感染；还要捕杀野犬、狼、狐狸等终末宿主。

【发病后措施】采用对症疗法，并结合囊虫摘除术，多用于慢性型的患羊。手术要点：以病羊的特异运动姿势确定大致寄生部位，以镊子或手术刀柄压迫头部脑区，寻找压痛点，再用手指压迫，感觉到局部骨质松软处，多为寄生部位；再施叩诊术，病变部多为浊音。在病变区剪毛消毒，用手术刀切开大拇指头大小的半月形皮瓣，分离皮下组织，将头骨膜分离至一侧，用小解锥在发青骨膜处启开头骨至硬脑下，用剪刀尖剪开硬脑膜，以细注射针头刺入脑实质寄生虫囊腔内，吸出囊液；此时针头刺入脑实质时感觉到脑内有一腔体，用针头分离局部脑实质，再用人医针灸针尖弯成小钩状的探针刺入创口，钩住囊壁旋转两圈，轻轻提出囊虫；给囊腔部注入生理盐水青霉素稀释液 5 毫升，拨展骨膜及皮下肌肉，涂撒少量磺胺粉，缝合皮肤瓣。手术中严防局部血管破裂后血液流入寄生虫腔体的部位。如有 X 光或超声波设备协助确诊寄生虫发生部位，手术部位更易准确确定。感染初期阶段可口服吡喹酮治疗，按每千克体重 50～70 毫克，连用3～5 天。

（八）细颈囊尾蚴病

细颈囊尾蚴病俗称水铃铛，是由泡状带绦虫的幼虫——细颈囊尾蚴寄生于羊等家畜腹腔脏器所引起的一种常见的绦虫病。当剖开患羊的腹腔时，可发现有好像装着水的纸袋子一样的囊状物，即为细颈囊尾蚴。

【诊断要点】

（1）病原形态及其感染过程：病原为细颈囊尾蚴，寄生于感染动物的肠系膜上，有时寄生于肝表面。寄生数目不等，大小为豌豆到鸡蛋大，白色，呈囊泡状。囊内充满透明液体，在囊壁上有一个不透明的乳白色颗粒，即是颈部和内陷的头节。其成虫为白色或淡黄色，扁平状，长 75～500 厘米，由 250～300 个节片组成，分为头节、颈节和体节。虫卵呈无色透明的圆形或椭圆形，虫卵薄而脆弱，大小为（36～39）微米×（31～35）微米，内含六钩蚴。

泡状带绦虫寄生于犬、狼等肉食动物小肠内，发育成熟的孕节或虫卵随粪便排到体外，污染草场、饲料或饮水，若被羊只（中间宿主）误食，在胃肠道内孵出六钩蚴，钻入肠壁血管内，随血液到达肝，并向肝表面移行，寄生于肝表面或大网膜、肠系膜及腹腔的其他部位。犬类动物吞食了含有细颈囊尾蚴的脏器后，在小肠内发育为成虫。

（2）临诊症状：成年羊症状表现不明显，而羔羊常有明显的症状。表现为生长缓慢，日渐消瘦，体毛粗糙，精神不振；有急性腹膜炎时，体温升高，腹水增加，按压腹壁有痛感。已经长成的囊尾蚴不产生损伤，也不引起症状，对羊没有危害。

（3）病理变化：急性病程期肝肿大，表面有许多小结节和小出血点，严重的病畜发生急性腹膜炎，并有血性或脓性渗出物，其中有大量幼小的细颈囊尾蚴。慢性病程期肝局部出现萎缩现象，在肝表面、大网膜、肠系膜及腹腔的其他部位有数目不等、大小不一的虫体囊泡。

【预防措施】加强肉品卫生检验，对有病的脏器进行无害处理，严禁喂犬或随地丢弃；对犬定期进行检查和驱虫，排出的粪便要全部销毁；禁止犬进入羊舍散布虫卵，以防饲料和饮水被犬粪污染。

【发病后措施】诊断阳性的患畜用吡唑酮，按每千克体重50～70毫克，1次口服。

（九）莫尼茨绦虫病

莫尼茨绦虫病是由扩展莫尼茨绦虫和贝氏莫尼茨绦虫寄生于羊的小肠内引起的。该病呈地方性流行，对羔羊危害严重，常导致幼畜大批死亡。

【诊断要点】

（1）病原形态及其感染过程：病原为扩展莫尼茨绦虫和贝氏莫尼茨绦虫。扩展莫尼茨绦虫链体长1～5米，最宽处约16毫米，呈乳白色，卵形不一，有三角形、方形或圆形，直径50～

60 微米，卵内有一个含有六钩蚴的梨形器。贝氏莫尼茨虫体链长 6 米，最宽处 26 毫米，其卵与扩展莫尼茨绦虫虫卵不易区别。

成虫寄生于羊的小肠内，成虫脱落的孕节或虫卵随宿主粪便排到外界，虫卵散播，被地螨（中间寄主）吞食，六钩蚴在消化道内孵出，穿出肠壁，入血腔，发展为似囊尾蚴，成熟的似囊尾蚴开始有感染性。羊只采食时，将似囊尾蚴的地螨吞入后，地螨即被消化而释放出似囊尾蚴，立即吸附于肠壁上，在小肠发育为成虫。感染莫尼茨绦虫的羊主要是 1.5 ~ 7.5 月龄的羔羊，羊随年龄增长而获免疫性。

（2）临诊症状：一般羔羊感染初期出现食欲降低，下痢。严重感染时，特别是伴有继发病时，会表现明显的临床症状：食欲减退、常下痢、腹痛，粪便带有白色的孕卵节片，可视黏膜苍白、消瘦。病的末期，患羊常因衰弱而卧地不起，抽搐，头部向后仰或经常做咀嚼运动，口周围留有许多泡沫。

（3）病理变化：在小肠发现数量不等虫体，寄生处有卡他性炎症。

（4）实验室检查：在患羊粪球表面有黄白色的孕卵节片，形似煮熟的米粒。对孕节做涂片检查时，可见到大量灰白色、特征性的虫卵。用饱和盐水浮集法检查粪便时，可发现虫卵。结合临床症状和流行病学资料分析便可确诊。

【预防措施】在潮湿和地螨大量滋生地区禁止放牧。定期驱虫，并将粪便堆置进行生物学发酵，以杀死其中的虫卵。

【发病后措施】用氯硝柳胺（又称灭绦灵），按每千克体重70 毫克投服。或用硫双二氯酚，按每千克体重 100 毫克，加入面粉糊中灌服。或用丙硫苯咪唑，按每千克体重 10 ~ 20 毫克，一次口服。或用吡喹酮，按每千克体重 12 毫克，一次灌服。或用砷酸亚锡，按每千克体重 40 毫克，一次灌服。

（十）血矛线虫病

血矛线虫病是由血矛线虫属的几种线虫寄生于肉羊的第四胃引起的以贫血和消化紊乱为特征的寄生虫病。该病是危害养羊业的重要寄生虫病之一。

【诊断要点】

（1）病原形态及其感染过程：病原为捻转血矛线虫。雄虫长15～19毫米，淡红色。雌虫长27～30毫米，因白色的生殖器官环绕于红色含血的肠道周围，形成了红白线条相间的外观。虫卵灰白色，椭圆形，内含16～32个胚细胞。

成虫寄生于皱胃，偶见小肠。虫卵随粪便排出体外，经过第一、二幼虫期，至第三期幼虫成为感染性幼虫，被羊摄食后，在瘤胃中脱鞘，到皱胃钻入黏膜的上皮突起之间，开始摄食。经第三次脱皮，形成第四期幼虫。感染后12天，虫体进入第五期，即内部各种器官发育起来的时期。感染后18～21天，宿主粪便中出现虫卵。总之，卵发育至感染性幼虫，附着于青草。羊采食时食入，进入皱胃发育为成虫。

（2）临诊症状：重要的特征是贫血和衰弱。急性型羔羊常突然死亡。病羊被毛粗乱，消瘦，放牧落群，卧地不起，下痢和便秘交替发生，下颌和下腹水肿，可见黏膜苍白、贫血。病程转为慢性时，症状不太明显，病程达7～8个月或1年以上。

（3）病理变化：尸体消瘦、贫血、水肿，真胃、小肠及大肠黏膜肥厚，有卡他性炎症。心肌变性，肝实质萎缩。血矛线虫寄生时，可见有真胃黏膜出血。

【预防措施】

（1）预防性驱虫：过去一般认为应进行春、秋两次驱虫，该措施在一定范围内取得了相当的成就，对控制肉羊主要胃肠道线虫感染发挥了重要作用。但近年来的研究证明，冬季一次驱虫可以取得更理想的效果。

（2）采用控制释放药物（缓释剂）进行预防：试验证明，利用控制释放可以有效地降低羔羊的死亡率和感染率。

（3）免疫预防：利用 X 线或紫外线将幼虫致弱后用作疫苗接种在国外已获得了成功，国内在该方面还有一些工作要做。

（4）改善饲养管理：合理补充精料，增强畜体的抗病力。

（5）加强牧场环境控制：牧场环境控制主要是通过牧前动物驱虫，减少牧场污染，及时对牧场实行轮牧来实现；同时应用化学药物以杀死螨虫卵。

【发病后措施】伊维菌素，绵羊、山羊按每千克体重 200 微克，灌服。也可用左咪唑，按每千克体重 8 毫克，一次灌服。

（十一）羊网尾线虫病

羊网尾线虫病是由丝状网尾线虫寄生于绵羊、山羊等反刍动物的气管和支气管引起的，以呼吸系统症状为主的寄生虫病。该病主要危害羔羊。

【诊断要点】

（1）病原形态及其感染过程：丝状网尾线虫虫体呈丝线状，乳白色，肠管很像一条黑线穿行于体内，口囊小而浅。雄虫长 30 毫米，交合伞发达。交合刺粗短呈靴形，黄褐色，为多孔状结构。雌虫长 35 ~ 44.5 毫米，阴门位于虫体中部附近。卵呈椭圆形，卵内含有已发育的幼虫。

雌虫产卵于羊的支气管，当羊咳嗽时，卵随溅液进入口腔，大部分卵被咽下进入消化道，并在其中孵化为第一期幼虫，又随粪便排出体外，在潮湿的环境和适宜的温度（21 ~ 28 ℃）条件下，经两次蜕皮变为感染性幼虫。当羊吃草或饮水时，摄入感染性幼虫，幼虫在小肠内脱鞘，进入肠系膜淋巴结蜕化变为第四期幼虫。继之幼虫随淋巴或血液流经心脏到肺，最后行至肺泡、细支气管和支气管，8 天后在该处完成最后一次蜕化。感染后经 18 天到达成虫阶段，至第 26 天开始产卵。成虫在羊体内的寄生期限，随羊的营养状况而变，营养良好的羊只抵抗力强，幼虫的发育受阻。当宿主的抵抗下降时，幼虫可以恢复发育。

（2）临诊症状：病羊的典型症状是咳嗽。先在个别羊发生咳嗽，相继成群发作。尤其在驱赶或夜间休息时，咳嗽最为明显，常在羊圈附近可以听到明显的咳嗽声和拉风箱似的呼吸声。患羊鼻孔常流出黏性或黏脓性分泌物，干涸后在鼻孔周围形成痂皮。患羊随病程的发展而逐渐消瘦，被毛粗乱，贫血，头、胸部和四肢水肿，体温无变化，呼吸困难。当患羊打喷嚏或阵发性咳嗽时，常咳出黏液团块，显微镜涂片检查可见有虫卵和幼虫。感染轻微的羊和成年羊常为慢性，临床症状不明显。

【预防措施】

（1）在该病流行区内，每年应对羊群进行定期驱虫，对粪便堆积进行生物发酵处理。

（2）改善饲养管理，合理补充精料，增强羊的抗病能力，可以减少寄生数量和缩短寄生时间。避免在低湿沼泽地放牧。

（3）应将幼龄羔羊和成年羊分群放牧，以避免接触感染性幼虫。

（4）国外报道，用辐射致弱的感染性幼虫免疫取得了较好的结果。

【发病后措施】用氰乙酰肼，按每千克体重 17 毫克，加温水少许灌服或拌入精料中喂服；或按每千克体重 15 毫克，配成 10% 溶液，皮下或肌内注射。或用伊维菌素，按每千克体重 0.2 毫克，皮下注射。或用左旋咪唑，按每千克体重 8 毫克，口服；或按每千克体重 5 ~ 6 毫克，肌内注射。或用噻咪唑（四咪唑，驱虫净），按每千克体重 15 毫克，配成 2% 溶液，灌服。或用丙硫苯咪唑，按每千克体重 5 ~ 10 毫克，灌服。

（十二）羊弓浆虫病

羊弓浆虫病是一种人畜共患寄生虫病，在临床上以高热、呼吸困难、流产、死胎为特征。

【诊断要点】

（1）病原形态及其感染过程：弓浆虫为细胞内寄生，依据其发育阶段的不同分为 5 型。滋养体和包囊两型出现在中间宿主体内，而裂殖体、配子体和卵囊只出现在终末宿主——猫的体内。滋养体呈新月形、香蕉形或弓形，一端稍尖，一端钝圆，大小为（4~7）微米×（2~4）微米；在腹水中可见到游离的单个虫体，在有核细胞质内可见到正在繁殖的虫体，形如柠檬状，呈圆形、卵圆形，有时在宿主细胞的细胞质内可见假囊。包囊广泛地寄生在组织和实质器官中，呈卵圆形，有较厚的囊膜，囊中有数以千计的虫体，直径 50~60 微米。裂殖体在猫的上皮细胞内，进行无性繁殖形成滋养体。配子体是在猫的肠细胞内进行有性繁殖时的虫体。卵囊呈卵圆形，有双层囊壁，表面光滑，大小平均为 12 微米×10 微米；卵囊内形成两个卵圆形的孢子囊，每个孢子囊大小约为 8 微米×6 微米。

弓浆虫在动物和人的体内只进行无性繁殖，所以人和动物是中间宿主。在猫体内的发育经过为：猫吞食弓浆虫的包囊，进入消化道，并侵入肠上皮细胞，进行球虫型发育和繁殖；先产生大量裂殖体，再转化为配子体，最后产生卵囊；卵囊随粪便排至体外，再发育为感染性卵囊。弓浆虫在猫肠内进行有性繁殖，所以猫是终末宿主。在其他动物体内的发育为：弓浆虫的滋养体通过消化道、呼吸道的黏膜及皮肤等，再通过淋巴血液循环进入有核细胞，进行无性繁殖，最后在脏器组织中形成包囊型虫体。

（2）临诊症状：绵羊多有神经症状（转圈运动），最后昏迷、呼吸困难、鼻漏。怀孕母羊流产。

（3）实验室检查：

1）直接观察：取病畜尸体或流产胎儿的肺、肝、淋巴结、体液等做触片或涂片，自然干燥后，用甲醛固定，吉姆萨染色或瑞氏染色观察有滋养体或组织包囊存在。

2）集虫法检查：取病畜尸体或流产胎儿的肺或淋巴结，研碎后加 10 倍生理盐水过滤，500 转/分离心 3 分钟，取上清液再经 1500 转/分离心 10 分钟，沉渣涂片、干燥、染色检查。

【预防措施】应经常保持圈舍清洁，定期消毒，严防猫类及其排泄物污染饮水及饲草料。清除和销毁病畜尸体和排泄物，净化环境。

【发病后措施】应用磺胺类药物进行治疗，可获得较好的效果。磺胺嘧啶（SD）或磺胺对甲氧嘧啶（SMI）首次剂量按每千克体重 0.14 ~ 0.2 克，维持剂量减半，灌服。磺胺间甲氧嘧啶（SMM）首次剂量 0.05 ~ 0.1 克，维持剂量减半灌用。选择任一种磺胺应用时，要连续给药 3 ~ 5 次，谨防产生抗药性。

（十三）羊住肉孢子虫病

羊住肉孢子虫属孢子虫纲住肉孢子属，这个属的寄生虫可寄生于家畜、鼠类、鸟类、爬虫和鱼类等多种动物，偶尔亦寄生于人。

【诊断要点】

（1）病原形态及其感染过程：羊住肉孢子虫为较大的一种，呈卵圆形或椭圆形，长 1 厘米。虫体寄生在肌肉组织间，形成与肌肉纤维平行的包囊状物——孢子囊，其形状有纺锤形、卵圆形或圆柱状等，灰白色至乳白色。囊壁由两层组成，内壁向囊内延伸，构成很多中隔，将囊腔隔成若干小室，小室中含有滋养体。成熟的滋养体大小为（6 ~ 15）微米×（2 ~ 4）微米，能伸屈滑动。经实验研究发现，住肉孢子虫有一段有性繁殖过程，发育繁殖中分滋养体、裂殖体和卵囊几个阶段。草食类动物是吞食了卵囊而受感染的。

（2）临诊症状：病羊消瘦，食欲微减，行走无力，呼吸困难。可见黏膜苍白，巩膜黄染。心音混浊，第二心弱。肺泡呼吸音粗。肠音响亮，有时出现下泻。严重时出现水肿及呼吸器官和消化器官的慢性炎症，如支气管炎、支气管肺炎、胃肠炎。未成年的病羊发育不良，生长缓慢。

（3）病理变化：慢性型病例于死后剖检发现包囊确诊。最常寄生的部位为食道肌和心肌。急性型的病例剖检时可见皮下和横纹肌有出血点；肠系膜淋巴结肿大；胃肠黏膜有卡他性炎症；腹水增多，有时含血液；心肌有出血点；肺水肿、充血。用肌肉刮取物涂片可查出新月形虫体，但应与弓形虫区别，前者染色质少、着色不均，后者染色质多、着色均匀。

【预防措施】加强饲养管理，保证饲料和饮水清洁卫生。

【发病后措施】目前尚无可杀灭虫体的有效药物。在生产中试用灭虫丁注射液，按每千克体重 200 微克，肌内注射。其后间隔 5 天，再用吡喹酮，按每千克体重 20 毫克，灌服，并补饲生长素添加剂，可使患羊获得康复。

（十四）羊痒螨病

羊痒螨病是由痒螨属的几种痒螨寄生于肉羊的体表引起的，以患部脱毛、皮肤炎症为特征的接触传染的寄生虫病。该病对绵羊的危害尤为严重，冬季常引起大批肉羊死亡。

【诊断要点】

（1）病原形态及其感染过程：本病是由痒螨引起的外寄生虫病。虫体呈椭圆形，体长 0.5～0.9 毫米，肉眼可见。口器长，呈锥形。足较长，特别是前两对。虫卵灰白色，呈椭圆形。痒螨寄生于皮肤表面，终身寄生于羊体上，其体表温度与湿度对痒螨发育影响很大，羊体质弱更易感染。痒螨表面角质坚韧，抵抗力强，离开宿主耐受力较强，通过用具可传播病原体，在冬季舍圈潮湿、羊只拥挤时更易传染。动物体表有皱襞处成为螨潜伏部位。病原经卵、幼虫、若虫和成虫 4 个发育阶段，终身在绵羊的皮肤表面、被毛稠密处和长毛处寄生，然后蔓延至全身。

（2）临诊症状：病变先发生于长毛处，以后很快蔓延至体侧，表现奇痒，羊常在槽柱、墙角擦痒，皮肤先有针尖大小结节，继而形成水疱和脓疱，患部渗出液增加，皮肤表面湿润。其后有黄色结痂，皮肤变为厚硬，形成龟裂。毛束大批脱落，甚至全身脱光。病羊贫血，出现高度营养障碍，在寒冬可大批死亡。

（3）实验室检查：对可疑病羊可刮取皮肤组织查找病原，以便确诊。其方法是：用经过火焰消毒的凸刃小刀，涂上6%甘油水溶液或煤油，在皮肤的患部与健康部的交接处刮取皮屑，要求一直刮到皮肤轻微出血为止；刮取的皮屑放入10%氢氧化钾或氢氧化钠溶液中煮沸，待大部分皮屑溶解后，经沉淀，取其沉渣镜检虫体。无此条件时，亦可将刮取物置于平皿内，把平皿在热水上稍微加热或在日光下暴晒后，将平皿放在白色背景上，用放大镜仔细观察有无螨虫在皮屑间爬动。

【预防措施】加强饲养管理，保持圈舍和羊体的卫生，定期进行预防性药浴。对引进的羊要隔离检疫，对病羊要及时隔离治疗。

【发病后措施】严格隔离病羊，接近病羊后要彻底消毒，治疗前应剪毛，除去污垢和痂皮。杀螨药只能杀死虫卵，因此治疗后隔7天再治疗一次。夏季宜药浴。杀螨药剂有：第一液，滴滴涕乳剂（涂擦用）1份与煤油（溶剂）9份；第二液，甲酚皂溶液1份与水（溶剂）19份。用时将第一液与第二液混匀，用于涂擦患部。或用二甲苯胺脒，喷雾用0.025%的溶液；药浴用12.5%的溶液，药浴前用250倍体积的水稀释（二甲苯胺脒为0.05%）。或用20%林丹乳油，用于药浴和局部涂擦。药浴前宜给羊饮足水，防止羊喝药浴水。每只羊身在水中应浸泡2～3分钟，头部亦应浸入药液中2～3次。药液减少时，同时加水加药，保持有效浓度，药浴后观察30分钟，方可离去放牧。药浴预防浓度为0.03%～0.04%，药浴治疗浓度为0.05%～0.06%，局部涂擦治疗时用 0.06% ~ 0.1% 水溶液。

（十五）羊狂蝇蛆病

羊狂蝇蛆病是羊狂蝇的幼虫寄生在羊的鼻腔及其附近的腔窦内引起的，以慢性鼻炎为特征的慢性寄生虫病。本病主要危害绵羊，对山羊危害较轻。

【诊断要点】

（1）病原形态及其感染过程：羊狂蝇成虫是一种中型蝇类，呈淡灰色，略带金属光泽，形如蜜蜂。虫体长 10 ~ 12 毫米。幼虫第一期呈淡黄白色，长约 1 毫米；第二期幼虫呈椭圆形，长 20 ~ 25 毫米；第三期幼虫（成熟幼虫）呈棕褐色，长约 30 毫米。

羊狂蝇的成虫直接产出幼虫，经过蛹变为成虫。羊狂蝇成虫每年 5 ~ 9 月间出现。雌雄交配后，雄蝇死亡，雌蝇栖息，待体内幼虫发育后才飞翔活动，在羊鼻孔内或鼻周围产蛆滋生。第一期幼虫附在鼻腔黏膜上，并逐渐向鼻内移行，至鼻腔、额窦或鼻窦内蜕化变为第二期幼虫，寄生 9 ~ 10 个月，第二年春天发育为成熟的第三期幼虫。幼虫活动刺激使羊打喷嚏，成熟的幼虫被喷出落到地面，钻入土壤或粪内变蛹。蛹期 1 ~ 2 个月，再羽化成蝇，成蝇的寿命为 2 ~ 3 周。

（2）临诊症状：成虫侵袭羊群产幼虫时，羊表现为不安、骚动，互相拥挤、摇头、喷鼻，或低头，或鼻端擦地面行走。有时羊只闻到蝇声，则将头藏于其他羊只腹下，因影响羊采食和休息，使羊消瘦。最严重的危害是幼虫在鼻腔内移行损伤鼻黏膜，使其肿胀、出血、发炎。个别第一期幼虫可进入颅腔，损伤脑膜，或因鼻窦发炎而危及脑膜，引起神经症状，患羊表现为运动失调、转圈、弯头，或发生痉挛、麻痹等症状。最后羊只食欲废绝，陷于衰竭而死亡。

（3）病理变化：剖检时在鼻腔、鼻窦或额窦内发现羊狂蝇幼虫。

【防治措施】防治羊狂蝇病，应将杀灭羊鼻腔内的第一期幼虫作为主要措施。

（1）驱除羊狂蝇。在羊舍（圈栅内）于5~9月间，可用喷杀克虫防疫药，每周喷雾2次，喷射量为每立方米0.5秒。亦可用80%敌敌畏乳剂熏蒸，具体操作：可将羊赶至塑料大棚内，关闭门和通风窗，用80%敌敌畏乳剂，以每立方米空间0.5毫升的剂量，利用喷雾器喷药于空间，每次熏蒸30~50分钟。

（2）用菌毒敌溶液以1∶100的比例稀释，喷洒在羊头部，每周1次，亦能起到驱蝇效果。

（3）杀灭蝇蛆，于每年10~11月，可用精制敌百虫，绵羊按每千克体重60~100毫克，配成2%的水溶液，灌服，每月1次。

（十六）伤口蛆病

伤口蛆病是由寄生蝇科的丽蝇属与绿蝇属和麻蝇科的污蝇属的幼虫寄生于羊的伤口组织内引起的，每年夏秋季节常见。

【诊断要点】

（1）病原形态及其感染过程：成虫有丽蝇、绿蝇和污蝇。丽蝇为蓝绿色、无金属光泽的中大型蝇类，体长8~14毫米，体表上刚毛较多。绿蝇为绿色或铜绿色，有金属光泽的中型蝇类，体长5~10毫米。污蝇为灰白色、具有黑色斑纹的中大型蝇类，体长10~18毫米。上述各蝇类均属全变态昆虫，其发育过程分卵、幼虫、蛹、成虫4个阶段。

丽蝇出现于春、秋两季，在创伤口的腐败组织内或在人粪中产卵滋生。绿蝇出现于夏、秋两季，在腐败的创伤口组织或尸体内产卵滋生，第三期幼虫长约10毫米。污蝇出现于夏、秋两季，于动物流血的伤口内产卵滋生，第三期幼虫体长约18毫米。蝇产卵后数小时或24小时即能孵化为第一期幼虫，再经4~9天进行两次蜕化变为第二、三期幼虫。第三期幼虫成熟后落地，钻入浅层土壤中变成蛹，其后蛹羽化为成蝇。

（2）临诊症状：成蝇可在羊的体表创伤口（如去势、角斗、剪伤部）及眼、鼻、耳、阴道或尿道内产卵。卵在孵化过程中除机械损伤组织外，还可产生毒素，给宿主带来严重的损害，常常使局部创伤处感染化脓，腐败细菌可引起局部组织发炎、水肿、坏死、化脓，严重的则引起全身反应。

【预防措施】做好环境清洁卫生和动物保健工作，控制蝇类滋生。

【发病后措施】在腐败创伤内发现有蝇蛆，可进行外科处理，去除蝇蛆，刮去腐败坏死的组织，用0.1%高锰酸钾溶液冲洗，撒放磺胺碘仿粉剂（磺胺粉10份，碘仿1份，混匀），既可消炎，又可驱蝇。或者用0.5%敌百虫溶液，先滴洒在有伤口的部位，然后用10%食盐水清洗伤口。若有全身反应时，可用抗生素药物治疗。在伤口处周围涂擦鱼石脂或松馏油，防止蝇类继续产卵生蛆。

（十七）羊毛虱病

肉羊虱是寄生在肉羊体表的永久寄生性昆虫。该虫分布广泛，并具有严格的宿主特异性。

【诊断要点】

（1）病原形态及其感染过程：本病病原为羊毛虱，体扁平，呈灰白色或黑灰色，长1.5~5毫米，无翅，三对足较短。具有吸式口器，复眼退化或无，触角3~5节。卵呈长椭圆形，附于羊毛上。

毛虱寄生于羊皮肤表面，主要通过患羊与健康羊之间接触感染。卵孵化为若虫，发育为成虫。雌虱交配后经2~3天产卵，雌虱产完卵后死亡，雄虱交配后死亡。雌虱排卵分泌胶质，使卵牢牢黏着在被毛上。虱生命的全过程是在羊体上度过的。

（2）临诊症状：因虱的分泌唾液有毒素存在，吸血时刺激神经末梢，发生痒感，引起羊不安，可使羊形成久不愈合的化脓创伤，引发败血症，影响其采食和休息。可见到皮肤上有小结节，溢血小点，感染形成坏死灶；局部发痒擦伤，化脓、脱皮、结痂。病羊消瘦，发育不良，影响健康。

【预防措施】搞好圈舍卫生，勤打扫，勤换草，定期检查。

【发病后措施】可用 0.5% ~ 1% 敌百虫水溶液，进行喷洒或药浴羊体。冬季可用灭虱灵粉剂治疗。

三、营养代谢病

（一）尿结石

尿结石是在肾盂、输尿管、尿道内生成或存留以碳酸钙、磷酸盐为主的盐类结晶，使羊排尿困难，并由结石引起的泌尿器官发生炎症的疾病。该病以尿道结石多见，而肾盂结石、膀胱结石较少见。种公羊多发。临床表现以排尿障碍、肾区疼痛为特征。

【诊断要点】

（1）病因：尿结石与以下因素有关。一是溶解于尿液中的草酸盐、碳酸盐、尿酸盐、磷酸盐等，在凝结物周围沉积形成大小不等的结石。结石的核心可能发现上皮细胞、尿圆柱体、凝血块、脓汁等有机物；二是由尿路炎症引起的尿潴留或尿闭，可促进结石形成；三是饲料和饮水中含钙、镁盐类较多，饲喂大量的甜菜块根、糟粕、饲料中麸皮比例较高等，常可促使该病的发生；四是种公羊患肾炎、膀胱炎、尿道炎时，不可忽视尿结石的形成。

（2）临诊症状和病变：尿道结石在引起尿闭、尿痛、尿频时，才被人们发现。病羊排尿努责，痛苦咩叫，尿中混有血液。尿道结石可致膀胱破裂。膀胱结石在不影响排尿时，无临床症状，常在死后才被发现。肾盂结石有的生前无临床症状，而在死后剖检时，才被发现肾盂处有大量的结石。肾盂内大量较小的结石可进入输尿管，使之扩张，可使羊发生疝痛症状。当尿闭时，常可发生尿毒症。

【预防措施】注意尿道、膀胱、肾脏炎症的治疗。控制谷物、麸皮、甜菜块根的饲喂量，饮水要清洁。

【发病后措施】药物治疗，一般无效果。对种公羊，在尿道结石时可施行尿道切开术，取出结石。由于肾盂和膀胱中小块结石可随尿液落入尿道而形成尿道阻塞，在施行肾盂及膀胱结石取出术时，对预后要慎重。

（二）羊妊娠毒血症

羊妊娠毒血症实际上是羊的酮尿病，是碳水化合物和脂肪代谢障碍的表现。常发生在绵羊和山羊妊娠后期，以绵羊发病居多。

【诊断要点】

（1）病因：该病发生的主要原因是营养不足，妊娠至后期胎儿相对发育较快，母体代谢丧失平衡，引起脂肪代谢障碍，脂肪代谢氧化不完全，形成中间产物。从自然分布分析，多见于缺乏豆科牧草的荒漠和半荒漠地带，尤其是前一年干旱，次年更易发病。此外，也见于种羊精饲料供给量较大，而缺乏维生素 A 和矿物质盐类。

（2）临诊症状与病变：初期，病羊掉群，不能跟群放牧，视力减退，呆立不动，驱赶强迫运动时，步态摇晃，后期意识紊乱，不听呼唤，视力丧失，失明；神经症状常表现为头部、眼周围肌肉痉挛，并可出现耳、唇震颤，空嚼、口流泡沫状唾液。由于颈部肌肉痉挛，故头后仰或偏向一侧。亦可见到无目的转圈运动，若全身痉挛则突然倒地死亡。在病程中病羊食欲减退，前胃蠕动减弱，黏膜苍白或黄疸，体温正常或低于正常，呼出气及尿中有丙酮气味。

【预防措施】加强饲养管理，在分娩前 2 个月调整饲料的质量，冬季设置防寒棚舍。春季补饲青干草，适当补饲精料（豆类）、骨粉、食盐等；冬季补饲甜菜根、胡萝卜。

【发病后措施】药物治疗，可用 25% 葡萄糖注射液 50～100 毫升，静脉注射，以防肝脂肪变性。调理体内氧化还原过程，每天饲喂醋酸钠 15 克，连用 5 天。柠檬酸钠 15～20 克，每天 1 次，灌服，连用 4 天。医用甘油或丙二醇 80 克，每天 1 次，灌服，连用 5 天。每天供给 4～5 克碳酸氢钠，拌入料中饲喂。

（三）绵羊脱毛症

绵羊脱毛症是指非寄生虫性及皮肤无病变的情况下，被毛发生脱落或者被毛发育不全的总称。

【诊断要点】

（1）病因：多数学者认为，该病与缺乏硒、锌和铜等元素有关。病区外环境缺硫，导致牧草含硫量不足也是该病的原因之一。长期饲喂块根类饲料的羊群也见有发病者。

（2）临诊症状和病变：成年羊被毛无光泽，暗灰，营养不良。表现不同程度的贫血，出现异食癖，相互舔毛，喜吃塑料袋、地膜等异物。严重脱毛时腹泻，偶见视力模糊。体温、脉搏正常，有时整片脱毛，以背、项、胸、臀部最易发生。羔羊初期啃食母羊被毛，有异食癖，喜食粪便或舔土。

【防治措施】增加维生素、无机盐或微量元素，加强饲养管理，改换放牧地。补饲家畜生长素和饲料添加剂，增喂精料。饲料中加 0.02%（即每吨加 0.2 千克）碳酸锌，绵羊每月口服硫酸铜 0.5 克，足以预防该病。在病程中清理胃肠，维持心脏机能，防止病情恶化。

（四）羔羊佝偻病

佝偻病是羔羊在生长发育期，因维生素 D 不足、钙磷代谢障碍所致骨变形的疾病。临床上以消化紊乱、异食癖、跛行及骨骼变形为特征，多发生在冬末春初季节。

【诊断要点】

（1）病因：该病主要见于饲料中维生素 D 含量不足及日光照射不够，以致哺乳羔羊体内维生素 D 缺乏；妊娠母羊或哺乳羊饲料中钙、磷比例不当；圈舍潮湿，污浊阴暗，羊只消化不良，营养不佳，可成为该病的诱因；放牧母羊秋膘差，冬季未补饲，春季产羔，更易发病。

（2）临诊症状：病羊轻者主要表现为生长缓慢、异嗜、呆滞、喜卧，卧地起立缓慢，四肢负重困难，行走步态摇晃，出现跛行。触诊关节有疼痛反应。病程稍长，则关节肿大，以腕关节、膝关节、球窝关节较为明显。长骨弯曲，腕关节有时可向后弯曲，跗关节向前弯曲，四肢可以展开，呈"八"字形叉开站立。后期，病羔以腕关节着地爬行，后躯不能抬起，重症者卧地。

【预防措施】改善和加强母羊的饲养管理，加强运动和放牧，多给青饲料，补喂骨粉，增加幼羔的日照时间。

【发病后措施】药物治疗，可用维生素 A、维生素 D 注射液 3 毫升肌内注射；精制鱼肝油 3 毫升灌服或肌内注射，每周 2 次。为了补充钙制剂，用 10% 葡萄糖酸钙液 5～10 毫升静脉注射；亦可用维丁胶性钙 2 毫升，肌内注射，每周 1 次，连用 3 次。或用神曲 60 克、焦山楂 60 克、麦芽 60 克、蛋壳粉 120 克、麦饭石粉 60 克，混合后每只羔羊 12 克，连用 1 周。

（五）羔羊摆腰病

羔羊摆腰病是由于某些必需微量元素的缺乏或不足而引起的羔羊体位和各种运动的异常，即所谓共济失调和摆腰。

【诊断要点】

（1）病因：目前认为本病是一种条件性铜、硒缺乏综合征，是由于饲料或牧草中铜、硒含量不足引起的。而饲料中这些微量元素不足是由于土壤中缺乏所致，因而本病的发生具有明显的地区性。

（2）临诊症状：本病主要发生于初生羔羊，绵羊和山羊均可发生。羔羊主要发生在 1~3 月龄，若耐过 3~4 月龄时，病羔可以存活，但常留有摆腰的后遗症。

病羔体弱消瘦，被毛粗乱，缺乏光泽，食欲、饮欲正常或减少。精神沉郁，可视黏膜苍白或稍淡。被毛焦燥，皮肤缺乏弹性。舌苔薄白，口腔不臭，有少许分泌物。心搏动增强，或呈现心音分裂。瘤胃蠕动 2 次/分，持续 15~20 秒，力量弱。网胃、瓣胃、皱胃蠕动和肠音减弱。病羔后躯肌肉紧张性降低，羔羊举步跨越障碍，负重困难。重力压迫后躯，无反抗行为。

【预防措施】可以采取轮流放牧，补饲豆科牧草，增加添加剂。对妊娠母羊饲喂全价营养饲料，补饲胡萝卜、青干牧草，以保证母羊产后在哺乳期有足够的乳汁。

【发病后措施】供给缺乏的微量元素，做到定时、定量。用硫酸铜（分析纯），配成 10% 的溶液，每只羔羊按每千克体重 15 毫克灌服或拌入饲料中，每 15 天 1 次。或用亚硒酸钠（分析纯），配成 0.1% 的溶液，每只羔羊按每千克体重 5 毫升皮下注射，每月 1 次。或用维生素 E 油剂注射液，每只羔羊按每千克体重 5 毫升皮下注射，每月 1 次。亦可应用家畜生长素，按 2% 的饲料量加入精料中，饲喂母羊群。

（六）羔羊白肌病

羔羊白肌病亦称肌营养不良症，是伴有骨骼肌和心肌组织变性，并发生运动障碍和急性心肌坏死的一种代谢障碍性疾病，以患病羔羊拱背、四肢无力、运动困难、喜卧地为主要特征。

【诊断要点】

（1）病因：该病主要是由于饲料中缺硒和维生素 E 所致，或饲料中钴、银、锌、钒等微量元素含量过高，影响动物机体对硒的吸收。此外，本病的发生与含硫氨基酸及维生素 A、维生素 B、维生素 C 缺乏等因素有关。

（2）临诊症状与病变：病羔精神沉郁，运动无力，站立困难，卧地不起；心跳加快，心律不齐；呼吸急促，可视黏膜苍白；四肢及胸腹下水肿，尿液往往呈红褐色；有时呈现强直性痉挛状态，随即出现麻痹、血尿。也有羔羊病初不见异常，往往于放牧时由于惊动而剧烈运动或过度兴奋而突然死亡。越肥大的羔羊越容易发病，且死亡越快。该病常呈地方性流行。

病死羔羊剖解表现为肌肉颜色苍白，营养不良，心肌有灰白色条纹状斑，肝肿大，呈土灰色。

【预防措施】加强母畜饲养管理，供给豆科牧草，母羊产羔前补硒。对缺硒地区的新生羔羊，在出生后20天左右，用0.2%亚硒酸钠溶液1毫升肌内注射1次，间隔20天用1.5毫升再注射1次，均可收到良好效果。

【发病后措施】应用0.2%亚硒酸钠溶液2毫升，每月肌内注射1次，连用2次。或内服氯化钴3毫克、硫酸铜8毫克、氯化锰4毫克、碘盐3克，加水适量，灌服，并辅以维生素E注射液，按每千克体重5～10毫升每天肌内注射1次，效果更佳。

（七）羔羊低血糖症

羔羊低血糖症是羔羊血糖浓度降低的一种糖代谢障碍性疾病。该病多发生于冬春季节，以绵羊较为多发。临床上以平衡失调和昏迷为特征。

【诊断要点】

（1）病因：主要由于哺乳母羊的营养状况较差，泌乳量不足，乳汁营养成分不全，使羔羊缺乳；或者羔羊较弱，跟不上放牧羊群而受饿；羔羊患有消化不良、营养性衰竭、严重的胃肠道寄生虫病等。总之，本病发生的根本原因是羔羊饥饿。

（2）临诊症状：主要表现为精神沉郁，步态不稳，反应迟钝，黏膜苍白，体温下降，呼吸微弱、次数增加，肌肉紧张性降低，行走无力，侧卧展平着地。严重时空口咀嚼，口流清涎，角弓反张，眼球震颤，四肢挛缩，嗜睡甚至昏迷，以至死亡。

【预防措施】加强怀孕后期和哺乳期母羊的饲养管理，给予足量的混合精料，补饲优质青干草。防止羔羊受冻，提前补饲精料，及时补盐，供给足量饮水，搞好圈舍卫生。防止羔羊发生消化不良、肺炎、肝炎、脐带炎和羔羊痢疾等疾病。

【发病后措施】静脉注射 20% 葡萄糖 50～100 毫升；亦可用 5% 葡萄糖 20 毫升腹腔注射。做好保暖、护理工作。

（八）绵羊食毛症

绵羊食毛症多发生于冬季舍饲的羔羊，由于食毛量过多，可影响消化，严重时因毛球堵塞肠道形成肠梗死而死亡。

【诊断要点】

（1）病因：一是矿物质和维生素不足。母羊和羔羊饲料中的矿物质和维生素不足，尤其是钙、磷的缺乏，导致矿物质代谢障碍。二是含硫氨基酸缺乏。羔羊在哺乳期中毛的生长速度特别快，需要大量生长羊毛所必需的含硫氨基酸，如果供应不足，会引起羔羊食毛。三是误食。由于羔羊离乳后，放牧时间短，补饲不及时，羔羊饥饿时采食了混有羊毛的饲料和饲草；分娩母羊的乳房周围、乳头和腿部的污毛未剪，新生羔羊在吮乳时误将羊毛食入胃内也可引起发病。

（2）临诊症状：病初，羔羊啃咬和食入母羊的毛，尤其喜食腹部、股部和尾部被污染的毛，羔羊之间也可能互相啃咬被毛。当毛球形成团块可使真胃和肠道堵塞，羔羊表现喜卧、磨牙、消化不良、便秘、腹痛及胃肠鼓气，严重者表现消瘦、贫血。触诊腹部，真胃、肠道或瘤胃内可触到大小不等的硬块，羔羊表现疼痛不安。重症治疗不及时可导致心脏衰竭而死亡。解剖时可见胃内和幽门处有羊毛球，坚硬如石，形成堵塞。

【预防措施】

（1）注意分娩母羊和舍内的清洁卫生，在分娩母羊产出羔羊后，要先将乳房周围、乳头的长毛和腿部污毛剪掉，然后用 2%～5% 的甲酚皂溶液消毒后再让新生羔羊吮乳。

（2）科学饲喂：制定合理的饲养计划，饲喂要做到定时、定量，防止羔羊暴食。对羔羊的补饲，应供给富含蛋白质、维生素和矿物质的饲料，如青饲料、胡萝卜、甜菜和麸皮等，每天供给骨粉（5～10 克）和食盐。母羊和羔羊供给多样化的饲料和含钙丰富的饲料，保证有一定的运动量，精料中加入食盐和骨粉，补喂鱼肝油。每 5 只羔羊每天喂 1 个鸡蛋，连蛋壳捣碎，拌入饲料内或放入奶中饲喂，喂 5 天，停 5 天，再喂 5 天，可控制食毛症的发生和发展。或用食盐 40 份、骨粉 25 份、碳酸钙 35 份，或用骨粉 10 份、氯化钴 1 份、食盐 1 份混合，掺在少量麸皮内，置于饲槽内，任羔羊自由舔食。也可在羊圈内经常撒一些青干草，任其自由采食。给瘦弱的羔羊补充维生素 A、维生素 D 和微量元素，如加喂市售的维生素 A 粉、维生素 D 粉和营养素。对有舔食的羔羊，更应特别认真补喂。

【发病后措施】一般以灌肠通便为主，可服用植物油类、液体石蜡或人工盐、碳酸氢钠等，如伴有拉稀可进行强心补液。或可做真胃切开术，取出毛球。若肠道已经发生坏死或羔羊过于孱弱，不易治愈。

四、中毒病

（一）氢氰酸中毒

【诊断要点】

（1）病因：主要由于羊采食过量的高粱苗、玉米苗、胡麻苗等，在胃内由于酶的水解和胃酸作用，产生游离的氢氰酸而致病。此外，误食氰化物（氰化钠、氰化钾、氰化钙），以及中药处方中杏仁、桃仁用量过大时，也可引起本病的发生。

（2）临诊症状和病变：主要是腹痛不安，口流泡沫状液体，先表现兴奋，很快转入抑制状态；全身衰弱无力，站立不稳，步态摇摆，或突然倒地；呼吸困难，次数增多，张口伸舌，呼出气带有苦杏仁味。皮肤和黏膜呈鲜红色。严重的很快失去知觉，后肢麻痹，体温下降，眼球突出，目光直视，瞳孔散大，脉搏沉细，腹部膨大，粪尿失禁，四肢发抖，肌肉痉挛，发出痛苦的叫声。常因心跳和呼吸麻痹，在昏迷中死亡。

血液呈鲜红色，凝固不良。气管黏膜有出血点，气管腔有带血的泡沫，肺充血、水肿，心脏内、外膜均有出血点，心包内有淡黄色液体。胃肠管的浆膜面及黏膜面均有出血点，肠管有出血性炎症，胃内充满带有苦杏仁味的内容物。

【预防措施】用含氰苷的饲料喂羊，要经过减毒处理。如用流水（或勤换水）浸渍 24 小时；饲喂含氰苷的饲料量要少，最好和其他饲料混喂；禁止到生长有氰苷植物的地区放牧；注意氰化物农药的管理，严防误食。

【发病后措施】发病后迅速用亚硝酸钠 0.2～0.3 克、10% 葡萄糖 50～100 毫升，缓慢静脉注射，然后接着缓慢静脉注射 10% 硫代硫酸钠溶液 10～20 毫升。也可配合口服 0.1% 高锰酸钾溶液 100～200 毫升，或内服 10% 硫酸亚铁溶液 10 毫升。此外，还可应用强心剂、维生素 C、葡萄糖、洗胃（0.1% 高锰酸钾溶液）、催吐（1% 硫酸铜溶液）等进行治疗。

（二）有机磷中毒

本病是由于羊只接触、吸入和采食某种有机磷制剂而引起的全身中毒性疾病，特点是出现胆碱神经过度兴奋为主的一系列症状。

【诊断要点】

（1）病因：主要是误食喷洒有机磷农药的青草或农作物，误饮被有机磷农药污染的饮水，误把配制农药的容器当作饲槽或水桶来喂饮羊，滥用农药驱虫等。引起羊中毒的有机磷农药主要有甲拌磷、对硫磷、内吸磷、乐果、敌百虫、马拉硫磷和乙硫磷等。

（2）临诊症状和病变：有机磷农药中毒时，因制剂的化学特性及造成中毒的具体情况等不同，其所表现的症状及程度差异极大，但基本上都表现为胆碱能神经受乙酰胆碱的过度刺激而引起的过度兴奋现象，临诊上将这些可能出现的复杂症状归纳为以下三种症候群。

1）毒蕈碱样症状。当机体受毒蕈碱的作用时，可引起副交感神经的节前和节后纤维，以及分布在汗腺的交感神经节后纤维等胆碱能神经发生兴奋。按其程度不同，表现为食欲减退、流涎、呕吐、腹泻、腹痛、多汗、尿失禁、瞳孔缩小、可视黏膜苍白、呼吸困难、支气管分泌增多、肺水肿等。

2）烟碱样症状。当机体受烟碱的作用时，可引起支配横纹肌的运动神经末梢和交感神经节前纤维（包括支配肾上腺髓质的交感神经）等胆碱能神经发生兴奋；但在乙酰胆碱蓄积过多时，则将转为麻痹，具体的表现为肌纤维性震颤，血压上升，肌紧张度减退（特别是呼吸肌）、脉搏频数减少等。

3）中枢神经系统症状。这是病畜脑组织内的胆碱酯酶受抑制后，使中枢神经细胞之间的兴奋传递发生障碍，造成中枢神经系统的机能紊乱，表现为病羊兴奋不安、体温升高、搐搦甚至陷入昏睡等。

经消化道吸收中毒在 10 小时以内的最急性病例，除胃肠黏膜充血和胃内容物可能散发蒜臭外，常无明显变化。经 10 小时以上者则可见其消化道浆膜散在有出血斑，黏膜呈暗红色、肿胀，且易脱落；肝、脾肿大；肾混浊肿胀，被膜不易剥离，切面呈淡红褐色而境界模糊；肺充血，支气管内含有白色泡沫；心内膜可见有不整形的白斑。

【预防措施】严格农药管理制度，不要在喷洒有机磷农药的地方放牧，拌过农药的种子不要再喂羊，接触过农药的器具不要给羊用等。

【发病后措施】

（1）清除毒物：可灌服盐类泻剂硫酸镁和硫酸钠 30～40 克，加入适量水，一次内服。

（2）解毒：及时应用特效解毒剂，常用的有两类。一类是抑制自主神经性药物（胆碱能神经抑制剂），如阿托品；另一类是胆碱酯酶复活剂，如解磷定、氯化钠和双复磷。解磷定，按每千克体重 15～30 毫克溶于 100 毫升 5% 葡萄糖溶液，静脉注射；硫酸阿托品 10～30 毫克，肌内注射。症状不减轻，可重复应用解磷定和硫酸阿托品。

（3）对症治疗：呼吸困难者注射氯化钙，心脏及呼吸衰弱时注射尼可刹米。为了制止肌肉痉挛，可应用水合氯醛或硫酸镁等镇静剂。

（4）中药疗法：可用甘草滑石粉，即用甘草 0.5 千克煎水，冲和滑石粉，分次灌服，一般 5～6 次即可见效。第一次冲服滑石粉 30 克，10 分钟后冲服 15 克，以后每隔 15 分钟冲服 15 克。

（三）氨中毒

氨中毒是羊误食、误饮了含氮的肥料，如硝酸铵、硫酸铵、氨水等，发生消化道黏膜损伤、肺水肿及高血氨，并引起中枢神经机能抑制的一种中毒病。临床表现以口炎、咽喉水肿和痉挛、胃肠炎、支气管炎、肺水肿等为特征。

【诊断要点】

（1）病因：多见于将氨水桶放置田头而羊群饮水不足时羊误饮，或因放牧羊群喝了投撒氨肥的田间积水，从而造成急性、慢性氨中毒。也见于化肥管理制度不严，将氮肥误作食盐拌入料中引起发病。近年来，某些饲料厂为了牟取暴利，将尿素加入预混料中，以提高饲料含氮量而造成畜禽中毒事故。

（2）临诊症状：首先出现严重的口炎，食欲废绝，口腔黏膜潮红、肿胀以至糜烂，嘴唇周围沾满泡沫状的唾液。因咽喉黏膜受到严重的刺激可发生水肿、溃烂，故表现剧烈咳嗽。胸部听诊出现明显的湿啰音，呼吸困难，有时羊只挣扎，咩叫。相继表现为精神萎靡，体温升高，心律不齐，脉搏细数，步态摇摆，全身肌肉震颤，胃肠蠕动停止，出现腹痛，瘤胃鼓气。轻度中毒，可出现胃肠炎、支气管炎、肺水肿等症状。

因氨气灼伤的病例，多见有角膜炎、结膜炎、角膜混浊，同时伴有上呼吸道的感染。

【预防措施】严格化肥保管和使用制度，避免在刚施过化肥的地段放牧。储藏氨水的设施必须密闭，严防外漏，确保人畜安全。

【发病后措施】将病羊迅速转移出发生中毒的现场，并迅速用清水冲洗口腔和鼻端。每只羊灌服食醋 250～300 毫升。此外，可灌服吸附包埋剂 30 克/只，包埋剂配方：活性炭 50%、白陶土 20%、氧化镁 10%、鞣酸 20%，混合均匀。亦可灌服水 1000～2500 毫升，洗胃。严重的病例用 5% 葡萄糖生理盐水 500 毫升、10% 樟脑磺酸钠注射液 5 毫升，静脉一次注射。发生眼病时，可用金霉素眼膏点眼。为了防止感染，可用青霉素 80 万单位、链霉素 100 万单位，每天 2 次，肌内注射，连用 3 天。对口、鼻端损伤感染的局部可涂擦紫药水消毒。

（四）有毒萱草根中毒

本病是由于羊采食了有毒的萱草根而引起的中毒病。临床表现以双眼失明、瞳孔散大、膀胱麻痹积尿、全身瘫痪为特征。农民称之为"瞎眼病"。

【诊断要点】

（1）病因：在初春季节牧草青黄不接之际，正值萱草（俗称黄花菜、金针菜）发芽，放牧的羊用蹄刨食草根而致病。

（2）临床症状及病变：病初表现精神萎靡，食欲减退，胃肠蠕动增加，尿呈橙红色，但呼吸、体温无明显变化，因此病羊在放牧羊群中不易被发现。随后病羊不采食，掉群，出现惊恐、咩叫、步态不稳、四肢无力、无目的走动或不避障碍物，此时瞳孔也逐渐散大，双目相继或同时失明。检查眼底，可见视神经乳头水肿，眼底充血、出血。病情再发展可出现尿频，排尿困难，胸部及四肢肌肉抽搐，以后肢较为严重。后期病羊多瘫痪，卧地不起，牙关紧闭，咀嚼吞咽困难，磨牙，头颈僵硬，弯向一侧，或头颈伸直侧卧，四肢呈涉水状，极度不安。一般经 2~4 天后死亡。中毒轻者可以恢复，而双目失明及瞳孔散大者不能康复。

剖检心内外膜点状出血；肝紫红色，背景布有黄褐色斑纹，质地变软，切面结构不清；肾褐色，肿大；肠黏膜点状出血，小肠黏膜充血；膀胱肿大，淡紫色，内积红色尿液；脑膜、延髓和脊髓软膜见有出血斑或出血点。本病可认为是一种以脑脊髓白质软化及视神经变性为主的全身中毒病。

【预防措施】主要是勿让羊只采食小黄花菜根，如在枯草季节，严禁将羊只驱赶到生长小黄花菜的田埂、地头、草地放牧。每年待到 4 月牧草返青以后，再利用这些牧草地进行放牧。

【发病后措施】目前尚无有效的解毒方法。

(五)羊瘤胃酸中毒

羊瘤胃酸中毒是因采食了过多的碳水化合物丰富的谷物饲料，引起瘤胃内乳酸增多，进而导致以前胃机能障碍和循环衰竭为特征的疾病。

【诊断要点】

(1) 病因：饲喂过量或肉羊偷吃大量谷物精料，如玉米、小麦、面粉、发面等而发病，食后又大量饮水可加重病理过程。有学者用小麦片试验表明，营养差的绵羊以每千克体重喂给 50~60 克，营养良好的绵羊每千克体重喂给 75~80 克，可致死亡。

(2) 临床症状及病变：多在食后 4~6 小时发病。病初精神兴奋，其后很快转入沉郁。鼻端干燥，耳和四肢冰凉。舌暗红色，口腔分泌物黏腻。视力减弱、眼结膜潮红，眼球下陷，皮肤弹性降低，严重脱水。反刍和瘤胃蠕动废绝。触诊瘤胃，初期坚硬，中期呈面团状，后期变为松软。四肢无力，步态不稳，痛苦呻吟，后期常卧地不能站立，口温降低，头颈歪向一侧。多数病例体温升高至 40 ℃左右，脉搏次数达 100 次/分以上，心力衰竭。呼吸浅表而快，38～40 次/分。胃内容物 pH 值降至 6 以下。排粪、排尿减少，或粪便中混有未消化的料粒并附有黏液。

剖检可见瘤胃积有多量稀糊状的未消化的饲料，气味酸臭，前胃胃壁黏膜充血，严重时坏死、脱落、皱胃和肠黏膜呈卡他性炎症。肺、肝有轻度瘀血。

【预防措施】加强饲养管理，适当限制饲喂谷物精料，严防羊只偷食谷物精料。

【发病后措施】首先，应进行洗胃，排除胃内有毒产物，中和瘤胃酸度。用生石灰水洗胃（生石灰 1 千克加水 5 千克，搅拌均匀，取上清液），反复洗胃直至胃液呈碱性反应。缓泻、消胀、止酵，用液体石蜡 100 毫升、氧化镁 15 克、鱼石脂 1 克、乙醇 20 毫升，加水适量，一次灌服。其次，纠正酸中毒，可用 5% 葡萄糖生理盐水 500 毫升、复方氯化钠溶液 500 毫升、5% 碳酸氢钠 50 毫升，混合静脉注射，每天 2 次。

对症治疗：心力衰竭者用樟脑磺胺钠注射液 5 毫升，肌内注射；体温高者用青霉素 80 万单位、链霉素 100 万单位，肌内注射，每天 2 次；前胃弛缓、消化不良者可用人工盐 30 克、龙胆酊 10 毫升、芳香氨醑 5 毫升，加水适量，灌服。

五、普通病

(一) 口炎

口炎包括舌炎、腭炎和齿龈炎，是羊的口腔黏膜表层和深层组织的炎症。在饲养管理不良的情况下容易发生。

【诊断要点】口炎的诊断要点见表7-7。

表7-7 口炎的诊断要点

类型	病因	临诊症状
卡他性口炎	是一种单纯性和红斑性口炎，即口腔黏膜表层卡他性炎症。病因多种多样，主要是受到机械的、有毒物质、传染性因素的刺激、侵害和影响所致。如粗纤维多或带有芒刺的坚硬饲料，骨、铁丝或碎玻璃等各种尖锐异物的直接损伤，或因灌服过热的药液烫伤，或霉败饲料的刺激等	食欲减退，口内流涎，咀嚼缓慢，继发细菌感染时有口臭。口腔黏膜发红、充血、肿胀、疼痛，特别在唇内、齿龈、颊部明显
水疱性口炎	即口黏膜上形成充满透明浆液的水疱。病因主要是采食了带有锈病、黑穗病菌的霉败饲料，发芽的马铃薯，以及被细菌或病毒感染的饲料	食欲减退，口内流涎，咀嚼缓慢，继发细菌感染时有口臭。在上下唇内有很多大小不等的充满透明或黄色液体的水疱
溃疡性口炎	为口黏膜糜烂坏死性炎症。病因主要是口腔不洁、细菌混合感染等	食欲减退，口内流涎，咀嚼缓慢，继发细菌感染时有口臭。在黏膜上出现有溃疡性病灶，口内恶臭，体温升高
继发性口炎	多继发于患口疮、口蹄疫、羊痘、霉菌性口炎、过敏反应和羔羊营养不良等疾病	无特殊临诊症状

【预防措施】防止化学物质、机械及草料内异物对口腔的损伤；提高羔羊饲料品质，饲喂富含维生素的柔软饲料；不要饲喂发霉腐烂的草料，饲槽应经常用2%氢氧化钠溶液消毒。

【发病后措施】轻度口炎可用0.1%雷佛奴尔液或0.1%高锰酸钾液冲洗，亦可用20%盐水冲洗；发生糜烂及渗出时，用2%明矾液冲洗；口腔黏膜有溃疡时，可用碘甘油或5%碘酊、龙胆紫溶液、磺胺软膏、四环素软膏等涂擦患部；如继发细菌感染，病羊体温升高时，用青霉素 40 万～80 万单位、链霉素 100 万单位肌内注射，每天 2 次，连用 3～5 天，也可内服或注射磺胺类药物。

中药可用青黛散（青黛 9 克、黄连 6 克、薄荷 3 克、桔梗 6 克、儿茶 6 克，研为细末）或冰硼散，装入长形布袋内口衔，或直接撒布于口腔，效果较好。

（二）食管堵塞

食管堵塞又称草噎，是羊食管被草料或异物突然堵塞所致。病羊的特征表现为咽下障碍和苦闷不安。

【诊断要点】

（1）病因：病因有原发性和继发性两种。原发性食管堵塞主要是因为羊采食马铃薯、甘薯、甘蓝、萝卜、芜菁等块根块茎类饲料时，吞咽过急，或因采食大块豆饼、花生饼、玉米棒及谷草、稻草、青干草等，未经充分咀嚼，急忙吞咽而引起。继发性食管堵塞常见于食管麻痹、狭窄和扩张。也有由于中枢神经兴奋性增高，发生食管痉挛，采食中引起食管堵塞。

（2）临诊症状：患羊突然停止采食，神情紧张，骚动不安，头颈伸展，呈现吞咽动作，张口伸舌，大量流涎，甚至从鼻孔逆出，并因食管和颈部肌肉收缩，引起反射性咳嗽，可从口、鼻流出大量唾沫，呼吸急促。这种症状虽可暂时缓和，但仍反复发作。由于堵塞物性状及其堵塞部位不同，临诊症状也有所区别。

1）食管完全堵塞。采食、饮水完全停止，表现空嚼和吞咽动作，不断流涎，不能进行嗳气和反刍，瘤胃迅速鼓胀，呼吸困难。

2）上部食管堵塞。流涎并有大量白色唾沫附着唇边和鼻孔周围，吞咽的食糜和唾液有时由鼻孔逆出。

3）下部食管堵塞。咽下的唾液先蓄积在上部食管内，颈左侧食管沟呈圆筒状膨隆，触压可引起哽噎运动。

【预防措施】平时应严格遵守饲养管理制度，避免羊只过于饥饿而发生饥不择食和采食过急的现象，饲养中注意补充各种无机盐，以防异食癖。经常清理牧场及圈舍周围的废弃杂物。

【发病后措施】

（1）开口取物法：堵塞物塞于咽或咽后时，可装上开口器，用手直接掏取或用铁丝圈套取。

（2）胃管探送法：堵塞物在近贲门部时，可先将2%普鲁卡因5毫升、液体石蜡30毫升混合，用胃管送至堵塞物部位，然后再用硬质胃管推送堵塞物进入瘤胃。

（3）砸碎法：当堵塞物易碎、表面圆滑且堵塞于颈部食管时，可在堵塞物两侧垫上布鞋底，将一侧固定，在另一侧用木槌将其砸碎。

（4）手术疗法：保定，确定手术部位，切口取物。手术时要避免损伤同食管并行的动脉、静脉管壁。术后用青霉素80万单位、安痛定（复方氨林巴比妥）注射液10毫升混合一次肌内注射，每天2次，连用5天。维生素C 0.5克每天肌内注射1次，连用3天。术后当天禁食，防止污染，第二天饮喂小米粥，第三天开始给少量的青干草，直到痊愈。

（三）前胃弛缓

前胃弛缓即中兽医学中的脾胃虚弱，是由各种原因导致的前胃兴奋性降低、收缩力减弱、瘤胃内容物运转缓慢、菌群失调而产生大量腐解和酵解的有毒物质，引起消化障碍，食欲、反刍减退，以及全身机能紊乱现象的一种疾病。本病在冬末、春初饲料缺乏时较为常见。

【诊断要点】

（1）病因：原发性前胃弛缓又称单纯性消化不良，其病因与饲养管理和气候的变化有关。如饲草过于单一（饲草单调、贫乏是导致前胃弛缓的主要原因。如冬末、初春因草料缺乏，长期饲喂一些纤维粗硬、刺激性强、难于消化的饲草）、饲料变质（受过热的青饲料，冻结的块根，霉败的酒糟，以及豆饼、花生饼等，都易导致消化障碍)、矿物质和维生素缺乏（特别是缺钙，引起低血钙症，影响到神经体液调节机能，成为本病的主要发病因素之一)，以及饲养失宜、管理不当、应激反应等因素，均可导致本病的发生。

继发性前胃弛缓是其他疾病在临诊上呈现的一种前胃消化不良综合征。患有瘤胃积食、瘤胃鼓气、胃肠炎和其他多种内科病，以及产科病、某些寄生虫病时，也可继发前胃弛缓。

（2）临诊症状：按病情发展过程，本病可分为急性和慢性两种类型。

1）急性前胃弛缓。食欲废绝，反刍和瘤胃蠕动次数减少或消失，瘤胃内容物腐败发酵，产生多量气体，左腹增大，叩触不坚实。

2）慢性前胃弛缓。精神沉郁，倦怠无力，喜卧地；被毛粗乱，体温、呼吸、脉搏无变化；食欲减退，反刍缓慢；瘤胃蠕动减弱，次数减少。有时便秘与腹泻交替发生，并常附着有未消化的饲料颗粒。若为继发性前胃弛缓，常伴有原发病的特征性症状，在诊断时应加以鉴别。

（3）类症鉴别：须注意与创伤性网胃炎、瘤胃积食等类症的鉴别诊断。创伤性网胃腹膜炎，姿势异常，体温升高，触诊网胃区腹壁有疼痛反应；瘤胃积食，瘤胃内容物充满、坚硬。

【预防措施】注意饲料的配合，防止长期饲喂过硬、难消化或单一劣质的饲料，对可口的精料要限制给量，切勿突然改变饲料或饲喂方式。应给予充足的饮水，并创造条件供给温水。防止运动过度或不足，避免各种应激因素的刺激。及时治疗继发本病的其他疾病。

【发病后措施】治疗本病的原则是缓泻、止酵、兴奋瘤胃的蠕动。

（1）病初先禁食 1~2 天，每天人工按摩瘤胃数次，每次10~20 分钟，并给予少量易消化的多汁饲料。

（2）当瘤胃内容物过多时，可投服缓泻剂，常内服液体石蜡100~200 毫升或硫酸镁 20~30 克。

（3）10% 氯化钠溶液 20 毫升、生理盐水 100 毫升、10% 氯化钙溶液 10 毫升，混合后一次静脉注射。

（4）酵母粉 10 克、红糖 10 克、乙醇 10 毫升、陈皮酊 5 毫升，混合加水适量灌服。

（5）可内服吐酒石（0.2~0.5 克）、番木别酊（1~3 毫升）等前胃兴奋剂。

（6）大蒜酊 20 毫升、龙胆末 10 克、豆蔻酊 10 毫升，加水适量，一次口服。

（四）瘤胃积食

羊瘤胃积食，中兽医学上称为宿草不转，是瘤胃内充满过量的饲料，致使容积扩大，胃壁过度伸张，食物滞留于胃内的严重消化不良性疾病。

【诊断要点】

（1）病因：主要是采食过量的粗硬易膨胀的干性饲料（如大豆、豌豆、麸皮、玉米）和霉败性饲料，常在饮水不足、缺乏运动等情况下发病。本病也可继发于前胃弛缓、真胃炎、瓣胃堵塞、创伤性网胃炎、腹膜炎、真胃堵塞等。

（2）临诊症状：症状表现程度因病因及胃内容物分解毒物被吸收的轻重而不同。病羊精神委顿，食欲减退，反刍停止。病初不断嗳气，随后嗳气停止。腹痛摇尾，弓背，回头顾腹，有时用后蹄踢腹，呻吟哞叫。鼻镜干燥，耳根发凉，口出臭气，排粪量少而干黑。听诊瘤胃蠕动音减弱、消失；触诊瘤胃胀满、坚实，似面团感觉，指压时有压痕。呼吸急促，脉搏增数，黏膜深紫红色。

当过食引起瘤胃积食发生酸中毒和胃炎时，病羊精神极度沉郁，瘤胃松软积液，手拍击有拍水感，病羊卧地后腹部紧张度降低，有的可能表现出视觉扰乱、盲目运动。全身症状加剧时，病羊呈现昏迷状态。

（3）类症鉴别：

1）与前胃弛缓的鉴别。食欲、反刍减退，瘤胃内容物呈粥状，不断嗳气，并呈现瘤胃间歇性鼓胀。

2）与急性瘤胃鼓胀的鉴别。病程发展急剧，腹部显著鼓胀，瘤胃壁紧张而有弹性，叩诊呈鼓音，血液循环障碍，呼吸困难。

3）与创伤性网胃炎的鉴别。网胃区疼痛，姿势异常，神情忧郁，头颈伸张，嫌恶运动，周期性瘤胃鼓胀，应用副交感神经兴奋药物，病情恶化。

4）与真胃堵塞的鉴别。瘤胃积液，左下腹部显著隆起，真胃冲击性触诊，腰旁窝听诊结合叩诊，呈现叩击钢管的铿锵音。

此外，还须注意与肠套叠、肠毒血症、生产瘫痪、子宫扭转等疾病进行鉴别，以免误诊。

【预防措施】应从饲养管理上着手，避免大量给予纤维干硬而不易消化的饲料，对可口喜食的精料要限制给量。冬季由放牧转舍饲时，应给予充足的饮水，并应创造条件供给温水，尤其在饱食后不要给大量冷水。

【发病后措施】以排除瘤胃内容物为主，辅以止酵防腐、消导下泻、纠正酸中毒和健胃补充体液。

（1）消导下泻：内服硫酸镁或硫酸钠，成年羊剂量50～80克（配成8%～10%溶液），一次内服；或液体石蜡100～200毫升，一次内服。

（2）解除酸中毒：可用5%碳酸氢钠溶液100毫升灌入输液瓶，另加5%葡萄糖200毫升，一次静脉滴注；或用11.2%乳酸钠溶液30毫升，静脉注射。为防止酸中毒继续恶化，可用2%

石灰水洗胃。

（3）强心补液：心脏衰弱时，可用10%樟脑磺酸钠注射液或0.5%樟脑水4～6毫升，一次皮下注射或肌内注射；呼吸系统和血液循环系统衰竭时，可用尼可刹米注射液2毫升，肌内注射。

（4）其他方法：

1）用手或鞋底按摩左肩窝部，刺激瘤胃收缩，促进反刍，然后用臭椿树根（去皮）或木棍串咸菜疙瘩横放在羊嘴里，两头拴于耳朵上，并适当牵遛，有促进反刍的功效。

2）液体石蜡200毫升、番木别酊7克、陈皮酊10克、芳香氨醑10克，加水200毫升，灌服。

3）用人工盐50克、大黄末10克、龙胆末10克、复方维生素B50片，一次灌服。10%高渗盐水40～60毫升，一次静脉注射。甲基硫酸新斯的明1～2毫克肌内注射。吐酒石（酒石酸锑钾）0.5～0.8克、龙胆酊20克，加水200毫升，一次灌服。

4）用陈皮10克、枳壳6克、枳实6克、神曲10克、厚朴6克、山楂10克、莱菔子10克，水煎取汁，制成健胃散，灌服。

5）也可试用中药大黄12克、芒硝30克、枳壳9克、厚朴12克、玉片1.5克、香附子9克、陈皮6克、千金子9克、青香3克、二丑12克，煎水制成大承气汤，一次灌服。

对种羊若推断药物治疗效果较差，宜迅速进行瘤胃切开抢救。

（五）急性瘤胃鼓气

急性瘤胃鼓气，是因羊前胃神经反应性降低，收缩力减弱，采食了容易发酵的饲料，在瘤胃内菌群作用下异常发酵，产生大量气体，引起瘤胃和网胃急剧膨胀，呼吸与血液循环障碍，发生窒息现象的一种疾病。多发生于春末夏初放牧的羊群。

【诊断要点】

（1）病因：主要是采食大量容易发酵的饲料，如幼嫩的豆苗、麦草、紫花苜蓿等；或者饲喂大量的白菜叶、胡萝卜、过多的精料，霜冻饲料、酒糟或霉败变质的饲料而致病。本病可继发于羊肠毒血症、肠扭转、食管堵塞、食管麻痹、前胃弛缓、瓣胃堵塞、慢性腹膜炎及某些中毒性疾病等。

（2）临诊症状：一般呈急性发作，初期表现不安，回顾腹部，弓背伸腰、努责、呻吟，疼痛不安，反刍、嗳气减少或停止，食欲减退或废绝。发病后很快出现腹围鼓大，左侧腰旁窝显著隆起。触诊腹部紧张性增加；叩诊呈鼓音；听诊瘤胃蠕动音初增强、后减弱或消失，黏膜发绀，心跳快而弱，呼吸困难，严重者张口呼吸。时间久后会导致羊虚弱无力，四肢颤抖，站立不稳，不久昏迷倒地，呻吟、痉挛，因胃破裂、窒息或心脏衰竭而死亡。

（3）病理变化：死后立即剖检的病例，瘤胃壁过度扩张，充满大量气体及含有泡沫的内容物。死后数小时剖检，瘤胃内容物无泡沫，间或有瘤胃或膈肌破裂。瘤胃腹囊黏膜有出血斑，甚至黏膜下瘀血，角化上皮脱落。肺充血，肝和脾被压迫呈贫血状态，浆膜下出血等。

【预防措施】此病大都与放牧和饲养不当有关。预防本病应加强饲养管理，增强前胃神经反应性，促进消化机能，保持其健康水平。因此，为了预防鼓胀，必须防止羊只采食过多的豆科牧草，不喂霉烂或易发酵的饲料，不喂露水草，少喂难以消化和易鼓胀的饲料。

【发病后措施】应以胃管放气、止酵防腐、清理胃肠为治疗原则。

（1）对初发病例或病情较轻者，可立即单独灌服甲酚皂溶液2.5毫升或福尔马林1～3毫升。

（2）液体石蜡100毫升、鱼石脂2克、乙醇10毫升，加水适量，一次灌服。

（3）氧化镁 30 克加水 300 毫升，灌服。

（4）大蒜 200 克捣碎后加食用油 150 毫升，一次喂服。

（5）放牧过程中，发现羊患病时，可把臭椿、山桃、山楂、柳树等枝条放在羊口内，将羊头抬起，使其咀嚼枝条以咽下唾液，促进嗳气发生，排出瘤胃内的气体。

（6）用干姜 6 克、陈皮 9 克、香附 9 克、肉豆蔻 3 克、砂仁 3 克、木香 3 克、神曲 6 克、莱菔子 3 克、麦芽 6 克、山楂 6 克，水煎，去渣后灌服。

（7）病情严重者，应迅速施行瘤胃穿刺术。首先在左侧隆起最高处剪毛消毒，然后将套管针或 16 号针头由后上方向下方朝向对侧（右侧）肘部刺入，使瘤胃内气体慢慢放出，在放气过程中要紧压腹壁，使之与瘤胃壁紧贴，边放气边下压，以防胃液漏入腹腔内而引起腹膜炎。气体停止大量排出时，向瘤胃内注入甲酚皂溶液。

（六）瓣胃堵塞

瓣胃堵塞又称"百叶干"，是由于羊瓣胃的收缩力减弱，食物通过瓣胃时积聚，不能后移，充满叶瓣之间，水分被吸收，内容物变干而致病。

【诊断要点】

（1）病因：由于饮水失宜和饲喂秕糠、粗纤维饲料而引起；或因饲料和饮水中混有过多的泥沙，使泥沙混入食糜，沉积于瓣叶之间而发病。前胃弛缓、病胃积食、真胃堵塞、瓣胃或真胃与腹膜粘连可继发本病。

（2）临诊症状：具有前胃弛缓的一般症状。主要特征为排粪减少，粪便干硬，色黑，似算盘珠状，粪球表面附有黏液，粪球切面颜色深浅不均、分层排列。病至后期，排粪完全停止。瘤胃轻度鼓气，瓣胃蠕动音减弱或消失。触诊右侧腹壁瓣胃区，有痛感。严重者可在肋弓后腹部触及圆形的瓣胃。叩诊瓣胃，浊音区扩大。用15~18厘米长穿刺针进行瓣胃穿刺有阻力，感觉不到瓣胃的收缩运动。直肠检查，直肠空虚，有黏液，并有少量暗褐色粪块附着于直肠壁。食欲及反刍减少或消失，鼻镜干裂，体温高达40℃以上，终因自体中毒，衰竭而死。

（3）病理变化：瓣胃内容物充满、坚硬，其容积增大1~3倍。重度病例，瓣胃邻近的腹膜及内脏器官，多具有局限性或弥漫性的炎性变化，瓣叶间内容物干涸，形同纸板，可捻成粉末状。瓣胃黏膜脱落，黏膜下组织有溃疡、坏死灶或穿孔。此外，肝、脾、心脏、肾及胃肠等部分，具有不同程度的炎性病理变化。

【预防措施】注意避免长期饲喂麸糠，不得喂混有泥沙的饲料，适当减少坚硬的粗纤维饲料，糟粕饲料也不宜长期饲喂过多；应给予营养丰富的饲料，注意补充矿物质饲料；供给充足清洁的饮水；科学管理，防止过度或缺乏运动。发生前胃弛缓时，应及早治疗，以防止发生本病。

【发病后措施】应以软化瓣胃内容物为主，辅以兴奋前胃运动功能，促进胃肠内容物排出。

（1）瓣胃注射疗法：本法对顽固性瓣胃堵塞疗效显著。方法：用25%硫酸镁溶液30~40毫升、液体石蜡100毫升，在右侧第九肋间隙和肩关节交界下方2厘米处，选用12号7厘米长的针头，向对侧肋肩关节方向刺入4厘米深，当针刺入后，可先注入20毫升生理盐水，有较大压力时，表明针已刺入瓣胃，再将上述准备好的药液交替注入，于第二天可重复注射一次。瓣胃注射后，再对病羊输液。可用10%氯化钠溶液50~100毫升、10%氯化钙溶液10毫升、5%葡萄糖生理盐水150~300毫升混合，静脉注射。待瓣胃松软后，可皮下注射0.1%氨甲酰胆碱0.2~0.3毫升。

（2）灌服中药健胃、止酵剂，通便、润燥及清热，效果良好。可选用大黄9克、枳壳6克、二丑9克、玉片3克、当归12克、白芍2.5克、番泻叶6克、千金子3克、山楂2克，煎水，灌服；或用大黄末 15 克、人工盐 25 克、清油 100 毫升，加水 300 毫升，灌服。

(七) 真胃堵塞

真胃堵塞又称真胃积食，为大量食物积聚并堵塞于真胃，使真胃的消化机能严重紊乱。

【诊断要点】

(1) 病因：尚未完全阐明，可能与下列因素有关。例如，给予单一而粗硬的饲草，如豆秸、花生秸、干甘薯藤，铡得很细的麦秸、稻草，羔羊吞食破布、木材刨花、塑料皮等，均可引起发病。本病可继发于小肠堵塞、创伤性网胃炎等。

(2) 临诊症状：发病缓慢，病初呈现前胃弛缓症状，进而食欲、反刍消失，精神沉郁，鼻镜干燥，但渴欲增加。有的虽有反刍动作，但口内无食团，仅有少量液体，有的呕吐明显。病羊腹围增大，真胃区突出下垂；触诊真胃有坚实感，且有腹疼反应。当堵塞严重时，呈椭圆形或梨形的真胃轮廓清晰可见，在左侧横卧位时尤为明显。瘤胃有多量液体，冲击式触诊瘤胃有拍水音。排粪逐渐减少，病初粪便干硬，以后则仅有少量黑绿色或污黑色的黏稠粪便排出，常沾污病羊尾根腹面，气味恶臭。

全身症状：病初变化不大，后期可见脉搏、呼吸增数，腹围高度增大，脱水，衰弱而卧地不起，终因心力衰竭和自体中毒而死。

【预防措施】参考"瓣胃堵塞"部分。

【发病后措施】其治疗原则为排除真胃内容物和增强其运动功能。

为排除真胃内容物，可用硫酸钠（或硫酸镁）300～400 克，溶于 1000～2000 毫升水中，加甘油 500 毫升做瓣胃或真胃注射。注射后 10～12 小时，再给予毛果芸香碱或新斯的明，如次日未见排粪时，可重复注射 1 次；如次日排粪增多，则应用新斯的明

5～10毫克皮下注射，每天2次，直至真胃功能基本恢复。

病情严重时，真胃扩张很大，胃内容物多而坚硬，或经上述疗法无效时，可采用手术疗法。其方法主要有两种。一是进行真胃切开术；二是进行瘤胃切开术，再经瓣胃冲洗真胃。此外，应加强护理，给予充足饮水和易于消化的流质饲料，并根据病情施行强心、补液、解毒等对症治疗措施。

（八）创伤性网胃炎及心包炎

【诊断要点】

（1）病因：主要是由于混入饲料内的钢丝、缝衣针、注射针头、铁钉、大头针、铁片等尖锐物被羊误食，进入网胃后，因网胃的收缩，使异物刺破胃壁所致。如果异物较长，往往可穿透横膈膜，刺伤心包，引起创伤性心包炎，或累及脾、肝、肺等处而引起化脓性炎症。

（2）临诊症状：一般发病缓慢，初期无明显变化，日久则表现出精神不振，食欲下降，反刍减少，瘤胃蠕动减弱或停止，并常出现反刍性鼓气。病情较重时患羊行动小心，常有弓背、呻吟等疼痛表现。用手顶压网胃区或用拳头顶压剑状软骨左后方时，有疼痛、躲闪反应。站立时，肘关节张开，起立时先起前肢。当发生创伤性心包炎时，全身症状加剧，体温升高，心跳明显加快，颈静脉怒张，颌下、胸前水肿。叩诊心区扩大，有疼痛感。听诊心音减弱，混浊不清，常出现摩擦音及拍水音。后期常导致腹膜粘连、心包化脓和脓毒败血症。

（3）类症鉴别：必须注意与前胃弛缓、慢性瘤胃鼓胀、真胃溃疡等所引起的消化机能障碍，肠套叠和子宫扭转等所导致的剧烈腹痛症状，创伤性心包炎、吸入性肺炎等所呈现的呼吸系统症状进行鉴别诊断，以免误诊。应用金属异物探测器检查，有条件时可应用X射线透视或摄影，也可获得正确诊断印象。

【预防措施】注意清除饲草、饲料及草场中的金属异物；建立定期检查和预防制度，可在饲料加工设备中安装磁铁，以清除混在其中的金属异物；严禁在牧场及饲料加工存放场地附近堆放铁器。

【发病后措施】早期诊断后可行瘤胃切开术，将手伸进瘤胃内，从网胃中取出异物，也可不切开瘤胃而将手伸入腹腔，从网胃内取出异物。同时配合抗生素和磺胺类药物治疗，可用 40 万~80 万单位青霉素、50 万单位链霉素，肌内注射；或磺胺嘧啶钠 5~8 克、碳酸氢钠 5 克，加水灌服，每天 1 次，连用 1 周以上；或内服健胃剂、镇痛剂。如病已到晚期，并累及心包或其他器官，则预后不良，应淘汰。

（九）绵羊肠扭转

绵羊肠扭转是由于肠管位置发生改变，引起肠腔机械性闭塞，继而肠管发生出血、麻痹和坏死变化。病羊表现剧烈的腹痛症状，如不及时整复肠管位置，可造成患羊急性死亡，残废率达 100%。该病平时少见，多发生于剪毛后，故俗称其为"剪毛病"。

【诊断要点】

（1）病因：一般继发于肠痉挛、肠鼓气、瘤胃鼓气，或因肠管蠕动增强并发生痉挛收缩，或因腹痛引起羊打滚旋转，或因瘤胃鼓气、体积增大，迫使肠管离开正常位置，各段肠管互相扭转缠叠而发病。另外，剪毛前采食过饱，腹压较大，在放倒固定腿蹄时羊挣扎，或翻转体躯时动作粗暴、过猛，均可导致肠扭转。

（2）临诊症状：发病初期，病羊精神不安，口唇染有少量白色泡沫，回头顾腹，伸腰、弓背或蹲胯，起卧，两胁内吸，后肢弹腹，踢蹄骚动，翘唇摆头，时而摇尾，不排粪尿。腹部听诊瘤胃蠕动音先增强、后变弱，肠音亢进，随着时间延长，肠音废绝。体温正常或略高；呼吸浅而快，每分钟 25~35 次；心率增快，每分钟 80~100 次。有的病羊瘤胃蠕动音和肠音在听诊部位互换位置。

发病后期，症状逐渐加剧，急起急卧，腹围逐渐增大，叩之如鼓；卧地时呈昏睡状，起立后前冲后撞，肌肉震颤；结膜发绀；腹壁触诊敏感，使用镇痛剂（如水合氯醛制剂）腹痛症状不能明显减弱；瘤胃蠕动音及肠音减弱或消失；体温 40.5~41.8 ℃；呼吸急促，每分钟 60~80 次；心跳快而弱，节律不齐，每分钟 108~120 次。

（3）剖腹探察：确诊需要剖腹探察。探察时可发现一段较粗的充气、鼓胀的肠管，在其前方肠管中积聚大量液体、气体和内容物。在其后方肠管中内容物缺乏，肠管柔软而空虚，同时肠系膜扭转成索状。

【发病后措施】治疗以整复法为主，药物镇痛为辅。

（1）体位整复法：由助手用两手抱住病羊胸部，将其提起，使羊臀部着地，羊背部紧挨助手腹部和腿部，让羊腹部松弛，呈人伸腿坐地状。术者蹲于羊前方，两手握拳，分别置两拳头于病羊左右腹壁中部，紧挨腹壁，交替推揉，每分钟推揉 60 次左右，助手同时晃动羊体。推揉 5~6 分钟后，再由两人分别提起羊的一侧前后肢，羊背对地面左右摆动十余次。放下羊让其站立，持鞭驱赶，使羊奔跑运动 8~10 分钟，然后观察结果。

推揉中，术者用力大小要适中，应使腹腔内肠管、瘤胃晃动并可听到胃肠清脆的撞击音为度。若病羊嗳气，瘤胃鼓气消散，腹壁紧张性减轻，病羊安静，可视为整复术成功。

（2）手术整复法：若采用体位整复法不能达到目的，应立即进行剖腹探诊，查明扭转部位，整理扭转的肠管使之复位。

（3）药物治疗：整复后，宜用如下药物治疗。镇痛剂用安痛定注射液 10 毫升，肌内注射；或用美散痛注射液 5 毫升，分两次皮下注射；或用水合氯醛 3 克、乙醇 30 毫升，一次内服；或用三溴合剂 30~50 毫升，一次静脉注射。中药可用延胡索 9 克、桃仁9克、红花9克、木香3克、大黄15克、陈皮9克、厚朴9克、芒硝12克、玉片3克、茯苓9克、泽泻6克，加水煎成汤剂，一次内服。同时应补液、强心，适当纠正酸中毒。

（十）胃肠炎

胃肠炎是胃肠表层黏膜及其深层组织的重度炎症过程，特征是严重的胃肠功能障碍和不同程度的自体中毒。

【诊断要点】

（1）病因：原发性胃肠炎的病因多种多样，主要是由于饲养管理不当造成的。羊采食品质不良的草料，如霉变的干草，冷冻、腐烂块根、青草和青贮饲料，发霉变质的玉米、大麦和豆饼，以及有毒植物、化学药品或农药处理过的种子等。此外，营养不良、长途车船运输等因素降低羊只机体的防御能力，使胃肠屏障机能减弱，或滥用抗生素等，均能引发本病。继发性胃肠炎主要继发于其他前胃疾病、某些传染病或寄生虫病，如炭疽、巴氏杆菌病、羔羊大肠杆菌病等。

（2）临诊症状：以消化机能紊乱、腹痛、发热、腹泻、脱水和毒血症为特征。病羊食欲废绝，口腔干燥发臭，舌面覆有黄白苔，常伴有腹痛。肠音初期增强，以后减弱或消失，不断排稀粪便或水样粪便，气味腥臭或恶臭，粪中混有血液及坏死的组织片。由于腹泻，可引起脱水。脱水严重时，尿少色浓，眼球下陷，皮肤弹性降低，迅速消瘦，腹围紧缩。当虚脱时，病羊不能站立而卧地，呈衰竭状态。随着病情发展，体温高，脉搏细数，四肢冷凉，昏睡；严重时可引起循环和微循环障碍，常搐搦而死。慢性胃肠炎病程长，病势缓慢，主要症状同急性。

（3）病理变化：肠内容物常混有血液，恶臭，黏膜呈现出血或溢血斑。由于肠黏膜的坏死，在黏膜表面形成霜样或麸皮状覆盖物。黏膜下水肿，白细胞性浸润。坏死组织剥落后，遗留下烂斑和溃疡。病程时间过长，肠壁可能增厚并发硬。

【预防措施】注意饲料质量、饲养方法，建立合理的饲养管理制度；注意饲料保管和调配工作，不使饲料霉败；饲喂要做到定时定量，少喂勤添，先草后料；检查饮水质量，禁止饮用不洁饮水；久渴失饮时，注意防止暴饮；严寒季节，给予温水，预防冷痛；平时注意观察，当发现羊只采食、饮水及排粪异常时，应及时治疗，加强护理。

【发病后措施】治疗原则是抗菌消炎，制止发酵，清理胃肠，保护胃肠黏膜，强心补液，防止脱水和自体中毒。

（1）可用磺胺脒4~8克、碳酸氢钠3~5克，或萨罗（水杨酸苯酯）2~4克、药用炭7克、次硝酸铋3克，加水适量，一次灌服。肠管消炎可选用土霉素0.5克，口服，每天2次。也可用庆大霉素20万单位，肌内注射，每天2次。

（2）脱水严重时，可用复方生理盐水或5%葡萄糖溶液200~300毫升、10%樟脑磺酸钠注射液4毫升、维生素C100毫克，混合后静脉注射，每天1~2次。

（3）中药疗法，用黄连4克、黄芩10克、黄柏10克、白头翁6克、枳壳9克、砂仁6克、猪苓9克、泽泻9克，水煎去渣，候温灌服。

（十一）羔羊消化不良

羔羊的胃肠活动机能紊乱又称为消化不良，该病是哺乳期羔羊较为常见的一种胃肠疾病。临床表现以消化与物质代谢障碍，消瘦和不同程度的腹泻为特征。本病多发生于1~3日龄的初生羔羊，断奶前任何时间都可发生，到2个月龄后发病较为少见。

【诊断要点】

（1）病因：对妊娠母羊饲养管理粗放，特别在妊娠后期，饲料中营养物质不足，缺乏蛋白质、矿物元素和维生素A、维生素C、维生素D等，不但直接影响胎儿的生长发育，而且还可影响母乳和初乳的质量。哺乳母羊和羔羊的饲养管理不当，羔羊受寒，以及人工哺乳不能定时、定量、定温等，也会造成羔羊消化不良。中毒性消化不良，多由单纯性消化不良转化而来。

（2）临诊症状：

1）单纯性消化不良。病羔精神不振，食欲减退或拒食，体温正常或稍低。轻微腹泻，粪便变稀。随着时间的延长，粪便变成灰黄色或灰绿色，其中混有气泡和黄白色的凝乳块，气味酸臭。粪中混有未消化的凝乳块或饲料碎片。肠间音响亮，腹胀、腹痛。心音亢进，心搏和呼吸加快。腹泻不止，则表现为严重脱水，皮肤弹性降低，被毛无光，眼球塌陷，严重时站立不稳、全身颤动。

2）中毒性消化不良。病羔精神极度沉郁，眼光无神，食欲废绝，全身衰弱，躺地不起，头颈后仰，体温升高，全身震颤或痉挛。严重时呈水样腹泻，粪中混有黏液和血液，气味腐臭，肛门松弛，排粪失禁。眼球凹陷，皮肤无弹性。心音变弱，节律不齐，脉微细，呼吸浅表。病至后期，体温下降，四肢及耳冰凉，乃至昏迷而死亡。

【预防措施】加强饲养管理，改善卫生条件，维护心脏血管机能，抑菌消炎，防止酸中毒，抑制胃肠的发酵和腐败，补充水分和电解质，多饲喂青干草和胡萝卜。

【发病后措施】首先可将病羊置于保暖、干燥处，禁食8～10小时，饮服电解质溶液。

为了排除胃肠内容物，可对羔羊应用油类或盐类缓泻剂，如液体石蜡30～50毫升。

为了促进消化，可用人工胃液（胃蛋白酶10克、稀盐酸5毫升，加水1000毫升，混匀）每次10～30毫升，一次灌服。或用胃蛋白酶、胰酶、淀粉酶各0.5克，加水一次灌服，每天1次，连用5天。

为了防止肠道感染，特别是对中毒性消化不良的羔羊，可选用抗生素药物进行治疗。以每千克体重计算，链霉素 20 万单位，新霉素 25 万单位，卡那霉素 50 毫克，痢特灵 50 毫克，可选用其中任何一种，灌服。或用磺胺胍首次量 0.5 克，维持量 0.2 克，灌服，每天 2 次，连用 3 天。腹泻不止的病羔，可用硅碳银 1 克，灌服。脱水严重者可用 5% 葡萄糖生理盐水 500 毫升、5% 碳酸氢钠 50 毫升、10% 樟脑磺酸钠注射液 3 毫升，混合静脉注射。

中药可用泻速宁 2 号冲剂 5 克，灌服，每天早、晚各 1 次；参苓白术散 10 克，一次灌服。

（十二）羔羊脐及腹膜炎

脐及腹膜炎是新生羔羊脐血管及其通过腹壁进入腹腔中所连接的组织发生的炎症。实际中单纯的脐血管炎是很少存在的，脐常伴有邻近腹膜的炎症，甚至炎症可涉及膀胱圆韧带。

【诊断要点】

（1）病因：主要见于接羔时羔羊脐部感染，由于脐带被粪便或尿液浸泡，或者羔羊之间互相舐食脐带。亦见于羔羊痢疾、消化不良、蝇蛆等病的侵害。

（2）临诊症状：在发病时，羔羊的脐带断端和接近腹底部组织发热、肿胀、充血，颜色呈棕黑色，局部湿润，分泌物发臭。有疼痛感，触摸时，羔羊反抗、咩叫。有时脐部可形成瘘管，发炎的脐带可排出灰白色的脓汁，局部组织坏死，在干痂下留有污浊的红棕色分泌液，气味腥臭。

脐部发炎可引起膀胱圆韧带及膀胱壁发炎，再上行感染可导致输尿管和肾脏的炎症变化。羔羊表现为食欲废绝，腹部微胀，少尿或尿闭。触摸腹部，在耻骨联合处前方，可见梨形的积满尿液的膀胱。进行膀胱穿刺，有多量的尿液排出。

如有化脓菌感染，可引起肝、脾、肺部脓肿，进而发生败血症或脓毒败血症。在脐及腹膜炎的过程中可感染破伤风。

【预防措施】接产时对脐部要严格进行消毒；做好圈舍清洁卫生工作。

【发病后措施】局部处理，应用0.1%高锰酸钾溶液清洗局部，用5%碘酊消毒净化组织，撒放磺胺粉，敷料包扎。青霉素、链霉素按每千克体重各50万单位肌内注射。磺胺嘧啶钠按每千克体重0.2克，一次灌服，维持剂量减半，可连用5天；亦可用青霉素50万单位、0.25%普鲁卡因4毫升，腹腔注射。

（十三）感冒

感冒是由于肉羊在冬春季节气候剧变、忽冷忽热、机体受寒而引起的全身性疾病。无传染性，若及时治疗，可迅速痊愈。

【诊断要点】

（1）病因：主要由于气候突然变化，受寒冷刺激所引起。夏、秋季天热羊出汗后受风、雨刺激，或剪毛后天气突然变冷等都会引起感冒。

（2）临诊症状：病羊精神沉郁，被毛蓬乱，食欲和反刍废绝，耳尖、鼻端发凉，肌肉震颤，眼结膜潮红，有的轻度肿胀，流泪，鼻镜干燥，体温升高至40~41℃及以上，口色青白，舌有薄苔，舌质红，呼吸加快，脉搏浮数。伴有咳嗽、流涕。听诊肺区肺泡呼吸音增强，偶尔可听到啰音。

【预防措施】加强饲养管理，防止受寒，注意圈舍保暖，保持环境清洁卫生，防止流感侵袭。夏季要防汗后风吹雨淋。

【发病后措施】病初应用解热镇痛剂，效果良好。可用复方氨基比林注射液10毫升或安痛定注射液10毫升，每天1次，肌内注射；还可肌内注射百尔定注射液10毫升。在应用解热镇痛剂以后，体温仍不下降或症状不减轻时，可用青霉素或磺胺制剂。

发热轻、耳鼻俱凉、肌肉震颤者，多偏寒，宜祛风散寒，可用杏苏饮加减：杏仁6克、桔梗12克、紫苏12克、半夏12克、陈皮 12 克、前胡 12 克、枳壳 12 克、茶叶 12 克、荆芥穗 12 克、茯苓 6 克、甘草 10 克、生姜 9 克，加水 500 毫升，煎 30 分钟，灌服，每天 1 剂，连用 3 天。

发热重、怕冷轻、口腔干燥、眼红多眼屎者，多偏热，宜发表解热，可用桑菊银翘散加减：桑叶 12 克、菊花 10 克、银花 9 克、连翘 6 克、杏仁 3 克、桔梗 9 克、牛蒡子 6 克、薄荷 3 克、甘草 6 克、生姜 9 克，加水 500 毫升，煎 30 分钟，灌服，每天 1 剂，连用 3 天。

（十四）鼻炎

鼻炎是鼻腔黏膜的炎症，同时上呼吸道亦可能受到侵害。临床上以急性的和慢性的多见。按病原分类有原发性和继发性之别。临床表现以鼻黏膜充血肿胀，敏感性增高，流鼻涕为特征。在夏季炎热时，可能形成群发性。

【诊断要点】

（1）病因：急性鼻炎的病因，主要发生在早春晚秋季节，气候变化或潮湿极易使肉羊受寒。圈舍通风不良，往往氨、硫化氢等有害气体被吸入。放牧地和饲料中的尘土尘埃、霉菌孢子侵入鼻腔，刺激鼻黏膜也可致病。急性鼻炎常可继发于流行性感冒、咽炎、支气管炎、肺炎等。慢性鼻炎多由急性鼻炎未能及时地治疗转归而来。原发性慢性鼻炎比较少见。

（2）临诊症状：病初鼻黏膜充血，病羊表现喷鼻，因鼻黏膜有痒觉，常以鼻端擦饲槽或地面，摇头。与此同时，两侧鼻孔流出浆液性鼻涕，其后鼻腔流出黏稠混浊的乳白色渗出物。因鼻黏膜肿胀，鼻腔狭窄，可使呼吸困难，发生鼻塞音。较重的病例鼻黏膜可形成溃疡，并伴发急性结膜炎，怕明流泪，或伴发咽喉炎，因而吞咽困难、咳嗽，喉部敏感。若有继发性疾病发生时，则体温升高，具有全身反应。慢性鼻炎，除流鼻涕外，鼻黏膜还有不同程度的病理组织学变化。

（3）鉴别诊断：细支气管炎，热型不定，胸部叩诊呈现鼓音。听诊肺泡音亢盛并有各种啰音；大叶性肺炎。呈稽留热型。病程发展迅速。往往有铁锈色鼻液，X射线检查病变部位呈现明显而广泛的阴影。

【预防措施】保持圈舍环境清洁，消除尘土飞扬，除去饲草中尘埃物。改善饲养管理，增强机体抵抗力，预防继发病感染。

【发病后措施】应用1%～2%克辽林或1%～2%碳酸氢钠溶液清洗鼻腔。消毒和收敛鼻黏膜的炎症，可配制蜂蜜15克、10%磺胺嘧啶钠溶液50毫升，加蒸馏水至100毫升，摇匀盛入玻璃瓶中，每天滴鼻1次，连用5天。亦可应用0.1%肾上腺素溶液滴鼻，消除鼻黏膜肿胀。另外，可选用中药：茯苓12克、辛夷9克、知母6克、贝母6克、冬花9克、紫菀9克、银花9克、桔梗6克、花粉6克、杏仁3克、射干9克、黄柏6克、甘草6克，加水500毫升，煎30分钟，灌服，每天1剂，连服3剂。

（十五）支气管炎

支气管炎是支气管的黏膜和黏膜下层组织的炎症。临床上以咳嗽、胸部听诊有啰音为特征。依其病程分为急性与慢性。

【诊断要点】

（1）病因：该病主要原因是寒冷与感冒，如天气剧变，风雪侵袭，缺乏防寒设施。羊在剪毛后遭雨淋受寒。羊呼吸道防御机能降低，致常在菌如肺炎球菌、巴氏杆菌、链球菌等大量繁殖。此外，羊舍通风不良，存在大量的有害气体，饲草中混有尘土，均成为支气管炎的化学性和物理性的致病因素。霉菌与寄生虫的侵害亦不可忽视。而继发性支气管炎见于痘病、口蹄疫、山羊传染性支气管炎等传染性疾病。慢性支气管炎多见于急性支气管炎治疗不善和肺线虫病。

（2）临诊症状：急性支气管炎，病初有短促的干性咳嗽，并伴有痛苦；随着分泌物的增多，咳嗽疼痛减轻，变为湿咳。胸部听诊，病初为干性啰音，后期为湿性啰音。病初体温升高 1 ℃左右，鼻液较少；病至 3 天后鼻腔流出黏液性渗出物，咳嗽时其量增多。当炎性侵害到细支气管时，病羊体温升高 1~2 ℃，呈腹式呼吸，并见有吸气性呼吸困难；咳嗽频繁，声音低哑、疼痛，听诊肺区肺泡呼吸音加强尖锐。胸部叩诊呈代偿性肺区扩大，肺界后移。病羊精神沉郁，食欲减退，被毛粗乱，放牧掉群。

慢性支气管炎主要表现为咳嗽、流鼻、气管敏感和肺部啰音，但体温正常，无全身症状，病羊日见消瘦和贫血。

【预防措施】消除支气管炎的致病原因，建立良好的饲养管理制度，注意环境卫生，避免尘埃、毒菌侵害，饲喂营养丰富的饲料。

【发病后措施】可用镇痛止咳药物，如伤风止咳糖浆 50 毫升，加水适量，灌服，每天 1 次，连用 3 天。或用氯化铵 1 克、吐酒石 0.5 克、人工盐 20 克、甘草末 10 克，加水适量，灌服，连用 3 天。体温升高者可用解热镇痛剂，如用柴胡注射液或复方氨基比林 10 毫升，肌内注射，每天 2 次，连用 3 天。

消除炎症用磺胺嘧啶 2~8 克，加水灌服，每天 1 次；或用 10% 磺胺嘧啶钠注射液 20 毫升，肌内注射，每天 1 次，连用 3 天。为了消除和减轻支气管黏膜肿胀，稀释黏稠的渗出物，可用碘化钾或碘化钠 2 克，加水适量，一次灌服，连用 3 天；青霉素 40 万单位与 0.5% 普鲁卡因 10 毫升，气管注射。

若病羊食欲减弱、心力衰竭时，可用龙胆末 10 克、陈皮酊 10 毫升、酵母粉 15 克，加水适量，一次灌服，连用 2 天；樟脑磺酸钠注射液 5 毫升，肌内注射。此外，可用中药射干 6 克、麻黄 3 克、细辛 3 克、杏仁 6 克、陈皮 3 克、前胡 9 克、桔梗 6 克、瓜蒌皮 12 克、五味子 9 克、苏叶 9 克，加水 500 毫升，煎 30 分钟，每剂药煎煮 2 次，混合，分 2 次灌服，每天 1 剂，连用 3 天。

（十六）小叶性肺炎

小叶性肺炎是支气管与肺小叶或肺小叶群同时发生炎症，一般由支气管炎症蔓延而引起。临床表现以病羊呼吸困难，弛张热型，胸部叩诊有局灶性浊音区，听诊肺区有捻发音为特征。

【诊断要点】

（1）病因：受寒感冒，受物理性、化学性因素的刺激，受条件性病原菌的侵害（如巴氏杆菌、链球菌、化脓放线菌、坏死杆菌、绿脓杆菌、葡萄球菌等），均可引起发病。此外，本病可继发于口蹄疫、放线菌病、子宫炎、乳房炎，还可见于羊肺线虫、羊鼻蝇、外伤所致的肋骨骨折、创伤性心包炎、胸膜炎的病理过程中。

（2）临诊症状：小叶性肺炎初期呈急性支气管炎症状，即咳嗽，体温升高，呈弛张热型，体温高达 40 ℃以上；呼吸浅表、增数，混合性呼吸困难。呼吸困难程度随肺发炎的面积大小而不同，发炎面积越大，呼吸越困难，出现低弱的痛咳。胸部叩诊出现不规则的半浊音区，浊音区多见于肺下部的边缘，其周围健康部的肺脏叩诊音高朗。胸部听诊肺泡音减弱或消失，初期出现干啰音，中期出现湿啰音、捻发音。

（3）鉴别诊断：注意与大叶性肺炎、咽炎、副鼻窦炎等疾病相鉴别。大叶性肺炎呈高热稽留，病程发展迅速，明显分为充血渗出期、肝变期和溶解期三个阶段。

【预防措施】对羊群加强饲养管理，保持圈舍卫生，防止吸入灰尘。勿使羊受寒感冒，杜绝传染病感染。在投送胃管时，防止误插入气管中。

【发病后措施】首先消炎控制感染，可用 10% 磺胺嘧啶钠注射液 20 毫升或抗生素（青霉素、链霉素），肌内注射；亦可用青霉素 40 万～80 万单位、0.5% 普鲁卡因 2～3 毫升，气管注射；

卡那霉素 0.5 克，肌内注射，每天 2 次，连用 5 天。同时配合对症疗法，可用氯化铵 1～5 克、酒石酸锑钾 0.4 克、杏仁水 2 毫升，加水混合灌服；复方氨基比林或安痛定注射液 5～10 毫升，肌内注射；10% 樟脑磺酸钠注射液 4 毫升，肌内注射。

（十七）吸入性肺炎

吸入性肺炎是肉羊偶将药物、食糜、饲料、渣液等误咽入气管、支气管和肺部而引起的炎症。临床特征为咳嗽、气喘和流鼻涕，肺区听诊有捻发音。

【诊断要点】

（1）病因：主要是由于吞咽障碍及强迫投药时引起，如肉羊患食道阻塞后经口强制投药或给羊灌药时引起误咽。

（2）临诊症状：病羊精神沉郁，食欲大减或废绝，流带泡沫的鼻涕，体温升高达 40～41 ℃，热型为弛张热，日差平均 1.1 ℃，最高达 2.5 ℃，脉搏加快，呼吸频繁，而且呼吸困难，以腹式呼吸占优势，腹部扇动显著。病羊初期常为干咳，随着分泌物增加可表现为湿咳，鼻流浆性或黏液性鼻液。病至中期，常流出灰白色带细泡沫的鼻液，咳嗽低哑呈阵发性，有时伸颈摆头。肺部听诊，初期主要为干啰音，以后则出现湿啰音，并有散在性捻发音，肺前下三角区，即心区后上方呼吸音弱或消失。叩诊该区呈局灶性半浊音或浊音，肺的腹界扩大。血液检查，白细胞总数显著增多，嗜中性粒细胞增多，核左移，有显著的嗜酸性粒细胞增多症。

【预防措施】当强迫灌药时，要谨慎操作，头不宜抬得过高；用胃管投药时应判断正确，不要插入气管；病羊横卧时，防止瘤胃液反流误咽。

【发病后措施】采取以青霉素为主的综合疗法。青霉素 80 万单位肌内注射，每天 1～2 次，连续 4～7 天，同时用青霉素 40 万单位、0.5% 普鲁卡因 2～3 毫升行气管注射，每天或隔天 1

次，注射 2~5 次。肺脓肿时，可应用 10% 磺胺嘧啶钠注射液 20 毫升，静脉注射；或改用四环素 0.5 克加入 20 毫升的蒸馏水中，静脉注射。

在治疗过程中，应重视维持病羊的心脏机能及其他并发病的治疗。为此，除交互应用强心剂咖啡碱和樟脑油外，还可用葡萄糖、葡萄糖氯化钙及葡萄糖酸钙注射液静脉注射，以维持心脏机能和全身营养。对食欲减退的病畜应用健胃剂。

食饵疗法，甚为重要。每天在青草地放牧，对于促进食欲和加速疾病的康复起到良好的作用。

（十八）羔羊肺炎

羔羊肺炎是哺乳期羔羊的支气管黏膜和肺泡的炎症，常分为急性、亚急性和慢性三种。临床表现以持续性咳嗽，肺区听诊有啰音，叩诊有小灶性浊音为特征。

【诊断要点】

（1）病因：妊娠母羊的饲养管理不善，母羊得不到足够的养分，致使所产羔羊发育不良，营养状况较差，机体抵抗力降低。其他如圈舍寒冷潮湿，气温剧变，人工哺乳或初乳营养价不全，使呼吸道的防御机能降低，致使呼吸道常在菌如肺炎球菌、巴氏杆菌、化脓杆菌等感染，或受到尘土、霉菌孢子、氨气等的侵害，以及肺线虫寄生等，均与本病的发生有密切关系。

（2）临诊症状：

1）急性型。病羔精神沉郁、拒食，体温升高至 40~41 ℃，呼吸增数，头颈伸直，四肢叉开，咳嗽、流鼻涕，黏膜发绀，心音亢进，脉搏弱数。胸部听诊出现干性或湿性啰音，捻发音。叩诊出现浊音，病变部多在肩前下方。

2）亚急性型。亚急性肺炎发病率在羔羊中占 20% 以上，发病多在 3~6 月龄。病初期不易发现。本型病例初期表现为咳嗽，鼻翼扇动，鼻孔周围附有黏脓性鼻涕。气管触诊咳嗽加剧，肺部听诊和叩诊变化与急性肺炎相同，呈混合性胸腹式呼吸，严重时可听到胸膜摩擦音，当渗出液增多时，可叩出水平浊音。有的病例可表现为心肺综合征。常伴发剧烈腹泻，病羔迅速消瘦。

3）慢性型。常由急性和亚急性发展而来，病状基本与亚急性相同，唯病期延长。

【预防措施】应加强妊娠母羊的饲养管理，供给怀孕母羊富有营养的饲料；为羔羊早期补饲；定期检疫、防疫、驱虫；防寒避暑，避免机械性和化学性因素刺激。

【发病后措施】

（1）药物治疗：抑菌消炎可选青霉素50万单位，链霉素50万单位，肌内注射，每天2次，连用3天；或用氯霉素80万单位，肌内注射，每天2次；或用依沙西林10毫升，肌内注射，每天1次，连用3天；或用10%磺胺嘧啶钠注射液10毫升，肌内注射，每天1次；亦可用磺胺嘧啶片剂，每千克体重首次用量0.2克，维持量减半，灌服。

（2）对症治疗：体温升高，可用安痛定注射液3~5毫升，肌内注射，每天2次；亦可用青霉素40万单位、0.5%普鲁卡因5毫升，一次气管注射。镇咳祛痰，可灌服止咳糖浆或贝母止咳糖浆20毫升。循环与呼吸衰竭，可用尼可刹米注射液2毫升，肌内注射。

（十九）阴道脱

阴道脱是阴道部分或全部外翻脱出于阴户，阴道黏膜暴露在外面，引起阴道黏膜充血、发炎甚至形成溃疡或坏死的疾病。

【诊断要点】

（1）病因：该病在饲养管理不佳、营养不平衡、运动不足、体质虚弱时，可导致阴道周围的组织和韧带弛缓；妊娠至后期腹压增大，分娩或胎衣不下时，努责过强，助产拉出胎儿时损伤产道等情况下，常可引起发病。

（2）临床症状：可分为完全脱出和部分脱出两种类型。当完全脱出时，阴道脱出如拳头大，子宫颈仍闭锁。部分脱出时，仅见阴道入口部脱出，大小如桃子。外翻的阴道黏膜发红甚至青紫，表面分泌黏性炎性产物，局部水肿，因摩擦可损伤黏膜形成溃疡，局部出血或结痂。病羊喜欢卧地，脱出的阴道部分常被泥土、垫草、粪便黏附污染，脱出的阴道局部可被细菌感染而化脓或坏死。严重者，全身症状明显，体温可高达 40 ℃以上。

【预防措施】搞好饲养管理，保证怀孕母羊有足够的运动量；助产时操作要符合要求；积极治疗便秘、腹泻、瘤胃鼓气等疾病。

【发病后措施】体温升高者，用磺胺双甲基嘧啶 5~8 克，每天一次灌服，连用 3 天；或应用青霉素或链霉素。用 0.1% 高锰酸钾溶液或用新洁尔灭溶液冲洗局部，再涂擦金霉素软膏或碘甘油溶液。整复脱出的阴道时，先用消毒的纱布捧住脱出阴道，由脱出的基部向骨盆腔内缓慢地推入，待完全送入脱出的阴道部后，用拳头顶住阴道防止羊努责时又致阴道脱出，然后用阴门固定器压迫并固定。对慢性习惯性脱出的羊只，可用粗缝合线对阴门四周做减张缝合，待数日后症状减轻或不再脱出时拆除缝线。

当脱出的阴道水肿时，可用针头刺破黏膜使渗出液流出，待阴道水肿减轻、体积缩小后再整复。局部损伤处结痂者，应先除去结痂块，清理坏死的组织，然后进行整复。整复中若遇病羊努责，可做腰间隙麻醉。在阴道复位后，方可除去阴门固定器或拆除阴户周围缝线，以防止再脱出。

（二十）胎衣不下

胎衣不下是指孕羊产后 4~6 小时胎衣仍排不出来的疾病。

【诊断要点】

（1）病因：主要是由于孕羊缺乏运动，饲料中缺乏钙盐、维生素，饮饲失调，体质虚弱等引起。此外，子宫内膜炎、布鲁氏菌病等也可致病。

（2）临诊症状：病羊常表现拱腰努责，食欲减退或废绝，精神较差，喜卧地。体温升高，呼吸及脉搏增快。胎衣久久滞留不下，可发生腐败，从阴户中流出污红色腐败恶臭的恶露，其中杂有灰白色腐败的胎衣碎片或脉管。当全部胎衣不下时，部分胎衣从阴户中垂露于后肢跗关节部。

【发病后措施】

（1）药物疗法：病羊分娩后不超过 24 小时的，可应用垂体后叶素注射液或催产素注射液 0.8～1 毫升，一次肌内注射。

（2）手术剥离法：应用药物方法已达 48～72 小时而不奏效者，应立即采用此法。先保定好病羊，按照常规准备及消毒后进行手术。术者一手紧握住阴门外的胎衣，稍向外牵拉；另一手沿胎衣表面伸入子宫，可用食指和中指夹住胎盘周围绒毛，以食指剥离开母子胎盘相互结合的周围边缘，待剥离后，逆时针方向扭转手中握的绒毛膜，使其从小窠中拔出，与母体胎盘分离。子宫角尖端难以剥离，常借子宫角的反射收缩而上升，再行剥离。最后在宫内灌注抗生素或防腐消毒的药液，如用土霉素 1 克溶于 100 毫升生理盐水中，注入子宫腔内，或注入 0.25% 普鲁卡因溶液 20～30 毫升，加入青霉素 40 万单位。

（3）自然剥离法：不借助手术剥离，辅以防腐消毒药或抗生素，让胎膜自溶排出，达到自行剥离的目的。可于子宫内投入土霉素胶囊（每粒含土霉素 0.5 克），效果最好。

（二十一）乳房炎

乳房炎是乳腺、乳池、乳头局部的炎症。其临床特征为乳腺发生各种不同性质的炎症，乳房发热、红肿、疼痛，影响泌乳机能和产乳量。

【诊断要点】

（1）病因：泌乳期的绵羊和山羊在哺乳羔羊时，因乳腺局部不清洁，被化脓菌污染或被羔羊咬破乳头而发病。亦可继发于结核病、口蹄疫、子宫内膜炎、脓毒败血症等。

（2）临诊症状：轻者不显临床症状，病羊全身无反应，仅乳汁有变化。急性乳房炎，可见乳房局部发热、红肿、硬结，乳量减少，乳汁变性，其中混有血液、脓汁或絮状物。严重者，体温升高。挤乳或羔羊吃乳时，母羊抗拒、躲闪。若炎症转为慢性，则病程延长，由于乳房硬结，常丧失泌乳机能。脓性乳房炎可形成脓腔，使腔体与乳腺管相通，若穿透皮肤可形成瘘管。山羊可患坏疽性乳房炎，为地方流行性。该病多发生于产羔后 4～6 周。

【预防措施】注意挤乳卫生，扫除圈舍污物。在绵羊产羔季节，应经常注意检查母羊乳房。

【发病后措施】病初可用青霉素 40 万单位、0.5% 普鲁卡因 5 毫升，溶解后用乳房导管注入乳孔内，然后轻揉乳房腺体部，使药液分布于乳房腺中；或用青霉素普鲁卡因溶液封闭乳房基部。也可应用磺胺类药物。为了促进炎性渗出物吸收和消散，除在炎症初期冷敷外，2～3 天后可施行热敷，用 10% 硫酸镁水溶液 1000 毫升，加热至 45℃，每天外洗热敷 1～2 次，连用 4 天。中药治疗，急性者可用当归 15 克、生地 6 克、蒲公英 30 克、银花 12 克、连翘 6 克、赤芍 6 克、川芎 6 克、瓜蒌 6 克、龙胆草 24 克、山枝 6 克、甘草 10 克，共研细末，开水调服，每天 1 剂，连用 5 天。亦可将上述中药煎水灌服。同时应积极治疗继发病。

对脓性乳房炎及开口于乳池部的脓肿，宜向乳房脓腔内注入 0.2% 呋喃西林溶液，或用 0.1%～0.25% 雷佛奴耳液。用 3% 过氧化氢溶液或 0.1% 高锰酸钾溶液冲洗消毒脓腔，引流排脓。必要时应用四环素族药物，静脉注射，以消炎增强机体抗病能力。

为使乳房保持清洁，可用强力消毒灵溶液经常擦洗乳头及其周围。

（二十二）流产

流产是指母羊怀孕中断，或胎儿不足月排出子宫而死亡。山羊发生流产较多，绵羊少见。

【诊断要点】

（1）病因：流产的原因极为复杂。传染性流产，多见于布鲁氏菌病、沙门氏菌病、弯杆菌病、毛滴虫病等。非传染性流产，可见于子宫畸形、胎盘坏死、胎膜炎和羊水增多症等；内科病，如肺炎、肾炎、有毒植物中毒、食盐中毒、农药中毒；营养代谢障碍病，如无机盐缺乏，微量元素不足或过剩，维生素 A、维生素 E 不足等；饲料冰冻霉败；外科病，如外伤、蜂窝织炎、败血症。长途运输时过于拥挤，水草供应不均，也可导致流产发生。

（2）临诊症状：突然发生流产者，产前一般无特殊表现。发病缓慢者，表现为精神不佳、食欲废绝、腹痛起卧、努责、咩叫、阴户流出羊水，待胎儿排出后稍为安静。若在同一群中病因相同，则陆续出现流产，直至受害母羊流产完毕，方能稳定下来。由于外伤致病，可使羊发生隐性流产，即胎儿不排出体外自行溶解，溶解物排出子宫或形成胎骨在子宫内残留。由于受外伤程度的不同，受伤的胎儿常因胎膜出血、剥离于数小时或数天排出。

【预防措施】以加强饲养管理为主，重视传染病的防治，根据流产发生的原因，采取有效的防治保健措施。对于传染性流产的预防，以定期检疫、预防接种、严格消毒为主；对于非传染性流产的预防，主要是给予质量高、数量足的饲料，让孕羊适当运动，避免挤压碰撞，严禁饲喂霉败、冰冻及有毒饲料。

【发病后措施】在流产中对于已排出了不足月胎儿或死亡胎儿的母羊，一般不需要进行特殊处理，但需加强护理。对有流产先兆的母羊，可用黄体酮注射液（15 毫克）肌内注射，可连用数次。

中药治疗宜用四物胶艾汤加减：当归 6 克、熟地黄 6 克、川芎 4 克、黄芩 3 克、阿胶 12 克、艾叶 9 克、菟丝子 6 克，共研末用开水调服，每天 1 次，灌服 2 剂。死胎滞留时，应采用引产或助产措施。胎儿死亡，子宫颈未开时，应先肌内注射雌激素，可用己烯雌酚或苯甲酸雌二醇 2～3 毫克，使子宫颈开张，然后从产道拉出胎儿。母羊出现全身症状时，应对症治疗。

（二十三）难产

难产是指分娩过程中胎儿排出困难，不能将胎儿顺利地由产道排出。

【诊断要点】

（1）病因：一是由于营养不良、疾病等引起的产力减弱或不足；二是由于子宫颈狭窄、骨盆狭窄、骨盆肿瘤等造成产道异常；三是由于胎儿过大、胎位不正等胎儿异常等。

（2）临诊症状：母羊已到分娩日期，并且已有分娩预兆，如乳房胀大，产道肿大、松软，骨盆韧带松软，子宫开始阵缩，子宫颈开张，母羊卧地努责，但不见胎儿产出。

【发病后措施】为了保证母仔安全，对于难产的羊必须进行全面检查，并及时进行人工助产术；对种羊可考虑进行剖宫产手术。

（1）助产的时间：当母羊阵缩超过 4 小时，而未见羊膜、绒毛膜在阴门或阴门内破裂（绵羊需 0.25～2.5 小时，双胎间隔 15 分钟；山羊需 0.5～4 小时，双胎间隔 0.5～1 小时），母羊停止阵缩或阵缩无力时，需迅速进行人工助产，不可拖延时间，以防羔羊死亡。

（2）助产准备：

1）术前检查。询问羊分娩的时间，是初产或经产，看胎膜是否破裂，有无羊水流出，检查全身状况。

2）保定母羊。一般使羊侧卧，保持安静，前躯低、后躯稍高，以便于矫正胎位。

3）消毒。对手臂、助产用具进行消毒；对阴户外周，用1:5000的新洁尔灭溶液进行清洗。

4）产道检查。注意产道有无水肿、损伤、感染，产道表面是干燥或湿润状态。

5）胎位、胎儿检查。确定胎位是否正常，判断胎儿死活。胎儿正产时，手入阴道可摸到胎儿嘴巴、两前肢、两前肢中间挟着胎儿的头部；当胎儿倒生时，手入产道可发现胎儿尾巴、臀部、后蹄及脐动脉。以手指压迫胎儿，如有反应表示尚且存活。

（3）助产的方法：常见难产部位有头颈侧弯、头颈下弯、前肢腕关节屈曲、肩关节屈曲、肘关节屈曲、胎儿下位、胎儿横向和胎儿过大等。可按不同的异常产位将其矫正，然后将胎儿拉出产道。多胎羊只，应注意怀羔数目，在助产中认真检查，直至将全部胎儿助产完毕为止，方可将母羊归群。

（4）剖宫产：子宫颈扩张不全或子宫颈闭锁，胎儿不能产出；或骨骼变形，致使骨盆腔狭窄，胎儿不能正常通过产道。在上述情况下，可进行剖宫产术，急救胎儿，保证母羊安全。

阵缩及努责微弱的处理：可皮下注射垂体后叶素、麦角碱注射液1~2毫升。必须注意，麦角制剂只限于子宫颈完全开张，胎势、胎位及胎向正常时方可使用，否则易引起子宫破裂。

羊怀双羔时，有时可见双羔同时各将一肢伸出产道，形成交叉。由此形成的难产，应分清情况，辨明关系，可触摸腕关节确定前肢，触摸腑关节确定后肢。确定难产羔羊体位后，可将一只羔羊的肢体推回腹腔，先整顺一只羔羊的肢体，将其拉出产道。随后再将另一只羔羊的肢体整顺拉出。切忌将两只羔羊的不同肢体误认为是同一只羔羊的肢体而施行助产。

(二十四) 新生羔羊窒息

新生羔羊窒息亦称假死，其主要特征是刚产出的羔羊发生呼吸障碍，或无呼吸而仅有心跳，如抢救不及时，往往造成羔羊死亡。

【诊断要点】

（1）病因：分娩时产出期拖延或胎儿排出受阻，胎盘水肿，胎囊破裂过晚，生产时脐带受到压迫、脐带缠绕、子宫痉挛性收缩等，均可引起胎盘血液循环减弱或停止，使胎儿过早地呼吸，吸入羊水而发生窒息。此外，母羊发生贫血及大出血，使胎儿缺氧和二氧化碳量增高，也可导致本病的发生。

（2）临诊症状：轻度窒息时，羔羊软弱无力，黏膜发绀，舌伸出口角，口腔和鼻孔充满黏液。呼吸徐缓，张口喘气。心跳快而弱，肺部有湿啰音，特别是喉和气管更为明显。

严重的病例，羔羊呈假死状态，全身松软，黏膜和皮肤苍白，眼睑闭合，反射消失，呼吸停止，仅存微弱的心跳。

【预防措施】建立严格的接羔操作规程，正确及时地进行接产、助产，处理难产。抢救窒息的羔羊，动作要求准确迅速，分秒必争，采取措施无误。

【发病后措施】首先将羔羊倒置提起，让鼻腔和吸入气管的羊水流出，迅速擦十鼻腔、口腔内吸入的羊水，将舌拉出口外；有节律地用双手轻压胸部进行人工呼吸；另外，也可用尼可刹米注射液1毫升，皮下注射。为预防继发性肺炎，可肌内注射抗生素。

(二十五) 子宫炎

子宫炎是常见的母羊生殖器官疾病，属子宫黏膜的炎症，也是导致母羊不孕的重要原因之一。

【诊断要点】

（1）病因：由于分娩、助产、子宫脱出、阴道脱出、胎衣不下、腹膜炎、胎儿死于腹中，或由于配种、人工授精及接产过程消毒不严等因素，导致细菌感染而引起子宫黏膜炎症。

（2）临诊症状：急性初期食欲减少，精神欠佳，体温升高，因有疼痛反应而磨牙、呻吟。表现为前胃弛缓，弓背，努责，时时做排尿姿势，阴门内流出污红色内容物，具有臭味。严重时呈现昏迷，甚至死亡。慢性多由急性转化而来，病情较轻，常无明显的全身症状。有时体温升高，食欲减退、泌乳减少，从阴门常排出透明、混浊或脓性絮状物。发情不规律或停止，屡配不孕。

【预防措施】注意保持圈舍和产房的清洁卫生。临产前后，对阴门及其周围消毒；在配种、人工授精和助产时，应注意器械、术者手臂和母羊外生殖器的消毒。及时、正确地治疗流产、难产、胎衣不下、子宫脱出及阴道炎等疾病，以防损伤和感染。

【发病后措施】净化清洗子宫，用1%氯化钠溶液或0.1%高锰酸钾溶液、0.1%~0.2%雷佛奴尔溶液300毫升，灌入子宫腔内，然后用虹吸法排出灌入子宫内的消毒溶液，每天1次，连做3~4天。消炎：可在冲洗后向羊子宫内注入碘甘油3毫升，或投放土霉素（0.5克）胶囊；也可用青霉素80万单位、链霉素50万单位，肌内注射，每天早晚各1次。治疗自体中毒，可用10%葡萄糖溶液100毫升、复方氯化钠溶液100毫升、5%碳酸氢钠溶液30~50毫升，一次静脉注射。

中药治疗：急性病例，可用银花10克、连翘10克、黄芩5克、赤芍4克、牡丹皮4克、香附5克、桃仁4克、薏苡仁5克、延胡索5克、蒲公英5克，水煎候温，一次灌服。慢性病例，可用蒲黄5克、益母草5克、当归8克、五灵脂4克、川芎3克、香附4克、桃仁3克、茯苓5克，水煎候温，加黄酒20毫升，一次灌服，每天1次，2~3天为一个疗程。

附　录

附录一　羊的饲养标准

附表1-1　绵羊羔羊每天营养需要

体重/千克	日摄乳量/(千克/天)	风干饲料/千克	消化能/兆焦	代谢能/兆焦	消化粗蛋白/克	钙/克	磷/克	食盐/克
4	0.1	0.12	1.92	1.88	35	0.9	0.5	0.6
4	0.2	0.12	2.8	2.72	62	0.9	0.5	0.6
4	0.3	0.12	3.68	3.56	90	0.9	0.5	0.6
6	0.1	0.13	2.55	2.47	36	1.0	0.5	0.6
6	0.2	0.13	3.43	3.36	62	1.0	0.5	0.6
6	0.3	0.13	4.18	3.77	88	1.0	0.5	0.6
8	0.1	0.16	3.10	3.01	36	1.3	0.7	0.7
8	0.2	0.16	4.06	3.93	62	1.3	0.7	0.7
8	0.3	0.16	5.02	4.60	88	1.3	0.7	0.7
10	0.1	0.24	3.97	3.60	54	1.4	0.75	1.1
10	0.2	0.24	5.02	4.60	87	1.4	0.75	1.1
10	0.3	0.24	8.28	5.86	121	1.4	0.75	1.1
12	0.1	0.32	4.6	4.14	56	1.5	0.8	1.3
12	0.2	0.32	5.44	5.02	90	1.5	0.8	1.3

体重/千克	日摄乳量/(千克/天)	风干饲料/千克	消化能/兆焦	代谢能/兆焦	消化粗蛋白/克	钙/克	磷/克	食盐/克
12	0.3	0.32	7.11	8.28	122	1.5	0.8	1.3
14	0.1	0.40	5.02	4.60	59	1.8	1.2	1.7
14	0.2	0.40	6.28	5.86	91	1.8	1.2	1.7
14	0.3	0.40	7.53	6.69	123	1.8	1.2	1.7
16	0.1	0.48	5.44	5.02	60	2.2	1.5	2.0
16	0.2	0.48	7.11	6.28	92	2.2	1.5	2.0
16	0.3	0.48	8.37	7.53	124	2.2	1.5	2.0
18	0.1	0.56	6.28	5.86	63	2.5	1.7	2.3
18	0.2	0.56	7.95	7.11	95	2.5	1.7	2.3
18	0.3	0.56	8.79	7.95	127	2.5	1.7	2.3
20	0.1	0.64	7.11	6.28	65	2.8	1.9	2.6
20	0.2	0.64	8.37	7.53	96	2.8	1.9	2.6
20	0.3	0.64	9.62	8.79	128	2.8	1.9	2.6

注：表中推荐值参考内蒙古自治区地方标准《细毛羊饲养标准》。

附表1-2　山羊羔羊每天营养需要

体重/千克	日摄乳量/(千克/天)	风干饲料/千克	消化能/兆焦	代谢能/兆焦	消化粗蛋白/克	钙/克	磷/克	食盐/克
1	0	0.12	0.55	0.46	3	0.1	0	0.6
1	0.02	0.12	0.71	0.60	9	0.8	0.5	0.6
1	0.04	0.12	0.89	0.75	14	1.5	1.0	0.6
2	0	0.13	0.90	0.76	5	0.1	0.1	0.7
2	0.02	0.13	1.08	0.91	11	0.8	0.6	0.7
2	0.04	0.13	1.26	1.06	16	1.6	1.0	0.7

体重/千克	日摄乳量/(千克/天)	风干饲料/千克	消化能/兆焦	代谢能/兆焦	消化粗蛋白/克	钙/克	磷/克	食盐/克
2	0.06	0.13	1.43	1.20	22	2.3	1.5	0.7
4	0	0.18	1.64	1.38	9	0.3	0.2	0.9
4	0.02	0.18	1.93	1.62	16	1.0	0.7	0.9
4	0.04	0.18	2.20	1.85	22	1.7	1.1	0.9
4	0.06	0.18	2.48	2.08	29	2.4	1.6	0.9
4	0.08	0.18	2.76	2.32	35	3.1	2.1	0.9
6	0	0.27	2.29	1.88	11	0.4	0.3	1.3
6	0.02	0.27	2.32	1.90	22	1.1	0.7	1.3
6	0.04	0.27	3.06	2.51	33	1.8	1.2	1.3
6	0.06	0.27	3.79	3.11	44	2.5	1.7	1.3
6	0.08	0.27	4.54	3.72	55	3.3	2.2	1.3
6	0.1	0.27	5.27	4.32	67	4.0	2.6	1.3

附表1-3　肥育绵羊的饲养标准

体重/千克	日增重/(千克/大)	风干饲料/千克	消化能/兆焦	代谢能/兆焦	消化粗蛋白/克	钙/克	磷/克	食盐/克
20	0.1	0.8	9.00	8.40	111	1.9	1.8	7.6
20	0.2	0.9	11.30	9.30	158	2.8	2.4	7.6
20	0.3	1.0	13.60	11.20	183	3.8	3.1	7.6
20	0.45	1.0	15.01	11.82	210	4.6	3.7	7.6
25	0.1	0.9	10.50	8.60	121	2.2	2.0	7.6
25	0.2	1.0	13.20	10.80	168	3.2	2.7	7.6
25	0.3	1.1	15.8	13.00	191	4.3	3.4	7.6

体重/千克	日增重/（千克/天）	风干饲料/千克	消化能/兆焦	代谢能/兆焦	消化粗蛋白/克	钙/克	磷/克	食盐/克
25	0.45	1.1	17.45	14.35	218	5.4	4.2	7.6
30	0.1	1.0	12.0	9.80	132	2.5	2.2	8.6
30	0.2	1.1	15.0	12.30	178	3.6	3.0	8.6
30	0.3	1.2	18.10	14.80	200	4.8	3.8	8.6
30	0.45	1.2	19.95	16.34	351	6.0	4.6	8.6
35	0.1	1.2	13.40	11.10	141	2.8	2.5	8.6
35	0.2	1.3	16.90	13.80	187	4.0	3.3	8.6
35	0.3	1.3	18.20	16.60	207	5.2	4.1	8.6
35	0.45	1.3	20.19	18.26	233	6.4	5.0	8.6
40	0.1	1.3	14.90	12.20	143	3.1	2.7	9.6
40	0.2	1.3	18.80	15.30	183	4.4	3.6	9.6
40	0.3	1.4	22.60	18.40	204	5.7	4.5	9.6
40	0.45	1.4	24.99	20.30	227	7.0	5.4	9.6
45	0.1	1.4	16.40	13.40	152	3.4	2.9	9.6
45	0.2	1.4	20.60	16.80	192	4.8	3.9	9.6
45	0.3	1.5	24.80	20.30	210	6.2	4.9	9.6
45	0.45	1.5	27.38	22.39	233	7.4	6.0	9.6
50	0.1	1.5	17.90	14.60	159	3.7	3.2	11.0
50	0.2	1.6	22.50	18.30	198	5.2	4.2	11.0
50	0.3	1.6	27.20	22.10	215	6.7	5.2	11.0
50	0.45	1.6	30.03	24.38	237	8.5	6.5	11.0

附表1-4　肥育山羊的饲养标准

体重/ 千克	日增重/ （千克/天）	风干饲料/ 千克	消化能/ 兆焦	代谢能/ 兆焦	消化粗 蛋白/克	钙/克	磷/克	食盐/克
15	0	0.51	5.63	4.40	43	1.0	0.7	2.6
15	0.05	0.56	5.83	4.78	54	2.8	1.9	2.8
15	0.1	0.61	6.29	5.15	64	4.6	3.0	3.1
15	0.15	0.66	6.75	5.54	74	6.4	4.2	3.3
15	0.2	0.71	7.21	5.91	84	8.1	5.4	3.6
20	0	0.56	6.44	5.28	47	1.3	0.9	2.8
20	0.05	0.61	6.91	5.66	57	3.1	2.1	3.1
20	0.1	0.66	7.37	6.04	67	4.9	3.3	3.3
20	0.15	0.71	7.83	6.42	77	6.7	4.5	3.6
20	0.2	0.76	8.29	6.80	87	8.5	5.6	3.8
25	0	0.61	7.46	6.12	50	1.7	1.1	3.0
25	0.05	0.66	7.92	6.49	60	3.5	2.3	3.3
25	0.1	0.71	8.38	6.87	70	5.2	3.5	3.5
25	0.15	0.76	8.84	7.25	81	7.0	4.7	3.8
25	0.2	0.81	9.31	7.63	91	8.8	5.9	4.0
30	0	0.65	8.42	6.90	53	2.0	1.3	3.3
30	0.05	0.70	8.88	7.27	63	3.8	2.5	3.5
30	0.1	0.75	9.35	7.66	74	5.6	3.7	3.8
30	0.15	0.80	9.81	8.04	84	7.4	4.9	4.0
30	0.2	0.85	10.27	8.42	94	9.1	6.1	4.2

附表1-5　肥育成年羊的饲养标准

体重/千克	风干饲料/千克	消化能/兆焦	消化粗蛋白/克	钙/克	磷/克	食盐/克	胡萝卜素/毫克	维生素E/国际单位
毛用和毛肉兼用品种								
40	150	1.6	14.8	117	7.8	5.2	15	10
50	160	2.0	15.9	125	8.4	5.6	16	11
60	170	2.4	17.1	135	9.0	6.0	17	12
70	180	2.8	18.2	145	9.6	6.4	18	13
80	180	3.1	19.4	150	10.0	6.8	20	14
肉毛兼用品种								
50	170	1.9	16.5	132	9.0	4.5	16	12
60	180	2.2	17.6	135	9.6	4.8	17	12
70	190	2.4	18.7	145	10.0	5.1	18	13
80	190	2.6	19.5	150	10.5	5.3	20	14

注：本数据以每天每只羊为准；资料来源于苏联1985年制定的标准。

附表1-6　育成母绵羊每天营养需要量

体重/千克	日增重/（千克/天）	风干饲料/千克	消化能/兆焦	代谢能/兆焦	消化粗蛋白/克	钙/克	磷/克	食盐/克
25	0	0.8	5.86	4.6	47	3.6	1.8	3.3
25	0.03	0.8	6.7	5.44	69	3.6	1.8	3.3
25	0.06	0.8	7.11	5.86	90	3.6	1.8	3.3
25	0.09	0.8	8.37	6.69	112	3.6	1.8	3.3
30	0	1	6.7	5.44	54	4	2	4.1
30	0.03	1	7.95	6.29	75	4	2	4.1
30	0.06	1	8.79	7.10	96	4	2	4.1

体重/千克	日增重/(千克/天)	风干饲料/千克	消化能/兆焦	代谢能/兆焦	消化粗蛋白/克	钙/克	磷/克	食盐/克
30	0.09	1	9.2	7.53	117	4	2	4.1
35	0	1.2	7.95	6.29	60	4.5	2.3	5
35	0.03	1.2	8.79	7.11	82	4.5	2.3	5
35	0.06	1.2	9.62	7.95	103	4.5	2.3	5
35	0.09	1.2	10.88	8.79	123	4.5	2.3	5
40	0	1.4	8.37	6.69	67	4.5	2.3	5.8
40	0.03	1.4	9.62	7.95	88	4.5	2.3	5.8
40	0.06	1.4	10.88	8.79	108	4.5	2.3	5.8
40	0.09	1.4	12.55	10.04	129	4.5	2.3	5.8
45	0	1.5	9.2	8.79	94	5	2.5	6.2
45	0.03	1.5	10.88	9.62	114	5	2.5	6.2
45	0.06	1.5	11.71	10.98	135	5	2.5	6.2
45	0.09	1.5	13.39	12.1	138	5	2.5	6.2
50	0	1.6	9.62	7.95	80	5	2.5	6.6
50	0.03	1.6	11.3	9.2	100	5	2.5	6.6
50	0.06	1.6	13.39	10.98	120	5	2.5	6.6
50	0.09	1.6	15.03	12.13	140	5	2.5	6.6

附表1-7 育成公绵羊每天营养需要量

体重/千克	日增重/(千克/天)	风干饲料/千克	消化能/兆焦	代谢能/兆焦	消化粗蛋白/克	钙/克	磷/克	食盐/克
20	0.05	0.9	8.17	6.7	95	2.4	1.1	7.6
20	0.1	0.9	9.76	8	114	3.3	1.5	7.6
20	0.15	1	12.2	10	132	4.3	2	7.6
25	0.05	1	8.78	7.2	105	2.8	1.3	7.6

体重/千克	日增重/(千克/天)	风干饲料/千克	消化能/兆焦	代谢能/兆焦	消化粗蛋白/克	钙/克	磷/克	食盐/克
25	0.1	1	10.98	9	123	3.7	1.7	7.6
25	0.15	1.1	13.54	11.1	142	4.6	2.1	7.6
30	0.05	1.1	10.37	8.5	114	3.2	1.4	8.6
30	0.1	1.1	12.2	10	132	4.1	1.9	8.6
30	0.15	1.2	14.76	12.1	150	5	2.3	8.6
35	0.05	1.2	11.34	9.3	122	3.5	1.6	8.6
35	0.1	1.2	13.29	10.9	140	4.5	2	8.6
35	0.15	1.3	16.1	13.2	159	5.4	2.5	8.6
40	0.05	1.3	12.44	10.2	130	3.9	1.8	9.6
40	0.1	1.3	14.39	11.8	149	4.8	2.2	9.6
40	0.15	1.3	17.32	14.2	167	5.8	2.6	9.6
45	0.05	1.3	13.54	11.1	138	4.3	1.9	9.6
45	0.1	1.3	15.49	12.7	156	5.2	2.9	9.6
45	0.15	1.4	18.66	15.3	175	6.1	2.8	9.6
50	0.05	1.4	14.39	11.8	146	4.7	2.1	11
50	0.1	1.4	16.59	13.6	165	5.6	2.5	11
50	0.15	1.5	19.76	16.2	182	6.5	3	11
55	0.05	1.5	15.37	12.6	153	5	2.3	11
55	0.1	1.5	17.68	14.5	172	6	2.7	11
55	0.15	1.6	20.98	17.2	190	6.9	3.1	11
60	0.05	1.6	16.34	13.4	161	5.4	2.4	12
60	0.1	1.6	18.78	15.4	179	6.3	2.9	12
60	0.15	1.7	22.2	18.2	198	7.3	3.3	12

体重/千克	日增重/(千克/天)	风干饲料/千克	消化能/兆焦	代谢能/兆焦	消化粗蛋白/克	钙/克	磷/克	食盐/克
65	0.05	1.7	17.32	14.2	168	5.7	2.6	12
65	0.1	1.7	19.88	16.3	187	6.7	3.0	12
65	0.15	1.8	23.54	19.3	205	7.6	3.4	12
70	0.05	1.8	18.29	15	175	6.2	2.8	12
70	0.1	1.8	20.85	17.1	194	7.1	3.2	12
70	0.15	1.8	24.79	20.3	212	8	3.6	12

附表1-8 后备山羊每天营养需要量

体重/千克	日增重/(千克/天)	风干饲料/千克	消化能/兆焦	代谢能/兆焦	消化粗蛋白/克	钙/克	磷/克	食盐/克
12	0	0.48	3.78	3.1	24	0.9	0.5	2.4
12	0.02	0.5	4.1	3.36	32	1.5	1	2.5
12	0.04	0.52	4.43	3.68	40	1.5	1.5	2.6
12	0.06	0.54	4.74	3.89	49	2.2	2	2.7
12	0.08	0.56	5.06	4.15	57	2.9	2.4	2.8
12	0.1	0.58	5.38	4.41	66	3.7	2.9	2.9
15	0	0.51	4 48	3.67	28	4.4	0.7	2.6
15	0.02	0.53	5.29	4.23	36	1.0	1.1	2.7
15	0.04	0.55	6.10	5.00	45	1.7	1.6	2.8
15	0.06	0.57	6.70	5.67	53	2.4	2.1	2.9
15	0.08	0.59	7.72	6.33	61	3.1	2.6	3.0
15	0.1	0.61	8.58	7.00	70	3.9	3.0	3.1
18	0	0.54	5.12	4.20	32	4.6	0.8	2.7
18	0.02	0.56	6.44	5.28	40	1.2	1.3	2.8
18	0.04	0.58	7.74	6.35	49	1.9	1.8	2.9

续表

体重/千克	日增重/(千克/天)	风干饲料/千克	消化能/兆焦	代谢能/兆焦	消化粗蛋白/克	钙/克	磷/克	食盐/克
18	0.06	0.60	9.05	7.42	57	2.6	2.2	3.0
18	0.08	0.62	10.35	8.40	66	3.3	2.7	3.1
18	0.1	0.64	11.66	9.56	74	4.1	3.2	3.2
21	0	0.57	5.67	4.72	36	4.8	0.9	2.9
21	0.02	0.59	7.56	6.20	44	1.4	1.4	3.0
21	0.04	0.61	9.35	7.67	53	2.1	1.9	3.1
21	0.06	0.63	11.16	9.15	61	2.8	2.4	3.2
21	0.08	0.65	12.96	10.63	70	3.5	2.8	3.3
21	0.1	0.67	14.76	12.1	78	4.3	3.3	3.4
24	0	0.60	6.37	5.22	40	5.0	1.1	3.0
24	0.02	0.62	8.66	7.10	48	1.6	1.5	3.1
24	0.04	0.64	10.95	8.98	56	2.3	2.0	3.2
24	0.06	0.66	13.27	10.88	65	3.0	2.5	3.3
24	0.08	0.68	15.54	12.74	73	4.5	3.0	3.4
24	0.1	0.70	17.88	14.52	82	5.2	3.4	3.5

附表1-9　妊娠母绵羊的饲养标准

孕期	体重/千克	风干饲料/千克	消化能/兆焦	消化粗蛋白/克	钙/克	磷/克	食盐/克	胡萝卜素/毫克
怀孕前期	40	1.6	12.6 ~ 15.9	70 ~ 80	3.0 ~ 4.0	2.0 ~ 2.5	8 ~ 10	8 ~ 10
	50	1.8	14.2 ~ 17.6	75 ~ 90	3.2 ~ 4.5	2.5 ~ 3.0	8 ~ 10	8 ~ 10
	60	2.0	15.9 ~ 18.4	80 ~ 95	4.0 ~ 5.0	3.0 ~ 4.0	8 ~ 10	8 ~ 10
	70	2.2	16.8 ~ 19.2	85 ~ 100	4.5 ~ 5.5	3.8 ~ 4.5	8 ~ 10	8 ~ 10
怀孕后期	40	1.8	15.1 ~ 18.8	80 ~ 110	6.0 ~ 7.0	3.5 ~ 4.0	8 ~ 10	10 ~ 12
	50	2.0	18.4 ~ 21.3	90 ~ 120	7.0 ~ 8.0	4.0 ~ 4.5	8 ~ 10	10 ~ 12

孕期	体重/千克	风干饲料/千克	消化能/兆焦	消化粗蛋白/克	钙/克	磷/克	食盐/克	胡萝卜素/毫克
怀孕后期	60	2.2	20.1～21.8	95～130	8.0～9.0	4.0～5.0	9～12	10～12
	70	2.4	21.8～23.4	100～140	8.5～9.5	4.5～5.5	9～12	10～12

附表1-10 妊娠母山羊的饲养标准

孕期	体重/千克	风干饲料/千克	消化能/兆焦	消化粗蛋白/克	钙/克	磷/克	食盐/克	胡萝卜素/毫克
1～90天	10	0.39	4.80	3.94	55	4.5	3.0	2.0
	15	0.53	6.82	5.59	65	4.8	3.2	2.7
	20	0.56	8.72	7.15	73	5.2	3.4	3.3
	25	0.78	10.56	8.66	81	5.5	3.7	3.9
	30	0.90	12.34	10.12	89	5.8	3.9	4.5
90～120天	15	0.53	7.55	6.19	97	4.8	3.2	2.7
	20	0.56	9.51	7.80	105	5.2	3.4	3.3
	25	0.78	11.39	9.34	113	5.5	3.7	3.9
	30	0.90	13.20	10.82	121	5.8	3.9	4.5
120天以上	15	0.53	8.54	7.0	124	4.8	3.2	2.7
	20	0.56	10.54	8.64	132	5.2	3.4	3.3
	25	0.78	12.47	10.19	140	5.5	3.7	3.9
	30	0.90	14.27	11.70	148	5.8	3.9	4.5

附表1-11 绵羊哺乳期的饲养标准

体重/千克	日泌乳量/（千克/天）	风干饲料/千克	消化能/兆焦	代谢能/兆焦	消化粗蛋白/克	钙/克	磷/克	食盐/克
40	0.2	2.0	12.97	10.46	119	7.0	4.3	8.3
40	0.4	2.0	15.48	12.55	139	7.0	4.3	8.3
40	0.6	2.0	17.99	14.54	157	7.0	4.3	8.3
40	0.8	2.0	20.50	16.74	176	7.0	4.3	8.3

体重/千克	日泌乳量/（千克/天）	风干饲料/千克	消化能/兆焦	代谢能/兆焦	消化粗蛋白/克	钙/克	磷/克	食盐/克
40	1.0	2.0	23.01	18.83	196	7.0	4.3	8.3
40	1.2	2.0	25.94	20.92	216	7.0	4.3	8.3
40	1.4	2.0	28.45	23.01	236	7.0	4.3	8.3
40	1.6	2.0	30.96	25.10	254	7.0	4.3	8.3
40	1.8	2.0	33.47	27.20	274	7.0	4.3	8.3
50	0.2	2.2	15.06	12.13	122	7.5	4.7	9.1
50	0.4	2.2	17.57	14.23	142	7.5	4.7	9.1
50	0.6	2.2	20.08	16.32	162	7.5	4.7	9.1
50	0.8	2.2	22.59	18.41	180	7.5	4.7	9.1
50	1.0	2.2	25.10	20.50	200	7.5	4.7	9.1
50	1.2	2.2	28.03	22.59	219	7.5	4.7	9.1
50	1.4	2.2	30.54	24.69	239	7.5	4.7	9.1
50	1.6	2.2	33.05	26.78	257	7.5	4.7	9.1
50	1.8	2.2	35.56	28.87	277	7.5	4.7	9.1
60	0.2	2.4	16.32	13.39	125	8.0	5.1	9.9
60	0.4	2.4	19.25	15.48	145	8.0	5.1	9.9
60	0.6	2.4	21.75	17.57	165	8.0	5.1	9.9
60	0.8	2.4	24.27	19.66	183	8.0	5.1	9.9
60	1.0	2.4	26.78	21.75	203	8.0	5.1	9.9
60	1.2	2.4	29.29	23.29	223	8.0	5.1	9.9
60	1.4	2.4	31.80	25.94	241	8.0	5.1	9.9
60	1.6	2.4	34.73	28.03	261	8.0	5.1	9.9
60	1.8	2.4	37.24	30.12	275	8.0	5.1	9.9
70	0.2	2.6	17.99	14.64	129	8.5	5.6	11.0
70	0.4	2.6	20.50	16.70	148	8.5	5.6	11.0
70	0.6	2.6	23.00	18.83	165	8.5	5.6	11.0
70	0.8	2.6	25.34	20.92	186	8.5	5.6	11.0
70	1.0	2.6	28.45	23.00	206	8.5	5.6	11.0

体重/千克	日泌乳量/（千克/天）	风干饲料/千克	消化能/兆焦	代谢能/兆焦	消化粗蛋白/克	钙/克	磷/克	食盐/克
70	1.2	2.6	30.96	25.10	226	8.5	5.6	11.0
70	1.4	2.6	33.89	27.61	244	8.5	5.6	11.0
70	1.6	2.6	36.40	29.71	264	8.5	5.6	11.0
70	1.8	2.6	39.38	31.90	284	8.5	5.6	11.0

附表1-12 山羊哺乳期的饲养标准（前期）

体重/千克	日泌乳量/（千克/天）	风干饲料/千克	消化能/兆焦	代谢能/兆焦	消化粗蛋白/克	钙/克	磷/克	食盐/克
10	0.00	0.39	3.12	2.56	24	0.7	0.4	2.0
10	0.50	0.39	5.73	4.70	73	2.8	1.8	2.0
10	0.75	0.39	7.04	5.77	97	3.8	2.5	2.0
10	1.00	0.39	8.34	6.84	122	4.8	3.2	2.0
10	1.25	0.39	9.65	7.92	146	5.9	3.9	2.0
10	1.50	0.39	10.95	8.98	170	6.9	4.6	2.0
15	0.00	0.53	4.24	3.49	33	1.0	0.7	2.7
15	0.50	0.53	6.84	5.61	81	3.1	2.4	2.7
15	0.75	0.53	8.15	6.68	106	4.1	2.8	2.7
15	1.00	0.53	9.45	7.76	130	5.2	3.4	2.7
15	1.25	0.53	10.75	8.82	154	6.2	4.1	2.7
15	1.50	0.53	12.06	9.80	179	7.3	4.8	2.7
20	0.00	0.66	5.25	4.31	49	1.3	0.9	3.3
20	0.50	0.66	7.87	6.45	89	3.4	2.3	3.3
20	0.75	0.66	9.17	7.52	114	4.5	3.0	3.3
20	1.00	0.66	10.49	8.59	138	5.5	3.7	3.3
20	1.25	0.66	11.78	9.65	162	6.5	4.4	3.3
20	1.50	0.66	13.09	10.73	187	7.6	5.1	3.3
25	0.00	0.66	6.22	5.10	48	1.7	1.1	3.9

体重/千克	日泌乳量/（千克/天）	风干饲料/千克	消化能/兆焦	代谢能/兆焦	消化粗蛋白/克	钙/克	磷/克	食盐/克
25	0.50	0.78	8.83	7.24	97	3.8	2.5	3.9
25	0.75	0.78	10.13	8.31	121	4.8	3.2	3.9
25	1.00	0.78	11.44	9.38	145	5.8	3.9	3.9
25	1.25	0.78	12.73	10.44	170	6.9	4.6	3.9
25	1.50	0.78	14.04	11.51	194	7.9	5.3	3.9
30	0.00	0.90	6.71	5.49	55	2.0	1.3	4.5
30	0.50	0.90	9.73	7.98	104	4.1	2.7	4.5
30	0.75	0.90	11.04	9.05	128	5.1	3.4	4.5
30	1.00	0.90	12.34	10.12	152	6.2	4.1	4.5
30	1.25	0.90	13.65	11.19	177	7.2	4.8	4.5
30	1.50	0.90	14.95	12.25	201	8.3	5.5	4.5

附表1-13　山羊哺乳期的饲养标准（后期）

体重/千克	日泌乳量/（千克/天）	风干饲料/千克	消化能/兆焦	代谢能/兆焦	消化粗蛋白/克	钙/克	磷/克	食盐/克
10	0.00	0.39	3.71	3.04	22	0.7	0.4	2.0
10	0.15	0.39	4.67	3.83	48	1.3	0.9	2.0
10	0.25	0.39	5.30	4.35	65	1.7	1.1	2.0
10	0.50	0.39	6.90	5.66	108	2.8	1.8	2.0
10	0.75	0.39	8.50	6.97	151	3.8	2.5	2.0
10	1.00	0.39	10.1	8.28	194	4.8	3.2	2.0
15	0.00	0.53	5.02	4.12	30	1.0	0.7	2.7
15	0.15	0.53	5.90	4.91	55	1.6	1.1	2.7
15	0.25	0.53	6.62	5.40	73	2.0	1.4	2.7
15	0.50	0.53	8.22	6.74	116	3.1	2.1	2.7
15	0.75	0.53	9.82	8.05	154	4.1	2.8	2.7
15	1.00	0.53	11.41	9.36	201	5.2	3.4	2.7

体重/千克	日泌乳量/（千克/天）	风干饲料/千克	消化能/兆焦	代谢能/兆焦	消化粗蛋白/克	钙/克	磷/克	食盐/克
20	0.00	0.66	6.24	5.12	37	1.3	0.9	3.3
20	0.15	0.66	7.20	5.90	63	2.0	1.3	3.3
20	0.25	0.66	7.84	6.43	80	2.4	1.6	3.3
20	0.50	0.66	9.44	7.74	123	3.4	2.3	3.3
20	0.75	0.66	11.04	9.05	166	4.5	3.0	3.3
20	1.00	0.66	12.63	10.36	209	5.5	3.7	3.3
25	0.00	0.66	7.38	6.05	44	1.7	1.1	3.9
25	0.15	0.78	8.34	6.84	69	2.3	1.5	3.9
25	0.25	0.78	8.98	7.36	87	2.7	1.8	3.9
25	0.50	0.78	10.37	8.87	129	3.8	2.5	3.9
25	0.75	0.78	12.17	9.98	172	4.8	3.2	3.9
25	1.00	0.78	13.77	11.29	215	5.8	3.9	3.9
30	0.00	0.90	8.46	6.94	80	2.0	1.3	4.5
30	0.15	0.90	9.41	7.72	76	2.6	1.8	4.5
30	0.25	0.90	10.06	8.25	93	3.0	2.0	4.5
30	0.50	0.90	11.66	9.56	136	4.1	2.7	4.5
30	0.75	0.90	13.24	10.86	179	5.1	3.4	4.5
30	1.00	0.90	14.85	12.18	222	6.2	4.1	4.5

附表1–14 种公羊的饲养标准

体重/千克	风干饲料/千克	消化能/兆焦	消化粗蛋白/克	钙/克	磷/克	食盐/克	胡萝卜素/毫克
非配种期							
70	1.8 ~ 2.1	16.8 ~ 20.05	110 ~ 140	5.0 ~ 6.0	2.5 ~ 3.0	10 ~ 15	15 ~ 20
80	1.9 ~ 2.2	18.0 ~ 21.8	120 ~ 150	6.0 ~ 7.0	3.0 ~ 4.0	10 ~ 15	15 ~ 20
90	2.0 ~ 2.4	19.2 ~ 23.0	130 ~ 160	7.0 ~ 8.0	4.0 ~ 5.0	10 ~ 15	15 ~ 20
100	2.1 ~ 2.5	20.5 ~ 25.1	140 ~ 170	8.0 ~ 9.0	5.0 ~ 6.0	10 ~ 15	15 ~ 20

续表

体重/千克	风干饲料/千克	消化能/兆焦	消化粗蛋白/克	钙/克	磷/克	食盐/克	胡萝卜素/毫克
配种期（配种2次或3次）							
70	2.2 ~ 2.6	23.0 ~ 27.2	190 ~ 240	9.0 ~ 10.0	7.0 ~ 7.5	15 ~ 20	20 ~ 30
80	2.3 ~ 2.7	24.3 ~ 29.3	200 ~ 250	9.0 ~ 11.0	7.5 ~ 8.0	15 ~ 20	20 ~ 30
90	2.4 ~ 2.8	25.9 ~ 31.0	210 ~ 260	10.0 ~ 12.0	8.0 ~ 9.0	15 ~ 20	20 ~ 30
100	2.5 ~ 3.0	26.8 ~ 31.8	220 ~ 270	11.0 ~ 13.0	8.5 ~ 9.5	15 ~ 20	20 ~ 30
配种期（配种4次或5次）							
70	2.4 ~ 2.8	25.9 ~ 31.0	260 ~ 370	13 ~ 14	9 ~ 10	10 ~ 20	30 ~ 40
80	2.6 ~ 3.0	28.5 ~ 33.5	280 ~ 380	14 ~ 15	10 ~ 11	10 ~ 20	30 ~ 40
90	2.8 ~ 3.1	29.8 ~ 34.7	290 ~ 390	15 ~ 16	11 ~ 12	10 ~ 20	30 ~ 40
100	2.8 ~ 3.2	31.0 ~ 36.0	310 ~ 400	16 ~ 17	12 ~ 13	10 ~ 20	30 ~ 40

注：本数据以每天每只羊为准；资料来源于内蒙古农牧学院、新疆八一农学院。

附表1-15　中国美利奴羊的营养标准（妊娠母羊）

孕期	体重/千克	干物质/千克	消化能/兆焦	消化粗蛋白/克	钙/克	磷/克	食盐/克	胡萝卜素/毫克	维生素E/毫克
妊娠前期（1~15周）	40	1.2	8.8	122	5.3	2.8	222	276	18.0
	45	1.3	9.6	124	5.7	3.0	250	311	19.5
	50	1.4	110.5	145	6.2	3.2	278	345	21.0
	55	1.5	11.3	156	6.6	3.6	305	380	22.5
	60	1.6	11.7	166	7.4	3.7	333	414	24.0
妊娠后期（16~21周）	40	1.4	12.1	151	4.9	4.9	222	5000	21.0
	45	1.5	13.4	165	5.3	5.3	250	5625	22.5
	50	1.7	14.2	179	6.0	6.0	278	6205	25.5
	55	1.8	15.5	201	6.3	6.3	305	6875	27.3

孕期	体重/千克	干物质/千克	消化能/兆焦	消化粗蛋白/克	钙/克	磷/克	食盐/克	胡萝卜素/毫克	维生素E/毫克
妊娠后期（16~21周）	60	1.9	16.3	205	6.7	6.7	333	7500	28.5
	65	2.08	17.6	217	7.9	7.0	361	8125	30.0

附表1-16　中国美利奴羊的营养标准（泌乳前期）

体重/千克	泌乳量/（千克/天）	干物质/千克	代谢能/兆焦		粗蛋白/克		钙/克	磷/克	维生素D/毫克	胡萝卜素/毫克	维生素E/毫克
			不增重	每天增重50克	不增重	每天增重50克					
40	0.8	1.7	13.8	15.8	214	222	11.9	6.5	222	5000	25
40	1.0	1.7	15.1	16.3	232	240	11.9	6.5	222	5000	25
40	1.2	1.7	16.3	17.6	251	258	11.9	6.5	222	5000	25
45	0.8	1.8	14.5	16.7	234	243	12.6	6.8	250	5625	27
45	1.0	1.8	15.9	18.0	251	259	12.6	6.8	250	5625	27
45	1.2	1.8	17.2	19.3	269	278	12.6	6.8	250	5625	27
50	0.8	1.9	15.5	17.2	242	251	13.2	7.2	278	6520	29
50	1.0	1.9	16.7	18.4	261	270	13.2	7.2	278	6520	29
50	1.2	1.9	18.8	20.1	280	289	13.2	7.2	278	6520	29
55	0.8	2.0	15.9	17.2	242	251	14.0	7.6	305	6875	30
55	1.0	2.0	17.2	18.4	261	270	14.0	7.6	305	6875	30
55	1.2	2.0	18.8	20.1	280	289	14.0	7.6	305	6875	30
60	0.8	2.10	16.7	18.0	250	259	14.7	8.0	333	7500	32
60	1.0	2.10	18.0	19.3	269	278	14.7	8.0	333	7500	32
60	1.2	2.1	19.3	20.5	288	296	14.7	8.0	333	7500	32
60	1.4	2.1	20.9	22.2	306	315	14.7	8.0	333	7500	32

续表

体重/千克	泌乳量/(千克/天)	干物质/千克	代谢能/兆焦		粗蛋白/克		钙/克	磷/克	维生素D/毫克	胡萝卜素/毫克	维生素E/毫克
			不增重	每天增重50克	不增重	每天增重50克					
60	1.6	2.1	22.2	23.4	325	325	14.7	8.0	333	7500	32
65	0.8	2.20	17.6	18.8	259	268	15.4	8.4	361	8125	33
65	1.0	2.2	18.8	20.1	278	287	15.4	8.4	361	8125	33
65	1.2	2.2	20.1	21.5	297	305	15.4	8.4	361	8125	33
65	1.4	2.2	21.3	22.6	315	324	15.4	8.4	361	8125	33
65	1.6	2.2	22.6	24.8	334	340	15.4	8.4	361	8125	33

附表1-17　中国美利奴羊的营养标准（育成母羊）

体重/千克	日增重/(千克/天)	干物质/千克	代谢能/兆焦	粗蛋白/克	钙/克	磷/克	维生素D/毫克	胡萝卜素/毫克	维生素E/毫克
20	50	0.8	6.4	65	2.4	1.1	111	1380	12
20	100	0.7	7.7	80	3.3	1.5	111	1380	11
20	150	0.9	9.7	94	4.3	2.0	111	1380	14
25	50	0.9	7.2	72	2.8	1.3	139	1725	14
25	100	0.8	8.7	86	3.7	1.7	139	1725	12
25	150	1.0	10.8	100	4.6	2.1	139	1725	15
30	50	1.0	8.1	77	3.2	1.4	167	2070	15
30	100	0.9	9.6	92	4.1	1.9	167	2070	14
30	150	1.1	11.8	106	5.0	2.3	167	2070	17
35	50	1.1	8.9	83	3.5	1.6	194	2415	17
35	100	1.0	10.5	98	4.5	2.0	194	2415	15
35	150	1.2	12.7	112	5.4	2.5	194	2415	18
40	50	1.2	9.7	88	3.9	1.8	222	2760	18
40	100	1.1	11.3	103	4.8	2.2	222	2760	16

体重/千克	日增重/(千克/天)	干物质/千克	代谢能/兆焦	粗蛋白/克	钙/克	磷/克	维生素D/毫克	胡萝卜素/毫克	维生素E/毫克
40	150	1.3	13.7	117	5.7	2.6	222	2760	20
45	50	1.3	10.5	94	4.3	1.9	250	3105	20
45	100	1.2	12.2	108	5.2	2.4	250	3105	17
45	150	1.4	14.7	129	6.1	2.9	250	3105	21
50	50	1.4	11.3	99	4.7	2.1	278	3450	21
50	100	1.3	13.1	113	5.6	2.5	278	3450	19
50	150	1.5	15.7	128	6.5	3.0	278	3450	22

附表1-18 绵羊微量元素和维生素的需要标准

	生长羔羊（4~20千克）	育成母羊（25~50千克）	育成公羊（20~70千克）	育肥羊（20~50千克）	妊娠母羊（40~70千克）	泌乳母羊（40~70千克）	最大耐受程度
硫/（克/天）	0.24~1.2	1.4~2.9	2.8~3.5	2.8~3.5	2.0~3.0	2.5~3.7	
维生素A/（国际单位/天）	188~940	1175~2350	940~3290	940~2350	1880~3948	1880~3434	
维生素D/（国际单位/天）	25~132	138~275	111~389	111~279	222~440	222~380	
维生素E/（国际单位/天）	2.4~12.0	12~24	12~29	13~23	18~35	26~34	
钴/(毫克/千克)	0.018~0.096	0.12~0.24	0.23~0.33	0.2~0.35	0.28~0.36	0.3~0.39	10
铜/(毫克/千克)	0.98~5.2	0.5~13	11~18	11~19	16~22	13~18	25
碘/(毫克/千克)	0.08~0.46	0.58~1.2	1.0~1.6	0.94~1.7	1.3~1.7	1.4~1.9	50
铁/（毫克/千克）	4.3~23	29~58	50~79	48~83	65~86	72~94	500

	生长羔羊 (4~20千克)	育成母羊 (25~50千克)	育成公羊 (20~70千克)	育肥羊 (20~50千克)	妊娠母羊 (40~70千克)	泌乳母羊 (40~70千克)	最大耐受程度
锰/ (毫克/千克)	2.2~12	14~29	25~40	23~41	32~44	36~47	1000
硒/ (毫克/千克)	0.016~0.086	0.11~0.22	0.19~0.30	0.24~0.31	0.24~0.31	0.28~0.35	2
锌/ (毫克/千克)	2.8~14	18~36	50~79	29~52	53~71	59~77	750

附表1-19　山羊矿物质元素需要推荐量

	维持	妊娠	泌乳	生长
钙/（克/千克）	0.02	11.5	1.25	10.7
总磷/（克/千克）	0.03	6.6	1	6
镁/（克/千克）	0.0035	0.3	0.14	0.4
钾/（克/千克）	0.05	2.1	2.1	2.4
钠/（克/千克）	0.015	1.7	0.4	1.6
硫	0.16%~0.32%，以进食日粮干物质为基础			
微量元素				
铁/（毫克/千克）	30~40			
铜/（毫克/千克）	10~20			
钴/（毫克/千克）	0.11~0.2			
碘/（毫克/千克）	0.13~2.0			
锰/（毫克/千克）	60~120			
锌/（毫克/千克）	50~80			
硒/（毫克/千克）	0.05			

注：表中值参考Kessler（1991）、Hernlein（1987）和AFHC（1998）资料值；维持是指每千克体重需要量，妊娠量是指每千克胎儿体重需要量，泌乳是指每千克产乳需要量，生长是指每千克增重需要量；微量元素需要量以进食日粮干物质为基础。

附录二　兽药使用警示

1　禁止使用的药物，在动物性食品中不得检出（附表2-1）

附表2-1　禁止使用的药物，在动物性食品中不得检出
（农业部235号公告）

序号	药物名称	禁用动物种类	靶组织
1	氯霉素及其盐、酯（包括琥珀氯霉素）	所有食品动物	所有可食组织
2	克伦特罗及其盐、酯	所有食品动物	所有可食组织
3	沙丁胺醇及其盐、酯	所有食品动物	所有可食组织
4	西马特罗及其盐、酯	所有食品动物	所有可食组织
5	氨苯砜	所有食品动物	所有可食组织
6	己烯雌酚及其盐、酯	所有食品动物	所有可食组织
7	呋喃它酮	所有食品动物	所有可食组织
8	呋喃唑酮	所有食品动物	所有可食组织
9	林丹	所有食品动物	所有可食组织
10	呋喃苯烯酸钠	所有食品动物	所有可食组织
11	安眠酮	所有食品动物	所有可食组织
12	洛硝达唑	所有食品动物	所有可食组织
13	玉米赤霉醇	所有食品动物	所有可食组织
14	去甲雄三烯醇酮	所有食品动物	所有可食组织
15	醋酸甲孕酮	所有食品动物	所有可食组织
16	硝基酚钠	所有食品动物	所有可食组织
17	硝呋烯腙	所有食品动物	所有可食组织
18	毒杀芬（氯化烯）	所有食品动物	所有可食组织
19	呋喃丹（克百威）	所有食品动物	所有可食组织
20	杀虫脒（克死螨）	所有食品动物	所有可食组织
21	双甲脒	水生食品动物	所有可食组织

序号	药物名称	禁用动物种类	靶组织
22	酒石酸锑钾	所有食品动物	所有可食组织
23	锥虫砷胺	所有食品动物	所有可食组织
24	孔雀石绿	所有食品动物	所有可食组织
25	五氯酚酸钠	所有食品动物	所有可食组织
26	氯化亚汞（甘汞）	所有食品动物	所有可食组织
27	硝酸亚汞	所有食品动物	所有可食组织
28	醋酸汞	所有食品动物	所有可食组织
29	吡啶基醋酸汞	所有食品动物	所有可食组织
30	甲基睾丸酮	所有食品动物	所有可食组织

2 允许作治疗用，但不得在动物性食品中检出的药物（附表2-2）

附表2-2 允许作治疗用，但不得在动物性食品中检出的药物
（农业部235号公告）

序号	药物名称	标志残留物	动物各类	靶组织
1	氯丙嗪 Chlorpromazine	Chlorpromazine	所有食品动物	所有可食组织
2	地西泮（安定）Diazepam	Diazepam	所有食品动物	所有可食组织
3	地美硝唑 Dimetridazole	Dimetridazole	所有食品动物	所有可食组织
4	苯甲酸雌二醇 Estradiol benzoate	Estradiol	所有食品动物	所有可食组织
5	潮霉素 B Hygromycin B	Hygromycin B	猪/鸡（鸡）	可食组织（蛋）
6	甲硝唑 Metronidazole	Metronidazole	所有食品动物	所有可食组织
7	苯丙酸诺龙 Nadrolone phenylpropionate	Nadrolone	所有食品动物	所有可食组织
8	丙酸睾酮 Testosterone propinate	Testosterone	所有食品动物	所有可食组织
9	塞拉嗪 Xylazine	Xylazine	产奶动物	奶

3 食品动物禁用的兽药及其他化合物清单（附表2-3）

附表2-3 食品动物禁用的兽药及其他化合物清单
（农业部公告193号）

序号	兽药及其他化合物名称	禁止用途	禁用动物
1	兴奋剂类：克仑特罗 Clenbuterol、沙丁胺醇 Sal-butamol、西马特罗 Cimaterol 及其盐、酯及制剂	所有用途	所有食品动物
2	性激素类：己烯雌酚 Diethylstilbestrol 及其盐、酯及制剂	所有用途	所有食品动物
3	具有雌激素样作用的物质：玉米赤霉醇 Zeranol、去甲雄三烯醇酮 Trenbolone、醋酸甲孕酮 Menges-trol acetate 及制剂	所有用途	所有食品动物
4	氯霉素 Chloramphenicol 及其盐、酯（包括琥珀氯霉素 Chloramphenicol succinate）及制剂	所有用途	所有食品动物
5	氨苯砜 Dapsone 及制剂	所有用途	所有食品动物
6	硝基呋喃类：呋喃唑酮 Furazolidone、呋喃它酮 Furaltadone、呋喃苯烯酸钠 Nifurstylenate sodium 及制剂	所有用途	所有食品动物
7	硝基化合物：硝基酚钠 Sodium nitrophenolate、硝呋烯腙 Nitrovin 及制剂	所有用途	所有食品动物
8	催眠、镇静类：安眠酮 Methaqualone 及制剂	所有用途	所有食品动物
9	林丹（丙体六六六）Lindane	杀虫剂	所有食品动物
10	毒杀芬（氯化烯）Camahechlor	杀虫剂、清塘剂	所有食品动物
11	呋喃丹（克百威）Carbofuran	杀虫剂	所有食品动物
12	杀虫脒（克死螨）Chlordimeform	杀虫剂	所有食品动物

序号	兽药及其他化合物名称	禁止用途	禁用动物
13	双甲脒 Amitraz	杀虫剂	水生食品动物
14	酒石酸锑钾 Antimony potassium tartrate	杀虫剂	所有食品动物
15	锥虫胂胺 Tryparsamide	杀虫剂	所有食品动物
16	孔雀石绿 Malachite green	抗菌、杀虫剂	所有食品动物
17	五氯酚酸钠 Pentachlorophenol sodium	杀螺剂	所有食品动物
18	各种汞制剂包括：氯化亚汞（甘汞）Calomel、硝酸亚汞 Mercurous nitrate、醋酸汞 Mercurous acetate、吡啶基醋酸汞 Pyridyl mercurous acetate	杀虫剂	所有食品动物
19	性激素类：甲基睾丸酮 Methyltestosterone、丙酸睾酮 Testosterone propionate、苯丙酸诺龙 Nandrolone phenylpropionate、苯甲酸雌二醇 Estradiol benzoate 及其盐、酯及制剂	促生长	所有食品动物
20	催眠、镇静类：氯丙嗪 Chlorpromazine、地西泮（安定）Diazepam 及其盐、酯及制剂	促生长	所有食品动物
21	硝基咪唑类：甲硝唑 Metronidazole、地美硝唑 Dimetronidazole 及其盐、酯及制剂	促生长	所有食品动物

4 禁止在饲料和动物饮用水中使用的药物品种目录（农业部公告第 176 号）

4.1 肾上腺素受体激动剂

4.1.1 盐酸克仑特罗（Clenbuterol hydrochloride）：《中华人民共和国药典》（以下简称《中国药典》）2000 年二部 P.605。β2 肾上腺素受体激动药。

4.1.2 沙丁胺醇（Salbutamol）：《中国药典》2000 年二部 P.316。

β2 肾上腺素受体激动药。

4.1.3 硫酸沙丁胺醇（Salbutamol sulfate）：《中国药典》2000 年二部 P.870。β2 肾上腺素受体激动药。

4.1.4 莱克多巴胺（Ractopamine）：一种 β 兴奋剂，美国食品药品监督管理局（FDA）已批准，中国未批准。

4.1.5 盐酸多巴胺（Dopamine hydrochloride）：《中国药典》2000 年二部 P.591。多巴胺受体激动药。

4.1.6 西巴特罗（Cimaterol）：美国氰胺公司开发的产品，一种 β 兴奋剂，FDA 未批准。

4.1.7 硫酸特布他林（Terbutaline sulfate）：《中国药典》2000 年二部 P.890。β2 肾上腺受体激动药。

4.2 性激素

4.2.1 己烯雌酚（Diethylstibestrol）：《中国药典》2000 年二部 P.42。雌激素类药。

4.2.2 雌二醇（Estradiol）：《中国药典》2000 年二部 P.1005。雌激素类药。

4.2.3 戊酸雌二醇（Estradiol valcrate）：《中国药典》2000 年二部 P.124。雌激素类药。

4.2.4 苯甲酸雌二醇（Estradiol benzoate）：《中国药典》2000 年二部 P.369。雌激素类药。《中华人民共和国兽药典》（以下简称《中国兽药典》）2000 年版一部 P.109。雌激素类药。用于发情不明显动物的催情及胎衣滞留、死胎的排除。

4.2.5 氯烯雌醚（Chlorotrianisene）《中国药典》2000 年二部 P.919。

4.2.6 炔诺醇（Ethinylestradiol）《中国药典》2000 年二部 P.422。

4.2.7 炔诺醚（Quinestml）《中国药典》2000 年二部 P.424。

4.2.8 醋酸氯地孕酮（Chlormadinone acetate）《中国药典》

2000 年二部 P.1037。

4.2.9　左炔诺孕酮（Levonorgestrel）《中国药典》2000 年二部 P.107。

4.2.10　炔诺酮（Norethisterone）《中国药典》2000 年二部 P.420。

4.2.11　绒毛膜促性腺激素（绒促性素）（Chorionic gonadotropin）：《中国药典》2000 年二部 P.534。促性腺激素药。《中国兽药典》2000 年版一部 P.146。激素类药。用于性功能障碍、习惯性流产及卵巢囊肿等。

4.2.12　促卵泡生长激素（尿促性素主要含卵泡刺激 FSHT 和黄体生成素 LH）（Menotropins）：《中国药典》2000 年二部 P.321。促性腺激素类药。

4.3　蛋白同化激素

4.3.1　碘化酪蛋白（Iodinated casein）：蛋白同化激素类，为甲状腺素的前驱物质，具有类似甲状腺素的生理作用。

4.3.2　苯丙酸诺龙及苯丙酸诺龙注射液（Nandrolone phenylpropionate）《中国药典》2000 年二部 P.365。

4.4　精神药品

4.4.1　（盐酸）氯丙嗪（Chlorpromazine hydrochloride）：《中国药典》2000 年二部 P.676。抗精神病药。《中国兽药典》2000 年版一部 P.177。镇静药。用于强化麻醉以及使动物安静等。

4.4.2　盐酸异丙嗪（Promethazine hydrochloride）：《中国药典》2000 年二部 P.602。抗组胺药。《中国兽药典》2000 年版一部 P.164。抗组胺药。用于变态反应性疾病，如荨麻疹、血清病等。

4.4.3　安定（地西泮）（Diazepam）：《中国药典》2000 年二部 P.214。抗焦虑药、抗惊厥药。《中国兽药典》2000 年版一部 P.61。镇静药、抗惊厥药。

4.4.4　苯巴比妥（Phenobarbital）：《中国药典》2000 年二部

P.362。镇静催眠药、抗惊厥药。《中国兽药典》2000 年版一部 P.103。巴比妥类药。缓解脑炎、破伤风、士的宁中毒所致的惊厥。

4.4.5 苯巴比妥钠（Phenobarbital sodium）：《中国兽药典》2000 年版一部 P.105。巴比妥类药。缓解脑炎、破伤风、士的宁中毒所致的惊厥。

4.4.6 巴比妥（Barbital）：《中国兽药典》2000 年版二部 P.27。中枢抑制和增强解热镇痛。

4.4.7 异戊巴比妥（Amobarbital）：《中国药典》2000 年二部 P.252。催眠药、抗惊厥药。

4.4.8 异戊巴比妥钠（Amobarbital sodium）：《中国兽药典》2000 年版一部 P.82。巴比妥类药。用于小动物的镇静、抗惊厥和麻醉。

4.4.9 利血平（Reserpine）：《中国药典》2000 年二部 P.304。抗高血压药。

4.4.10 艾司唑仑（Estazolam）。

4.4.11 甲丙氨酯（Meprobamate）。

4.4.12 咪达唑仑（Midazolam）。

4.4.13 硝西泮（Nitrazepam）。

4.4.14 奥沙西泮（Oxazepam）。

4.4.15 匹莫林（Pemoline）。

4.4.16 三唑仑（Triazolam）。

4.4.17 唑吡坦（Zolpidem）。

4.4.18 其他国家管制的精神药品。

4.5 各种抗生素滤渣

该类物质是抗生素类产品生产过程中产生的工业三废，因含有微量抗生素成分，在饲料和饲养过程中使用后对动物有一定的促生长作用。但对养殖业的危害很大，一是容易产生耐药性，二是由于未做安全性试验，存在各种安全隐患。

5 禁止在饲料和动物饮水中使用的物质（农业部公告第1519号）

5.1 苯乙醇胺 A（Phenylethanolamine A）：β-肾上腺素受体激动剂。

5.2 班布特罗（Bambuterol）：β-肾上腺素受体激动剂。

5.3 盐酸齐帕特罗（Zilpaterol hydrochloride）：β-肾上腺素受体激动剂。

5.4 盐酸氯丙那林（Clorprenaline hydrochloride）：《中国药典》2010版二部 P.783。β-肾上腺素受体激动剂。

5.5 马布特罗（Mabuterol）：β-肾上腺素受体激动剂。

5.6 西布特罗（Cimbuterol）：β-肾上腺素受体激动剂。

5.7 溴布特罗（Brombuterol）：β-肾上腺素受体激动剂。

5.8 酒石酸阿福特罗（Arformoterol tartrate）：长效型 β-肾上腺素受体激动剂。

5.9 富马酸福莫特罗（Formoterol fumatrate）：长效型 β-肾上腺素受体激动剂。

5.10 盐酸可乐定（Clonidine hydrochloride）：《中国药典》2010版二部 P.645。抗高血压药。

5.11 盐酸赛庚啶（Cyproheptadine hydrochloride）：《中国药典》2010版二部 P.803。抗组胺药。

参考文献

［1］朱奇．高效健康养羊关键技术．北京：化学工业出版社，2010．

［2］张居农，剡根强．高效养羊综合配套新技术．北京：中国农业出版社，2003．

［3］刘俊伟，魏刚才．羊病诊疗与处方手册．北京：化学工业出版社，2011．

［4］魏刚才，胡建和．养殖场消毒指南．北京：化学工业出版社，2011．

［5］郑爱武，魏刚才．实用养羊大全．郑州：河南科学技术出版社，2014．

［6］陈溥言．兽医传染病学．5版．北京：中国农业出版社，2010．

［7］苗志国，常新耀．羊安全高效生产技术．北京：化学工业出版社，2011．

［8］石冬梅．羊病门诊实用技术．郑州：河南科学技术出版社，2005．

［9］岳文斌，任有蛇，赵祥，等．生态养羊技术大全．北京：中国农业出版社，2006．

参考文献